Haar图的对称性研究

杨大伟 著

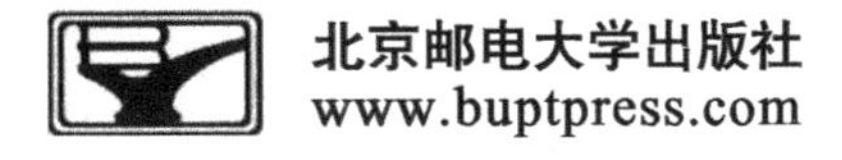

内 容 简 介

本书是关于Haar图对称性的学术专著，主要介绍了Haar图的凯莱性问题、几类五度弧传递的凯莱Haar图、非凯莱Haar图的构造及应用，以及一类Haar图网络(超立方体网络)的容错圈嵌入问题等. 本书介绍了与Haar图对称性相关的部分公开问题的解答,如满足其上所有Haar图均为凯莱图的有限群分类及点传递非凯莱Haar图的存在性问题等. 另外，本书还提出了一些可以进一步研究的问题，以供感兴趣的读者参考. 本书可以作为高等院校数学、计算机和网络通信专业研究生以及相关领域研究人员的参考书籍.

图书在版编目(CIP) 数据

Haar 图的对称性研究 / 杨大伟著. --北京：北京邮电大学出版社，2023.7
ISBN 978-7-5635-6947-2

Ⅰ. ①H…　Ⅱ. ①杨…　Ⅲ. ①离散数学　Ⅳ. ①O158

中国国家版本馆 CIP 数据核字（2023）第 124153 号

策划编辑：彭　楠　**责任编辑：**王小莹　**责任校对：**张会良　**封面设计：**七星博纳

出版发行：北京邮电大学出版社
社　　址：北京市海淀区西土城路 10 号
邮政编码：100876
发 行 部：电话：010-62282185　传真：010-62283578
E-mail: publish@bupt.edu.cn
经　　销：各地新华书店
印　　刷：北京虎彩文化传播有限公司
开　　本：720 mm×1 000 mm　1/16
印　　张：9
字　　数：172 千字
版　　次：2023 年 7 月第 1 版
印　　次：2023 年 7 月第 1 次印刷

ISBN 978-7-5635-6947-2　　定价：49.00 元

前言

图的对称性是代数图论领域重要的研究课题之一, 与群论有着密切联系, 属于“群与图”的研究范畴. 凯莱图是图的对称性研究中的重要图类, 是构造高对称性图和高对称性网络的重要工具. 双凯莱图是凯莱图的一个自然推广, 得到了研究者的广泛关注和研究. 特别是随着双凯莱图的正规性理论被提出, 这方面陆续涌现出一批重要研究成果. Haar 图是一类特殊的二部双凯莱图, 由国际上著名的代数图论专家 Tomaž Pisanski 等人首先提出, 与图的正则覆盖密切相关. 作为双凯莱图对称性研究的一部分, Haar 图的对称性吸引了研究者的关注. 作者近年来一直围绕 Haar 图的对称性开展研究, 与合作者取得了一些有意义的研究成果. 在本书中, 作者对其中的部分研究工作进行了整理和修正, 并提出了一些待解决的研究问题.

本书结构如下：第 1 章介绍了与 Haar 图对称性相关的研究背景, 及本书中用到的与群和图相关的术语和符号; 第 2 章介绍了 Haar 图的凯莱性问题, 主要是介绍满足其上所有 Haar 图都是凯莱图的有限非交换群的分类; 第 3 章和第 4 章分别介绍了若干类弧传递的凯莱 Haar 图和非凯莱 Haar 图; 第 5 章介绍了一类 Haar 图网络, 即著名的超立方体网络, 以及其容错圈嵌入问题等.

在此感谢作者在 Haar 图的对称性研究中的合作者, 本书的完成离不开他们出色的工作, 特别感谢北京大学的王杰教授、北京交通大学的冯衍全教授和周进鑫教授、斯洛文尼亚普利莫斯卡大学的 István Kovács 教授对作者的指导和帮助. 本书由国家自然科学基金项目 (项目批准号: 12101070、12161141005) 资助出版.

由于作者水平有限, 书中难免有疏漏和错误之处, 恳请读者批评指正.

作　者

2023 年 1 月

前 言

目　录

第 1 章 绪　　论

1.1 引　　言

群与图的研究始于 20 世纪 30 年代. 1938 年, Frucht[1] 证明了任何一个给定的抽象群都存在一个图以它作为自同构群, 这项工作被视为群与图研究的开端. 1947 年, Tutte[2] 关于一类三度对称图的研究被看作群对图研究的第一个精彩应用. 图的对称性是群与图研究中的一个重要研究课题, 它是通过图的自同构群在图的各个对象上的作用来描述的. 通过考虑群在图上的作用, 我们可以利用群论特别是置换群理论从一般性的角度来研究图的对称性, 并且可以使用统一的方法来得到一系列的结果. 因此, 群论在研究图的对称性上有着明显的优势. 利用群来研究图的对称性问题在 20 世纪 60 年代以后得到了广泛的关注, 到目前为止的半个多世纪以来, 这一领域可谓是成果丰硕.

图的对称性研究具有重要的研究意义. 从理论上看, 研究图的对称性不仅可以得到许多有意义的图例, 而且也对于其他和对称性关系密切的学科有着推动作用. 例如, 应用图论的方法来研究置换群为完成有限单群的分类做出了重要的贡献, 许多单群正是通过图的自同构群构造出来的, 如零散单群 McL[3].

图的对称性研究在其他领域, 如化学、生物等, 特别是互连网络领域, 也有着重要的应用. 近年来, 随着大规模计算机系统和互连网络的飞速发展, 图的对称性研究变得尤为重要.

一个大型计算机处理系统是由多个处理器组成的, 处理器之间的连接模式称为该系统的*互连网络*, 或者简称*网络*. 众所周知, 互连网络可以由一个无环的无向图 Γ 来模拟, 其中顶点集合 $V(\Gamma)$ 表示处理器, 边集合 $E(\Gamma)$ 表示处理器之间的连线关系. 这样的图称为是互连网络的拓扑结构. 在互连网络设计中, 人们总是希望互连网络中的所有组件都以相同的方式起动和连接, 使得在各结点的容量和连线的负载至少保持某些平衡. 这就要求对应的图具有一定的对称性, 这是互连网络设计的基本原则之一, 具体见文献 [4]. 迄今为止, 绝大多数大型计算机系统的互连网络拓扑都是借助于具有高度对称性的图来表示的. 比如, 著名的超立方体网络的拓扑结构超立方体图是初等交换群上的 2-弧传递凯莱图. 广泛应用于 ATM 交换机的折叠超立方体网络的拓扑结构折叠超立方体图也是初等交换群上的 2-弧传递凯莱图. 再比如, Stewart 在文献 [5] 中借助于一类三度点传递图设计了一类新的互连网络 3Torus(m,n) 并且发现这类网络具有良好的性能. 此外, 图的对称性对网络的连通性也具有重要影响. 例如, 以点传递图设计的网络具有最大边连通度, 而以边传递图设计的网络则具有最大的点连通度, 读者可参阅文献 [6].

凯莱图是图的对称性研究中的重要图类, 因其构造的简洁性和高度的对称性成为构造高对称性图和高对称性网络的主要工具 (见文献 [4]). 双凯莱图是凯莱图的一个自然推广, 与弧传递图、半对称图、半弧传递图等高对称性图有着密切联系, 是近年来图的对称性研究中的热门问题. 关于凯莱图的对称性研究, 这方面的工作较多, 读者可参考文献 [7]~[10]. 随着对凯莱图的深入研究, 人们发现对于图的对称性研究中的一些重要问题, 这些问题利用凯莱图的方法不能有效地解决. 近年来, 双凯莱图受到了越来越多研究者的关注. 例如: Marušič 等人在文献 [11] 中利用双凯莱图研究弧传递图; 周进鑫和冯衍全在文献 [12] 中利用双凯莱图构造 2-群上非正规的 1-正则凯莱图; 杜少飞和路在平等人在文献 [13]、[14] 中利用双凯莱图研究和构造半对称图; 周进鑫和张咪咪在文献 [15] 中则利用双凯莱图研究半弧传递图. 在双凯莱图的研究中, 决定图的自同构群是最困难的部分, 其中双凯莱图的正规性是决定其自同构群的关键. 凯莱图的正规性由徐明曜教授在文献 [8] 中首先提出并进行系统研究, Godsil 在文献 [7] 中决定了群的右正则表示在凯莱图自同构群中的正规化子, 这是凯莱图正规性研究的一个奠基性工作. 2016 年, 周进鑫和冯衍全在文献 [12] 中提出了双凯莱图的正规性, 并且得到了类似凯莱图的 Godsil 结果, 即给出了群的右正则表示在双凯莱图自同构群中的正规化子, 这是双凯莱图研究的一个重要进展, 得到了研究者们的广泛关注和高度评价, 具体见文献 [16]~[20]. 关于双凯莱图对称性的其他工作, 读者可参见文献 [21]~[27].

Haar 图又称 0-型双凯莱图, 是一类特殊的二部双凯莱图. 作为双凯莱图对称性研究的一部分, Haar 图的对称性得到了研究者的关注, 其中包括新西兰皇家科学院院士 Conder 教授 (见文献 [23]). 与 Haar 图的对称性相关的一些公开问题相继被提出. 本书将主要介绍作者及其合作者围绕 Haar 图的对称性取得的部分研究工作.

1.2 基本概念

本书主要采用群与图的方法, 涉及的群都是有限群, 其中所有的图除特殊说明外, 都是有限无向简单图. 文中若有未被定义而被引用的概念和记号请读者查阅文献 [28]~[31].

1.2.1 与群有关的术语和符号

设 Ω 是一个有限非空集合, 不妨记为 $\Omega = \{1, 2, \cdots, n\}$. 称 Ω 中的元素为点, Ω 上的一一映射为 Ω 上的置换. 集合 Ω 上的全体置换在置换的乘法下构成群, 称为 Ω 上的对称群, 记为 S_Ω 或 S_n, S_Ω 的子群为 Ω 上的一个置换群.

一个群 G 在集合 Ω 上的作用可以诱导出 Ω 上的一个置换群. 群 G 在集合 Ω 上的作用是指存在 G 到 S_Ω 内的一个同态映射 ϕ, 使得 G 的每个元素 x 都对应 Ω 上的一个置换 $\phi(x) : \alpha \mapsto \alpha^{\phi(x)}$, 满足

$$(\alpha^{\phi(x)})^{\phi(y)} = \alpha^{\phi(xy)}, \ x, y \in G, \alpha \in \Omega.$$

下文中, 我们简记 $\alpha^{\phi(x)} = \alpha^x$. 根据群同态基本定理可知, $G/\mathrm{Ker}\ \phi$ 同构于 Ω 上的一个置换群, 其中 $\mathrm{Ker}\ \phi$ 表示同态映射 ϕ 的核. 如果 $\mathrm{Ker}\ \phi = 1$, 则称 G 忠实地作用在 Ω 上, 即可把 G 看成 Ω 上的置换群; 如果 $\mathrm{Ker}\ \phi = G$, 则称 G 平凡地作用在 Ω 上.

设 G 是一个作用在有限非空集合 Ω 上的群, $g \in G$. 对于任意 $\alpha \in \Omega$, α 在 g 作用下有唯一的像, 记为 α^g. 对于 $\Delta \subseteq \Omega$, 规定

$$\Delta^g = \{\delta^g \mid \delta \in \Delta\}, \ \Delta^G = \{\delta^x \mid \delta \in \Delta, x \in G\}.$$

如下定义 Ω 上的一个关系“$\sim$”:

$$\alpha \sim \beta \Leftrightarrow \text{ 存在 } g \in G \text{ 使得 } \alpha^g = \beta.$$

不难验证“$\sim$”是一个等价关系. 由“$\sim$”决定的等价类叫作群 G 作用在 Ω 上的轨道. 易见, 若 $\alpha \in \Omega$, 则

$$\alpha^G = \{\alpha^g \mid g \in G\}$$

是 G 在 Ω 上的一个轨道. 若 G 在 Ω 上仅有一个轨道, 即 Ω 本身, 则称 G 作用在 Ω 上传递, 否则为非传递. 分别称子群

$$G_\Delta = \{g \in G \mid \delta^g = \delta, \forall \delta \in \Delta\},$$

$$G_{\{\Delta\}} = \{g \in G \mid \delta^g \in \Delta, \forall \delta \in \Delta\}$$

为 Δ 在 G 中的点型稳定子群和集型稳定子群. 若 $\Delta = \{\alpha\}$, 常记 G_Δ 为 G_α, 称其为 G 对点 α 的点稳定子群. 以下命题常被称为轨道-点稳定子群定理, 读者可参见文献 [32] 中的定理 1.4A.

命题 1.2.1 设 G 是一个作用在有限非空集合 Ω 上的群, $\alpha \in \Omega$. 则 $|G| = |\alpha^G| \cdot |G_\alpha|$.

设 $G \leqslant S_\Omega$, 即 G 是 S_Ω 的一个子群. 若对于任意 $\alpha \in \Omega$, 恒有 $G_\alpha = 1$, 则称 G 是半正则的. 若 G 在 Ω 上既传递又半正则, 则称 G 是正则的. 设 $\Delta \subseteq \Omega$, 若对于任意 $g \in G$, 都有 $\Delta^g = \Delta$ 或 $\Delta^g \cap \Delta = \varnothing$, 则称 Δ 为 G 在 Ω 上的块. 显然, Ω, $\varnothing$ 以及单点集 $\{i\}$ 都是 G 的块, 它们为平凡块. 对于集合 Ω 上的一个传递置换群 G, 若 G 在 Ω 上有非平凡块 Δ, 则称 G 为 Ω 上的非本原群; 否则称 G 为 Ω 上的本原群. 集合 Ω 上的传递群 G 是本原群当且仅当点稳定子群 G_α 是 G 的极大子群, 其中 $\alpha \in \Omega$.

另外, 本书中 $\mathbb{Z}_n$, $\mathbb{Z}_n^*$, D_{2n}, A_n 分别指 n 阶循环群、与 n 互素的 mod n 的同余类乘法群、$2n$ 阶二面体群, 以及级数为 n 的交错群. 对于一个交换群 H, 称半直积 $H \rtimes \mathbb{Z}_2$ 为一个广义二面体群, 记为 $\mathrm{Dih}(H)$, 其中 $\mathbb{Z}_2$ 中唯一的二阶元作用在 H 上把 H 的每个元素都映到它的逆. 特别地, 如果 H 是循环群, 则 $\mathrm{Dih}(H)$ 是一个二面体群. 对于群 G 的一个子群 H, $C_G(H)$ 为 H 在 G 中的中心化子, $N_G(H)$ 为 H 在 G 中的正规化子.

在本节最后, 我们介绍群论中的几个基本结论.

命题 1.2.2 ([33, (1.12)]) 设 P 是一个有限交换 p-群. 则 $P = \mathbb{Z}_{p^{e_1}} \times \mathbb{Z}_{p^{e_2}} \times \cdots \times \mathbb{Z}_{p^{e_n}}$, 其中 $1 \leqslant e_1 \leqslant e_2 \leqslant \cdots \leqslant e_n$. 此外, 整数 $e_1, \cdots, e_n, n$ 由 P 所唯一确定.

设 G 是有限群, P 是 G 的 Sylow p-子群. 如果 G 有正规子群 N, 记为 $N \trianglelefteq G$, 满足 $N \cap P = 1$ 及 $NP = G$, 则称 G 为 p-幂零群, 称 N 为 G 的正规 p-补. 换言之, 群 G 的一个正规 p-补是 G 的正规 Hall p'-子群. 下面的命题通常被称为 Burnside 正规 p-补定理.

命题 1.2.3 ([33, (39.1)]) 设 G 是有限群, P 是 G 的 Sylow p-子群. 若 $N_G(P) = C_G(P)$, 则 G 为 p-幂零群.

命题 1.2.4 ([33, (39.2)]) 设 G 是有限群. 如果 p 是 $|G|$ 的最小素因子, 且 G 有一个循环 Sylow p-子群, 则 G 有正规 p-补.

以下命题被称为 Frattini 论断, 读者可参考文献 [32] 中第 11 页的练习 1.4.14.

命题 1.2.5 设 G 是有限群, K 是 G 的正规子群, P 是 K 的一个 Sylow p-子群. 则 $G = KN_G(P)$.

1.2.2 与图有关的术语和符号

设 Γ 是一个图. 分别记 $V(\Gamma)$ 和 $E(\Gamma)$ 为图 Γ 的顶点集合和边集合. 对于 $v \in V(\Gamma)$, 称 Γ 中与 v 相邻的顶点为 v 的邻点, v 的所有邻点组成的集合

称为 v 在 Γ 中的邻域, 记为 $N_\Gamma(v)$. 在通常情况下, 若无特殊说明, 我们分别用 $\{u,v\}$ 和 (u,v) 表示图 Γ 的一条边和一条弧. 顶点集 $V(\Gamma)$ 上的置换 σ 称为图 Γ 的自同构, 如果满足对任意的 u, $v \in V(\Gamma)$,

$$\{u,v\} \in E(\Gamma) \Leftrightarrow \{u,v\}^\sigma = \{u^\sigma, v^\sigma\} \in E(\Gamma).$$

图 Γ 的全体自同构关于置换的乘法构成群, 称之为 Γ 的*全自同构群*, 记为 $\mathrm{Aut}(\Gamma)$.

图 Γ 中的一条途径是指由一些顶点组成的有序序列 $(x_0, x_1, \cdots, x_k)$, 满足对任意的正整数 $0 \leqslant i \leqslant k-1$ 都有 $\{x_i, x_{i+1}\} \in E(\Gamma)$. 如果途径 $(x_0, x_1, x_2, \cdots, x_k)$ 中没有重复的顶点, 则称这条途径是一条从顶点 x_0 到 x_k 的长为 k 的*路*; 进一步地, 如果顶点 $x_0 = x_k, x_1, \cdots, x_{k-1}$ 两两不同, 则称这条途径为一个长为 k 的*圈*. 分别简称一条长为 k 的路和一个长为 k 的圈为一条 k-路和一个 k-圈.

图 Γ 的一条 s-弧是指 Γ 中由 $s+1$ 个顶点组成的一条途径 $(v_0, v_1, \cdots, v_s)$, 满足任意 3 个连续的顶点互不相同, 即 $v_{i-1} \neq v_{i+1}$ $(1 \leqslant i < s)$. 简称一条 1-弧为一条弧. 设 $G \leqslant \mathrm{Aut}(\Gamma)$. 称图 Γ 是 *(G,s)-弧传递图*或 *(G,s)-正则图*, 如果 G 作用在 Γ 的 s-弧集合上传递或正则. 称一个 (G,s)-弧传递图 Γ 是 *(G,s)-传递图*, 如果 G 作用在 Γ 的 $(s+1)$-弧集上不传递. 分别称 $(\mathrm{Aut}(\Gamma),s)$-弧传递图, $(\mathrm{Aut}(\Gamma),s)$-正则图和 $(\mathrm{Aut}(\Gamma),s)$-传递图为 *s-弧传递图*, *s-正则图*和 *s-传递图*. 特别地, 0-弧传递图是指*点传递图*; 1-弧传递图是指*弧传递图*, 也称为*对称图*. 如果 $\mathrm{Aut}(\Gamma)$ 作用在 $E(\Gamma)$ 上传递, 则称图 Γ 是*边传递图*. 如果一个图是顶点传递图且一个顶点的点稳定子群作用在其邻域上本原, 则称它是*局部本原图*.

图 Γ 与图 Γ' 是同构的, 记为 $\Gamma \cong \Gamma'$, 如果存在 $V(\Gamma)$ 到 $V(\Gamma')$ 的双射 ϕ, 使得对任意的顶点 $u, v \in V(\Gamma)$, 都有 $\{u,v\} \in E(\Gamma)$ 当且仅当 $\{u^\phi, v^\phi\} \in E(\Gamma')$.

称图 $\widetilde{\Gamma}$ 为图 Γ 的关于射影 $\pi: \widetilde{\Gamma} \mapsto \Gamma$ 的一个*覆盖*, 如果 π 是从 $V(\widetilde{\Gamma})$ 到 $V(\Gamma)$ 的一个满射, 满足对任意的 $v \in V(\Gamma)$ 和 $\widetilde{v} \in \pi^{-1}(v)$, π 在 $N_{\widetilde{\Gamma}}(\widetilde{v})$ 上的限制 $\pi|_{N_{\widetilde{\Gamma}}(\widetilde{v})}$: $N_{\widetilde{\Gamma}}(\widetilde{v}) \mapsto N_\Gamma(v)$ 是一个双射. 通常, 称图 Γ 为*基图* (base graph), $\widetilde{\Gamma}$ 为*覆盖图*. 如果存在 $\mathrm{Aut}(\widetilde{\Gamma})$ 的一个半正则子群 K 使得 Γ 同构于商图 $\widetilde{\Gamma}_K$ (顶点为 K 在 $V(\widetilde{\Gamma})$ 上的轨道, 两个轨道相邻当且仅当这两个轨道之间在 $\widetilde{\Gamma}$ 中有边相连), 则称图 Γ 的关于射影 $\pi: \widetilde{\Gamma} \mapsto \Gamma$ 的覆盖 $\widetilde{\Gamma}$ 为一个*正则覆盖* 或 *K-覆盖*. 这时, 称射影 π 为一个*正则覆盖射影*. 如果 K 是循环群、初等交换群或二面体群, 则分别称 $\widetilde{\Gamma}$ 为 Γ 的一个*循环覆盖*、*初等交换覆盖*或*二面体覆盖*. 如果 $\widetilde{\Gamma}$ 是连通图, 则称 K 为*覆盖变换群*. 分别称 Γ 的每一个顶点或每条边在 π 下的原像为一个*点簇*或*边簇*. 如果图 $\widetilde{\Gamma}$ 的一个自同构把任一个点簇仍变为一个点簇, 一个边簇仍变为一个边簇, 则称其为*保簇自同构*. 图 $\widetilde{\Gamma}$ 的所有保簇自同构构成 $\mathrm{Aut}(\widetilde{\Gamma})$ 的一个子群, 记为 F, 称为保簇自

同构群. 易知 $F = N_{\mathrm{Aut}(\widetilde{\Gamma})}(K)$. 如果 $\widetilde{\Gamma}$ 是 F-弧传递的, 则称 $\widetilde{\Gamma}$ 是 Γ 的一个**弧传递覆盖**或**对称覆盖**. 通常, 我们会考虑覆盖图 $\widetilde{\Gamma}$ 为简单图, 但是有时为了更方便研究, 我们也会取基图 Γ 为一个非简单图. 在这种情况下, $\mathrm{Aut}(\Gamma)$ 看作 Γ 弧集合上的一个置换群. 关于正则覆盖的详细介绍, 可参考文献 [34]~[36].

第 2 章 Haar 图的凯莱性问题

2.1 引 言

设 H 是一个有限群, R, L 和 S 是群 H 的 3 个子集, 满足 $R^{-1}=R$, $L^{-1}=L$, 且 $R\cup L$ 不包含群 H 的单位元 1. 定义群 H 关于子集 R 的凯莱图, 记为 $\mathrm{Cay}(H,R)$, 其顶点集合为

$$V=H,$$

边集合为

$$E=\{\{h,xh\}\mid x\in R,h\in H\};$$

群 H 关于子集 R, L, S 的双凯莱图, 记为 $\mathrm{BiCay}(H,R,L,S)$, 顶点集合为

$$V=H_0\cup H_1=\{h_0\mid h\in H\}\cup\{h_1\mid h\in H\},$$

边集合为

$$\begin{aligned}E=&\big\{\{h_0,(xh)_0\}\mid x\in R,\ h\in H\big\}\\&\cup\big\{\{h_1,(xh)_1\}\mid x\in L,\ h\in H\big\}\\&\cup\big\{\{h_0,(xh)_1\}\mid x\in S,\ h\in H\big\}.\end{aligned}$$

特别地, 当 $R=L=\varnothing$ 时, 双凯莱图 $\mathrm{BiCay}(H,\varnothing,\varnothing,S)$ 也被称为 Haar 图或0-型双凯莱图, 记为 $\mathrm{H}(H,S)$. Haar 图的概念最先是由 Hladnik 等人在文献 [37] 中提出的: 有限群 H 上的一个 Haar 图 $H(H,S)$ 是 Dipole 图 $\mathrm{Dip}_{|S|}$ (具有 $|S|$ 条重边且不含自环的两点图, 图 2.1 给出一个含有 5 条重边的 Dipole 图) 的电压图. 此外, 文献 [37] 还系统研究了循环群上的 Haar 图.

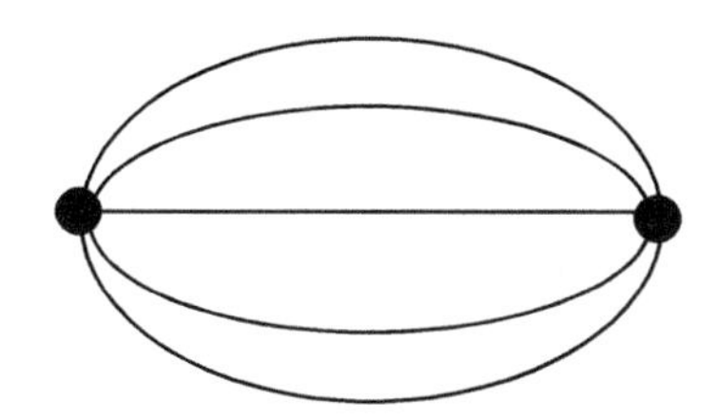

图 2.1 含有 5 条重边的 Dipole 图 Dip_5

Estélyi 和 Pisanski 在文献 [24] 中开始对凯莱图和 Haar 图的关系进行研究. 易知, 凯莱图是某个群上的 Haar 图当且仅当凯莱图是二部图. 然而, 目前还没有一个简单的结论来说明一个 Haar 图何时是凯莱图. 关于 Haar 图是不是凯莱图的问题, 简称 Haar 图的凯莱性问题, 我们也有部分结论. 例如, 已经知道交换群上的 Haar 图都是凯莱图, 而且是广义二面体群上的凯莱图 (可参见文献 [12] 中的引理 3.2). 另外, 路在平等人在文献 [14] 中发现存在无限多的交错群上的 Haar 图是非凯莱图. 因此, 一个自然的问题就是哪些非交换群存在非凯莱的 Haar 图. 该问题由 Estélyi 和 Pisanski 在文献 [24] 中首次提出, 其等价描述如下.

问题 2.1.1 ([24, Problem 1]) *决定所有有限非交换群满足其上所有 Haar 图都是凯莱图.*

Estélyi 和 Pisanski 在文献 [24] 中解决了问题 2.1.1 中二面体群的情形, 给出了如下结论.

命题 2.1.1 *二面体群 D_{2n} 满足其上所有 Haar 图均为凯莱图当且仅当 $n=$ 2, 3, 4, 5.*

最近, 作者和其合作者在文献 [38]、[39] 中完全解决了问题 2.1.1, 本章主要介绍这两篇文献的工作.

2.2 预备知识

首先, 我们不加证明地给出 Haar 图的一些基本性质. 读者亦可参考文献 [12] 中的引理 3.1.

命题 2.2.1 *设 $\Gamma=\mathrm{H}(H,\ S)$ 是群 H 上的连通 Haar 图. 则下列陈述成立.*

(1) $H=\langle S\rangle$.

(2) *在图的同构意义下, 可设 S 包含 H 的单位元 1.*

(3) *对 H 的任意自同构 α, 都有 $\mathrm{H}(H,\ S)\cong\mathrm{H}(H,\ S^{\alpha})$.*

(4) $\mathrm{H}(H,\ S)\cong\mathrm{H}(H,\ S^{-1})$.

接下来, 给出有关 Haar 图自同构的一些结果. 设 $\Gamma=\mathrm{H}(H,\ S)$ 是群 H 上的一个 Haar 图. 对于 $\forall g\in H$, 如下定义 $V(\Gamma)$ 的一个置换:

$$R(g):h_i\mapsto(hg)_i,\quad\forall i\in\mathbb{Z}_2,\ h\in H.\tag{2.1}$$

令 $R(H)=\{R(g)\mid g\in H\}$. 易知 $R(H)$ 是 $\mathrm{Aut}(\Gamma)$ 中的一个半正则子群, 且 H_0 和 H_1 是它的两个轨道.

对于任意自同构 $\alpha\in\mathrm{Aut}(H)$, 以及 $x,y,g\in H$, 如下定义 $V(\Gamma)=H_0\cup H_1$ 的

两个置换:

$$h_0^{\delta_{\alpha,x,y}} = (xh^\alpha)_1,\ h_1^{\delta_{\alpha,x,y}} = (yh^\alpha)_0,,\ \forall h \in H, \tag{2.2}$$

$$h_0^{\sigma_{\alpha,g}} = (h^\alpha)_0,\ h_1^{\sigma_{\alpha,g}} = (gh^\alpha)_1,\ \forall h \in H. \tag{2.3}$$

令

$$I = \{\delta_{\alpha,x,y} \mid \alpha \in \mathrm{Aut}(H),\ S^\alpha = y^{-1}S^{-1}x\},$$
$$F = \{\sigma_{\alpha,g} \mid \alpha \in \mathrm{Aut}(H),\ S^\alpha = g^{-1}S\}.$$

由文献 [12] 中的引理 3.3 可知, $F \leqslant \mathrm{Aut}(\Gamma)_{1_0}$. 如果图 Γ 连通, 那么 F 在顶点 1_0 的邻域 $\Gamma(1_0)$ 上作用忠实. 根据文献 [12] 中的定理 1.1 和引理 3.2 可知, 如下命题成立.

命题 2.2.2　令 $\Gamma = \mathrm{H}(H, S)$ 是群 H 上的一个连通 Haar 图, $A = \mathrm{Aut}(\Gamma)$.

(1) 若 $I = \varnothing$, 则正规化子 $N_A(R(H)) = R(H) \rtimes \mathrm{F}$.

(2) 若 $I \neq \varnothing$, 则正规化子 $N_A(R(H)) = R(H)\langle \mathrm{F}, \delta_{\alpha,x,y}\rangle$, 其中 $\delta_{\alpha,x,y} \in I$. 此外, 对于任意 $\delta_{\alpha,x,y} \in I$, $\langle R(H), \delta_{\alpha,x,y}\rangle$ 作用在 $V(\Gamma)$ 上传递.

设 H 是有限集合 Ω 上的置换群. 为简便计, 令 $\Omega = \{1, \cdots, n\}$. 再设 G 是有限集合 Δ 上的置换群, $N = G \times \cdots \times G$ 是 G 的 n 次直接幂, 即 n 个 G 的直积. 如下定义群 H 在 N 上的作用:

$$(g_1, \cdots, g_n)^h = (g_{1^{h^{-1}}}, \cdots, g_{n^{h^{-1}}}),\ \forall g_i \in G,\ \forall h \in H.$$

群 N 和 H 关于上述作用的半直积称为群 G 和 H 的圈积, 记为 $G \wr H$. 群 $G \wr H$ 可视为集合 $\Omega \times \Delta$ 上的置换群, 作用如下: 对于任意 $(g_1, \cdots, g_n; h) \in G \wr H$, 有

$$(i, \delta)^{(g_1, \cdots, g_n; h)} = (i^h, \delta^{g_i}),\ \forall\ (i, \delta) \in \Omega \times \Delta.$$

显然, 若群 H 作用在 Ω 上不传递, 则群 $G \wr H$ 作用在集合 $\Omega \times \Delta$ 上也不传递.

定义图 Γ_1 和 Γ_2 的字典式积, 记作 $\Gamma_1[\Gamma_2]$, 其顶点集合是 $V(\Gamma_1) \times V(\Gamma_2)$, 两个顶点 (x_1, y_1), (x_2, y_2) 在 $\Gamma_1[\Gamma_2]$ 中有边相连当且仅当 $\{x_1, x_2\} \in E(\Gamma_1)$, 或者 $x_1 = x_2$ 且 $\{y_1, y_2\} \in E(\Gamma_2)$. 由文献 [40] 可得如下命题.

命题 2.2.3　设 Γ_1 和 Γ_2 是两个图. 则 $\mathrm{Aut}(\Gamma_1[\Gamma_2]) = \mathrm{Aut}(\Gamma_2) \wr \mathrm{Aut}(\Gamma_1)$ 当且仅当 Γ_1 和 Γ_2 满足如下条件:

(1) 若 Γ_1 中存在两个不同的顶点 u, v 满足 $\Gamma_1(u) = \Gamma_1(v)$, 则 Γ_2 是连通图;

(2) 若 Γ_1 中存在两个不同的顶点 u, v 满足 $\Gamma_1(u) \cup \{u\} = \Gamma_1(v) \cup \{v\}$, 则 Γ_2 的补图 $(\Gamma_2)^c$ 是连通图.

设 H 是群, $\mathbb{Z}H$ 是 H 在整数环上的群环. 令 "·" 表示普通乘法, "∘" 表示 $\mathbb{Z}H$ 的 Schur-Hadamard 乘法, 即

$$\sum_{h\in H} c_h h \cdot \sum_{h\in H} d_h h = \sum_{h\in H} \big(\sum_{g\in H} c_g d_{g^{-1}h}\big) h,$$

$$\sum_{h\in H} c_h h \circ \sum_{h\in H} d_h h = \sum_{h\in H} (c_h d_h) h.$$

对子集 $S\subseteq H$, 我们用令 $\underline{S}$ 表示相应的单纯量 $\sum\limits_{h\in S} h$ (可参见文献 [41] 的第 54 页).

设 G 是群 H 上包含右正则表示 $R(H)$ 的置换群, G_1 是单位元 1 在 G 中的点稳定子群. Schur 在文献 [42] 中证明了由所有单纯量 $\underline{X}$ 张成的 $\mathbb{Z}$-模是 $\mathbb{Z}H$ 的一个子环, 其中 X 取遍所有的 G_1-轨道 (也可参见文献 [41] 中的定理 24.1). 上述 $\mathbb{Z}$-模也称为 G_1 的传递性模, 记为 $\mathfrak{R}(H, G_1)$. 对于 G_1 的一个轨道 X, 单纯量 $\underline{X}$ 也被称为 $\mathfrak{R}(H, G_1)$ 的基量. 下面给出传递性模的一些性质, 可参考文献 [41] 中的命题 22.1、22.4 和 23.6.

命题 2.2.4 设 $\mathfrak{S} = \mathfrak{R}(H, G_1)$ 是群 G_1 的一个传递性模.

(1) 若 $\sum\limits_{h\in H} c_h h \in \mathfrak{S}$ 且 $c\in\mathbb{Z}$, 则单纯量 $\underline{\{h\in H \mid c_h = c\}} \in \mathfrak{S}$.

(2) $\mathfrak{S}$ 关于 $\mathbb{Z}H$ 的 Schur-Hadamardc 乘积封闭.

(3) 若对于子集 $S\subseteq H$ 有 $\underline{S}\in\mathfrak{S}$, 则 $\underline{\langle S\rangle}\in\mathfrak{S}$.

命题 2.2.5 被广泛应用, 为了便于读者阅读, 我们在下文中给出一个证明.

命题 2.2.5 设 $\mathfrak{S} = \mathfrak{R}(H, G_1)$ 是一个传递性模, S 是群 H 的一个子集满足 $\underline{S}\in\mathfrak{S}$. 那么下述结论成立.

(1) $\underline{S^{-1}}\in\mathfrak{S}$.

(2) 若对某个 $h\in H$, $\underline{\{h\}}\in\mathfrak{S}$ 且 $\underline{S}$ 是 $\mathfrak{S}$ 的一个基量, 则 $\underline{hS}$ 和 $\underline{Sh}$ 也都是 $\mathfrak{S}$ 的基量.

(3) $\langle S\rangle$ 是 G 的非本原块.

(4) 若 $\underline{\{h\}}\in\mathfrak{S}$, 则左平移① $L(h)\in C_{S_H}(G)$.

证明 (1) 考虑 G 和 G_1 分别在 $H\times H$ 和 H 上的作用, 轨道集合分别记为 O_1 和 O_2. 对于任意 $(h,k)^G\in O_1$, 其中 $(h,k)\in H\times H$, 易知 $\{x\in H \mid (1,x)\in (h,k)^G\}\in O_2$, 从而 O_1 和 O_2 间存在如下一一映射:

$$\varphi:\ (h,k)^G \mapsto \{x\in H \mid (1,x)\in (h,k)^G\},\ \forall\ (h,k)^G\in O_1.$$

① 对于 $h\in H$, 左平移 $L(h)$ 是群 H 上的置换, 满足 $L(h): x\mapsto h^{-1}x$, $\forall x\in H$.

记 $T=\{x\in H\mid(1,x)\in(h,k)^G\}$, 换言之, $\underline{T}$ 是 $\mathfrak{S}$ 的一个基量. 设 $T'=\varphi((k,h)^G)$. 则 $T'=\{x\in H\mid(x,1)\in(h,k)^G\}$. 另外, 根据 $R(H)\leqslant G$, 我们有

$$(x,1)\in(h,k)^G \iff (1,x^{-1})=(x,1)^{R(x^{-1})}\in(h,k)^G \iff x\in T^{-1}.$$

这说明 $T'=T^{-1}$. 因为 $\underline{S}=\sum\underline{T_i}$, 其中 $\underline{T_i}$ 是基量, 所以由上分析可知 $\underline{S^{-1}}=\sum\underline{T_i^{-1}}\in\mathfrak{S}$, 故结论 (1) 成立.

(2) 在群环 $\mathbb{Z}H$ 中, $\underline{hS}=\underline{\{h\}}\cdot\underline{S}$, 又因为 $\mathfrak{S}$ 是 $\mathbb{Z}H$ 的子环, 所以 $\underline{hS}\in\mathfrak{S}$. 在 $\mathfrak{S}$ 中选择一个基量 $\underline{T}$ 满足 $T\subseteq hS$. 由结论 (1) 可知, $\underline{h^{-1}}\in\mathfrak{S}$. 若 $T\neq hS$, 则 $h^{-1}T\subsetneq S$, 这与 $\underline{S}$ 是基量矛盾, 因此 hS 是基量. 同理可证 Sh 也是基量.

(3) 设 $K=\langle S\rangle$. 由命题 2.2.4 (3) 可知, $\underline{K}\in\mathfrak{S}$, 或换言之, G_1 集型稳定 K. 令 $G_{\{K\}}$ 为 K 在 G 中的集型稳定子群. 则 $G_{\{K\}}=G_1R(K)$. 特别地, $G_1\leqslant G_{\{K\}}$, 且 $G_{\{K\}}$ 包含 1 的轨道, 即 K 是 G 的一个非本原块 (参见文献 [32] 中的定理 1.5A). 故结论 (3) 成立.

(4) 任取 $x\in H, g\in G$. 在 H 和 G_1 中可适当选取元素 y 和 g_1 使得 $R(x)g=g_1R(y)$. 由结论 (1) 得 $\underline{\{h^{-1}\}}\in\mathfrak{S}$, 从而 $(h^{-1})^{g_1}=h^{-1}$. 因此, $(h^{-1}x)^g=(h^{-1})^{g_1R(y)}=h^{-1}y$ 且 $x^g=1^{g_1R(y)}=y$. 由此可得 $(h^{-1}x)^g=h^{-1}x^g$, 即 $L(h)$ 与 g 可换. □

值得一提的是, 此处提到的传递性模 $\mathfrak{N}(H,G_1)$ 是群 H 上的 S-环的一个特例. 关于 S-环的更多信息, 读者可参见文献 [41] 中第四章的内容; 关于 S-环在代数图论中的应用, 读者可参考文献 [43].

2.3 凯莱 Haar 图的性质

本节主要给出关于满足其上所有 Haar 图都是凯莱图的群的两个结论. 为了方便讨论, 在本章中, 我们引入如下记号.

$$\mathcal{BC}=\big\{H \text{ 是有限群 } \mid \forall S\subseteq H,\ \mathrm{H}(H,S) \text{ 是凯莱图 }\big\}.$$

引理 2.3.1　*集合 $\mathcal{BC}$ 关于子群运算具有封闭性, 即若 $H\in\mathcal{BC}$, 则对任意 $K\leqslant H$, 都有 $K\in\mathcal{BC}$.*

证明　设 $H\in\mathcal{BC}$, K 是 H 的任意子群. 再设 $\mathrm{H}(K,S)$ 是子群 K 的关于某个子集 S 的 Haar 图, 其中 $1\in S$. 只需证 $\mathrm{H}(K,S)$ 是凯莱图. 注意到 $\mathrm{H}(K,S)$ 是一些同构于 $\mathrm{H}(\langle S\rangle,S)$ 的连通分支的并. 设 Γ 是 $\mathrm{H}(K,S)$ 的一个连通分支. 则 $\Gamma\cong\mathrm{H}(\langle S\rangle,S)$ 且 $V(\Gamma)$ 是 $\mathrm{Aut}(\mathrm{H}(H,S))$ 的一个非本原块.

首先证明 Γ 是凯莱图. 因为 $H \in \mathcal{BC}$, 所以 Haar 图 $\mathrm{H}(H,S)$ 是凯莱图, 进而 $\mathrm{Aut}(\mathrm{H}(H,S))$ 包含一个子群 R 作用在 $V(\mathrm{H}(H,S))$ 上正则. 因为 $V(\Gamma)$ 是非本原块, 所以集型稳定子群 $R_{\{V(\Gamma)\}}$ 作用在 $V(\Gamma)$ 上传递. 这说明 $R_{\{V(\Gamma)\}}$ 作用在 $V(\Gamma)$ 上正则, 从而 Γ 是凯莱图.

现在证明 $\mathrm{H}(K,S)$ 是凯莱图. 假定 $\mathrm{H}(K,S)$ 共有 m 个连通分支. 因为 $\mathrm{H}(K,S)$ 的每个连通分支都同构于 Γ, 所以我们不妨用 $\{(i,u) \mid 1 \leqslant i \leqslant m, u \in V(\Gamma)\}$ 和 $\{\{(i,u),(i,v)\} \mid 1 \leqslant i \leqslant m, \{u,v\} \in E(\Gamma)\}$ 分别表示 $\mathrm{H}(K,S)$ 的点集和边集. 因为 Γ 是凯莱图, 所以 $\mathrm{Aut}(\Gamma)$ 包含正则子群, 记为 G. 记 $\sigma = (1\ 2\ \cdots\ m)$ 是集合 $\{1,2,\cdots,m\}$ 上的循环置换. 考虑群 $\langle\sigma\rangle \times G \cong \mathbb{Z}_m \times G$ 在 $V(\mathrm{H}(K,S))$ 上的作用:

$$(i,u)^{(\alpha,\beta)} \mapsto (i^{\alpha}, u^{\beta}),\ \forall (i,u) \in V(\mathrm{H}(K,S)),$$

其中 $(\alpha,\beta) \in \langle\sigma\rangle \times G$. 易知, $\langle\sigma\rangle \times G \leqslant \mathrm{Aut}(\mathrm{H}(K,S))$ 且作用正则. 因此 $\mathrm{H}(K,S)$ 是凯莱图. □

引理 2.3.2 设 H 是群, N 是 H 的一个正规子群, $\bar{S}$ 是 H/N 的子集满足

(1) $\mathrm{H}(H/N,\bar{S})$ 非点传递;

(2) 对于任意非单位元 $x \in H/N$, 都有 $\bar{S} \neq \bar{S}x$, $\bar{S} \neq x\bar{S}$,

那么 $H \notin \mathcal{BC}$.

证明 设 $S = \bigcup_{aN \in \bar{S}} aN$ 是 H 的一个子集. 再设 $\Gamma = \mathrm{H}(H,S)$, $\bar{\Gamma} = \mathrm{H}(H/N,\bar{S})$. 则 $\Gamma \cong \bar{\Gamma}[nK_1]$, 其中 $n = |N|$. 因为 nK_1 的补图 $(nK_1)^c = K_n$ 连通, 所以由命题 2.2.3 可知, 若对于 $\forall u,v \in V(\bar{\Gamma})$,

$$\bar{\Gamma}(u) = \bar{\Gamma}(v) \Rightarrow u = v, \tag{2.4}$$

则 $\mathrm{Aut}(\Gamma) = \mathrm{Aut}(nK_1) \wr \mathrm{Aut}(\bar{\Gamma})$.

假设对点 $u = x_i$ 和 $v = y_j$, 有 $\bar{\Gamma}(u) = \bar{\Gamma}(v)$, 其中 $x,y \in H/N$, $i,j \in \{0,1\}$. 容易看出 $i = j = 0$ 且 $\bar{S}x = \bar{S}y$, 或 $i = j = 1$ 且 $\bar{S}^{-1}x = \bar{S}^{-1}y$. 因此, $\bar{S} = \bar{S}xy^{-1}$ 或 $\bar{S} = xy^{-1}\bar{S}$. 由条件 (2) 可知 $x = y$, 从而 $u = v$, 这说明式 (2.4) 成立.

由命题 2.2.3 可知 $\mathrm{Aut}(\Gamma) = \mathrm{Aut}(nK_1) \wr \mathrm{Aut}(\bar{\Gamma})$. 因为 $\mathrm{Aut}(\bar{\Gamma})$ 作用在 $V(\bar{\Gamma})$ 不传递, 所以 $\mathrm{Aut}(\Gamma)$ 作用在 $V(\Gamma)$ 上不传递. 特别地, Γ 不是凯莱图, 因此 $H \notin \mathcal{BC}$. □

在本节最后, 我们给出引理 2.3.1 和 2.3.2 的一个推论. 该推论将被用于处理不可解群上的 Haar 图的凯莱性.

推论 2.3.1 设 H 是群, 具有如下正规子列:

$$1 = H_0 \trianglelefteq H_1 \trianglelefteq \cdots \trianglelefteq H_{n-1} \trianglelefteq H_n = H.$$

若对某个 $i \in \{0, \cdots, n-1\}$, 存在子集 $R \subset H_{i+1}/H_i$ 使得

(1) $\mathrm{H}(H_{i+1}/H_i, R)$ 不点传递; 及

(2) 对于任意非单位元 $x \in H_{i+1}/H_i$, 都有 $R \neq Rx$, $R \neq xR$,

那么 $H \notin \mathcal{BC}$.

2.4 群上的非点传递 Haar 图

本节将介绍几类群上的非点传递 Haar 图, 这些图在本章主要定理的证明中发挥了重要作用.

2.4.1 内交换 p-群上的 Haar 图

Rédei 在文献 [44] 中给出了内交换 p-群的分类.

命题 2.4.1 设 H 是内交换 p-群, 其中 p 是素数. 则 H 同构于以下几类群之一:

- 四元数群 Q_8;
- $M_p(m,n) = \langle a,b,c \mid a^{p^m} = b^{p^n} = c^p = 1, [a,b] = c = a^{p^{m-1}} \rangle$, 其中 $m \geqslant 2$, $n \geqslant 1$;
- $M_p(m,n,1) = \langle a,b,c \mid a^{p^m} = b^{p^n} = c^p = 1, [a,b] = c, [c,a] = [c,b] = 1 \rangle$, 其中 $m \geqslant n$, 并且当 $p = 2$ 时, 有 $m + n \geqslant 3$.

特别地, 当 $H = M_p(m,n)$ 或 $M_p(m,n,1)$ 时, 易知 $[a,b] = c \in Z(H)$, 其中 $Z(H)$ 是 H 的中心. 因此,

$$[a^i, b^j] = [a,b]^{ij} = c^{ij}, \ a^i b^j = b^j a^i c^{ij},$$

其中 $i \in \mathbb{Z}_{p^m}$, $j \in \mathbb{Z}_{p^n}$ (可参见文献 [31] 中的引理 2.2.2).

引理 2.4.1 令 $H = M_p(m,n)$ 或 $M_p(m,n,1)$. 设 $p \geqslant 3$, 或 $p = 2$ 且 $m \geqslant 3$ 及 $n = 1$. 则当 $S = \{1, a, a^{-1}, b, ab\}$ 时, Haar 图 $\Gamma = \mathrm{H}(H,S)$ 是非点传递图.

证明 当 $(p,m) = (3,1)$ 时, $H = M_3(1,1,1)$, 此时通过 MAGMA[45] 直接验证可知, Haar 图 $\mathrm{H}(H,S)$ 是非点传递图. 因此在下文中, 我们始终假定 $(p,m) \neq (3,1)$.

令 $A = \mathrm{Aut}(\Gamma)$, $\bar{A}$ 是 A 中固定 Γ 两个部的最大子群. 证明过程分为两部分. 第一部分为证明断言 2.4.1 成立.

断言 2.4.1 $N_A(R(H)) \leqslant \bar{A}$.

采用反证法. 假设 $N_A(R(H)) \nleqslant \bar{A}$. 由命题 2.2.2 知, 存在置换 $\delta_{\alpha,x,y} \in N_A(R(H))$, 其中 $\alpha \in \mathrm{Aut}(H)$, $x, y \in H$ 且满足 $S^\alpha = y^{-1}S^{-1}x$. 因为 $R(H)$ 作

用在 H_1 上传递, 所以不妨进一步假定 $1_0^{\delta_{\alpha,x,y}}=1_1$. 由式 (2.2) 可得 $1_0^{\delta_{\alpha,x,y}}=(x1^\alpha)_1=1_1$, 从而 $x=1$. 因此, $S^\alpha=y^{-1}S^{-1}x=y^{-1}S^{-1}$, 即

$$\{1^\alpha,a^\alpha,(a^{-1})^\alpha,b^\alpha,(ab)^\alpha\}=y^{-1}\{1,a^{-1},a,b^{-1},b^{-1}a^{-1}\}. \tag{2.5}$$

由式 (2.5) 可得 $y=1$, a^{-1}, a, b^{-1} 或 $b^{-1}a^{-1}$. 下面我们对这 5 种情况分别讨论并推出矛盾. 上文中已提到的一个事实将被重复使用, 即对任意 $i\in\mathbb{Z}_{p^m}$ 以及 $j\in\mathbb{Z}_p$, 都有 $a^ib^j=b^ja^ic^{ij}$.

假设 $y=1$. 由式 (2.5) 可得 $\{a^\alpha,(a^{-1})^\alpha,b^\alpha,(ab)^\alpha\}=\{a^{-1},a,b^{-1},b^{-1}a^{-1}\}$. 若 $a^\alpha=b^{-1}$, 则有 $(a^{-1})^\alpha=b\in\{a^{-1},a,b^{-1}a^{-1}\}$, 显然这是不可能的. 类似可知 $a^\alpha\neq b^{-1}a^{-1}$. 因此, $\{a^\alpha,(a^{-1})^\alpha\}=\{a^{-1},a\}$ 以及 $\{b^\alpha,(ab)^\alpha\}=\{b^{-1},b^{-1}a^{-1}\}$. 进而有 $a^\alpha=(ab)^\alpha\cdot(b^{-1})^\alpha=b^{-1}a^{-1}\cdot b=a^{-1}c^{-1}$ 或 $b^{-1}\cdot ab=ac$. 又因为 $a^\alpha\in\{a^{-1},a\}$ 且在 H 中元素 c 的阶为 p, 所以有 $c=a^{-2}$, 这迫使 $(p,m)=(2,2)$, 与假设当 $p=2$ 时 $m\geqslant 3$ 矛盾.

假设 $y=a^{-1}$ 或 a. 由式 (2.5) 可得 $\{a^\alpha,(a^{-1})^\alpha,b^\alpha,(ab)^\alpha\}=\{a,a^2,ab^{-1},b^{-1}c^{-1}\}$ 或 $\{a^{-1},a^{-2},a^{-1}b^{-1},b^{-1}a^{-2}c\}$. 类似上述证明, 可得 $\{a^\alpha,(a^{-1})^\alpha\}=\{a,a^2\}$ 或 $\{a^{-1},a^{-2}\}$, 这迫使 $p=3$ 且 $m=1$, 与假设 $(p,m)\neq(3,1)$ 矛盾.

假设 $y=b^{-1}$. 则 $\{a^\alpha,(a^{-1})^\alpha,b^\alpha,(ab)^\alpha\}=\{b,ba^{-1},ba,a^{-1}\}$, 显然后者不能同时包含 a^α 和 $(a^{-1})^\alpha$, 矛盾.

假设 $y=b^{-1}a^{-1}$. 则 $\{a^\alpha,\ (a^{-1})^\alpha,\ b^\alpha,(ab)^\alpha\}=\{ab,\ bc,\ ba^2c,\ a\}$, 且 $\{a^\alpha,(a^{-1})^\alpha\}=\{bc,ba^2c\}$. 因此, $bc\cdot ba^2c=b^2a^2c^2=1$ 以及 $(p,m,n)=(2,1,1)$, 矛盾. 断言 2.4.1 得证.

要证明 $\Gamma=\mathrm{H}(H,S)$ 是非点传递图, 第二部分只需证明断言 2.4.2 成立.

断言 2.4.2 $A=\bar{A}$.

注意到 $R(H)$ 是 $\bar{A}$ 的一个 p-群. 设 P 是 $\bar{A}$ 中包含 $R(H)$ 的一个 Sylow p-子群. 假设 $P\neq R(H)$. 则 $R(H)<N_P(R(H))$〔可参见文献 [31] 中的定理 1.2.11(ii)〕. 根据断言 2.4.1 和命题 2.2.2, 我们有 $N_P(R(H))\leqslant R(H)\rtimes F$, 其中 $F=N_A(R(H))_{1_0}$. 因为 $\langle S\rangle=H$, 所以 Haar 图 Γ 连通, 从而 F 作用在邻域 $\Gamma(1_0)=\{1_1,a_1,(a^{-1})_1,b_1,(ab)_1\}$ 上忠实. 因为 Γ 的度数是 5, 所以 $F\leqslant S_5$, 从而 $p=2$, 3 或 5. 又因为 $|F|\neq 1$, 所以由式 (2.3) 可知存在 p 阶元 $\sigma_{\alpha,g}\in F$, 其中 $\alpha\in\mathrm{Aut}(H)$, $g\in H$, 且满足 $S^\alpha=g^{-1}S$, 即

$$\{1^\alpha,a^\alpha,(a^{-1})^\alpha,b^\alpha,(ab)^\alpha\}=g^{-1}\{1,a,a^{-1},b,ab\}. \tag{2.6}$$

由此可得 $g=1$, a, a^{-1}, b 或 ab.

令 $g=1$. 则由式 (2.6) 得 $\{a^\alpha,(a^{-1})^\alpha,b^\alpha,(ab)^\alpha\}=\{a,a^{-1},b,ab\}$, 从而 $\{a^\alpha,(a^{-1})^\alpha\}=\{a,a^{-1}\}$ 以及 $\{b^\alpha,(ab)^\alpha\}=\{b,ab\}$. 若 $b^\alpha=b$ 和 $(ab)^\alpha=ab$ 成立, 则有 $a^\alpha=(ab)^\alpha\cdot(b^{-1})^\alpha=ab\cdot b^{-1}=a$. 容易验证 $\sigma_{\alpha,1}$ 固定 1_0 的每个邻点不动, 又因为 $\langle\sigma_{\alpha,1}\rangle\leqslant F$ 作用在 1_0 的邻域上忠实, 所以 $\sigma_{\alpha,1}=1$, 矛盾. 若 $b^\alpha=ab$ 和 $(ab)^\alpha=b$ 成立, 则有 $a^\alpha=a^{-1}$ 且 $\sigma_{\alpha,1}$ 对换 a_1 和 $(a^{-1})_1$, 迫使 $\sigma_{\alpha,1}$ 的阶为 2 以及 $p=2$. 因为 $b^\alpha=ab$ 以及 $b^{2^n}=b^2=1$, 所以 $(ab)^2=b^2a^2c^3=1$, 矛盾.

令 $g=a$ 或 a^{-1}. 则有 $\{a^\alpha,(a^{-1})^\alpha,b^\alpha,(ab)^\alpha\}=\{a^{-1},a^{-2},a^{-1}b,b\}$ 或 $\{a,a^2,ab,a^2b\}$, 进而可得 $\{a^\alpha,(a^{-1})^\alpha\}=\{a^{-1},a^{-2}\}$ 或 $\{a,a^2\}$. 故 $a^3=1,(p,m)=(3,1)$, 矛盾. 类似地, 假设 $g=b$ 或 ab, 则有 $\{a^\alpha,(a^{-1})^\alpha,b^\alpha,(ab)^\alpha\}=\{b^{-1},b^{-1}a,b^{-1}a^{-1},ac\}$ 或 $\{b^{-1}a^{-1},b^{-1},b^{-1}a^{-2},a^{-1}c^{-1}\}$, 然而后两者都不能同时包含 a^α 和 $(a^{-1})^\alpha$, 矛盾.

综上, 假设不成立, 故有 $R(H)=P$. 因为 $\langle S\rangle=H$, 所以 Γ 是连通图, 进而有 $|A:\bar{A}|=2$, 这迫使 $\bar{A}\trianglelefteq A$. 由命题 1.2.5 (Frattini 论断) 及断言 2.4.1 可得 $A=\bar{A}N_A(R(H))=\bar{A}$. □

2.4.2　内交换 $\{p,q\}$-群上的 Haar 图

Miller 和 Moreno 在文献 [46] 中给出如下结论.

命题 2.4.2　*设 H 是内交换群, 且 $|H|$ 至少有两个不同的素因子, 则 H 是一个 $\{p,q\}$-群, 且 $H\cong\mathbb{Z}_p^n\rtimes\mathbb{Z}_{q^m}$, 其中 p,q 是两个不同的素数.*

设 H 是内交换 $\{p,q\}$-群, 其中 p,q 是两个不同的素数. 在本小节中, 我们始终令 P 和 Q 分别表示 H 的一个 Sylow p-子群和 Sylow q-子群, b 是 Q 的一个生成元. 此外, 令 $S_1\subseteq P$ 且 $1\in S_1$. 由文献 [31] 中的定理 5.2.3 知, $P=C_P(Q)\times[P,Q]$. 因为 H 是内交换群, 所以 $H=[P,Q]Q$, 进而 $C_P(Q)=1$. 另外, 因为 $P\langle b^q\rangle<H$, 所以子群 $P\langle b^q\rangle$ 是交换群. 由上分析可知 b 作用在 P 上时是一个 q 阶无不动点自同构. 因此, 对于任意非单位元 $a\in P$, a 所在的 Q-轨道可记为 $a^Q=\{a,a^b,\cdots,a^{b^{q-1}}\}$. 因为 $C_P(Q)=1$, 所以 $\langle a^Q,Q\rangle$ 是非交换群, 从而 $\langle a^Q\rangle=P$. 又因为 $aa^b\cdots a^{b^{q-1}}$ 被 b 固定, 所以 $aa^b\cdots a^{b^{q-1}}=1$, 从而 P 的秩至多是 $q-1$. 综上, 我们有

$$H=\langle a,b\rangle,\ n<q \text{ 且 } q\mid(p^n-1). \tag{2.7}$$

最后, 令 $\Gamma=\mathrm{H}(H,S_1\cup\{b\})$, 其中 $1\in S_1\subseteq P$. 再令 $A=\mathrm{Aut}(\Gamma)$, $\bar{A}$ 是 A 中固定 Γ 两个部的最大子群.

引理 2.4.2 在上文假设下, 进一步设 $q > 2$. 如果 S_1 满足

(1) $S_1 = S_1^{-1}$; 或者

(2) $|S_1| = 4, |S_1 \cap S_1^{-1}| = 3$ 且 $\langle S_1 \rangle = p^2$,

则 $\bar{A}$ 作用在 H_0 上忠实.

证明 令 $S = S_1 \cup \{b\}$. 考虑 Γ 中经过顶点 1_0 的 4-圈. 令 $\mathcal{C}$ 表示所有这些 4-圈组成的集合. 首先, 我们断言 $\mathcal{C}$ 中的 4-圈都不经过顶点 b_1. 事实上, 如若存在这样的一个 4-圈 C, 那么一定存在 $x, y \in S_1$, $z \in S$ 使得

$$C = \big(1_0, b_1, (x^{-1}b)_0 = (z^{-1}y)_0, y_1, 1_0\big),$$

其中 $x^{-1}b = z^{-1}y$. 因为 $x, y \in S_1 \subseteq P$, 所以 $z \notin P$, 进而 $z = b$. 但是, 这也迫使 $x^{-1}b^2 = y^b \in P$, 从而 $b^2 = 1$, 与 b 的阶为 $q^m > 2$ 矛盾.

假定 $S_1 = S_1^{-1}$. 若 $|S_1| = 1$, 则 $S_1 = \{1\}$, 且由上文可知, Γ 是一些长度至少为 5 的圈的并, 这意味着 $\bar{A}$ 作用在 H_0 上忠实. 下面, 假定 $|S_1| \geqslant 2$. 对于任意 $a \in S_1$ 且 $a \neq 1$, 显然 $(1_0, a_1, a_0, 1_1) \in \mathcal{C}$. 从而, b_1 是 1_0 的唯一不包含在 $\mathcal{C}$ 中 4-圈的邻点. 因此, $A_{1_0} \leqslant A_{b_1}$, 进而对于任意 $h \in H$, 有 $A_{h_0} = R(h)^{-1}A_{1_0}R(h) \leqslant R(h)^{-1}A_{b_1}R(h) = A_{(bh)_1}$. 这说明 $\bar{A}$ 作用在 H_0 上忠实.

最后, 假设 $|S_1| = 4$, $|S_1 \cap S_1^{-1}| = 3$ 且 $|\langle S_1 \rangle| = p^2$. 则 $p > 2$, 且 $S_1 = \{1, a, a^{-1}, c\}$, 其中 $a, c \in H$ 满足 $|\langle a, c \rangle| = p^2$. 由此可知当 $p > 3$ 时, $\mathcal{C}$ 恰好包含两个 4-圈 $(1_0, a_1, a_0, 1_1)$ 和 $(1_0, a_1^{-1}, a_0^{-1}, 1_1)$, 当 $p = 3$ 时, $\mathcal{C}$ 恰好包含 4 个 4-圈: $(1_0, a_1, a_0, 1_1)$, $(1_0, a_1^{-1}, a_0^{-1}, 1_1)$, $(1_0, a_1, a_0^{-1}, 1_1)$ 和 $(1_0, a_1^{-1}, a_0, 1_1)$. 这继而说明 $A_{1_0} \leqslant A_{1_1}$, 对于任意 $h \in H$, 都有 $A_{h_0} \leqslant A_{h_1}$, 故 $\bar{A}$ 作用在 H_0 上忠实. □

引理 2.4.3 在上文假设下, 进一步设 $n = 1$, $q > 2$ 以及 $S_1 = \{1, a, a^{-1}\}$, 其中 $a \in P$ 是非单位元, 则 $A = \bar{A}$.

证明 令 $S = S_1 \cup \{b\}$, 即 $\Gamma = \mathrm{H}(H, S)$. 因为 $q > 2$, 所以 $p > 5$. 此时, $a^b = a^r$, 其中 r 是 $\mathbb{Z}_p^*$ 中的 q 阶元.

首先证明 $R(P) \trianglelefteq A$, 只需证明 $R(P)$ char $\bar{A}$, 即 $R(P)$ 是 $\bar{A}$ 的特征子群. 设 $L = f^{-1}\bar{A}^{H_0}f$, 其中 $\bar{A}^{H_0}$ 是 $\bar{A}$ 作用在 H_0 上所诱导的置换群, $f : h_0 \mapsto h$, $h \in H$ 是 H_0 到 H 的一一映射. 由引理 2.4.2 得, $L \cong \bar{A}$. 需注意, 在下文的证明中, $R(P)$ 也表示由所有右平移

$$x \mapsto xh, x \in H, \ h \in P$$

组成的 H 上的置换群. 只需证 $R(P)$ char L.

考虑传递性模 $\mathfrak{S} = \mathfrak{R}(H, L_1)$. 通过考虑 Γ 中经过顶点 1_0 的 4-圈, 可得 $\bar{A}_{1_0} \leqslant \bar{A}_{1_1}$. 因为 1_1 的邻点为 $1_0, a_0, a_0^{-1}$ 和 b_0^{-1}, 所以有 $\underline{\{a, a^{-1}, b^{-1}\}} \in \mathfrak{S}$. 根据命题 2.2.4 (2) 和 2.2.5 (1), $\underline{\{a, a^{-1}\}} = \underline{\{a, a^{-1}, b^{-1}\}} \circ \underline{\{a, a^{-1}, b\}} \in \mathfrak{S}$, 从而有 $\underline{\{b\}} \in \mathfrak{S}$. 由式 (2.7) 可得 $H = \langle a, b\rangle$. 因此, 如果 $\underline{\{a\}} \in \mathfrak{S}$, 那么根据命题 2.2.5 (2) 可得 $\mathfrak{S} = \mathbb{Z}H$. 因此, $L = R(H)$, 且 $R(P)$ char L, 得证. 现在假定 $\underline{\{a, a^{-1}\}}$ 是 $\mathfrak{S}$ 的一个基量. 根据命题 2.2.5 (3), $P = \langle a, a^{-1}\rangle$ 是 L 的一个非本原块. 令 $L_{\{P\}}$ 为 L 中 P 的集型稳定子群. 因为 L_1 集型稳定 P, 所以有 $L_{\{P\}} = L_1 R(P)$. 设 $\rho \in L_{\{P\}}$ 且满足对于任意 $x \in P$ 都有 $x^\rho = x$. 因为对于任意 $b^i \in Q$ 都有 $\underline{\{b^i\}} \in \mathfrak{S}$, 所以由命题 2.2.5 (4) 可得 $\rho L(b^i) = L(b^i)\rho$, 且对任意 $x \in P$ 都有 $(b^{-i}x)^\rho = x^{L(b^i)\rho} = x^{\rho L(b^i)} = b^{-i}x$. 因此, ρ 是单位映射, 进而 $L_{\{P\}}$ 作用在 P 上忠实, 故 $L_{\{P\}}$ 可视为 P 上的置换群. 由 Burnside 关于 p 个点上的传递置换群结论 (见文献 [32] 中的定理 3.5B), $L_{\{P\}}$ 作用在 P 上双传递, 因此可解. 另外, $\{a, a^{-1}\}$ 是 $L_1 = (L_{\{P\}})_1$ 的一个轨道, 其中 $|P| = p > 5$. 综上可得 $L_{\{P\}}$ 是可解群. 这意味着 $|(L_{\{P\}})_1| = |L_1| = 2$, 从而 $R(H)$ 是 L 的正规子群. 因为 $R(P)$ char $R(H)$, 所以 $R(P)$ 是 L 的正规 Sylow p-子群, 特别地, $R(P)$ char L. 因此, $R(P) \trianglelefteq A$.

假设 $A \neq \bar{A}$. 因为 $|\bar{A}_1| = |L_1| \leqslant 2$, 所以 $R(Q)$ 是 $\bar{A}$ 的正规 Sylow q-子群. 根据命题 1.2.5, $N_A(R(Q))\bar{A} = A$, 进而有 $N_A(R(Q)) \setminus \bar{A} \neq \varnothing$. 设 $\rho \in N_A(R(Q)) \setminus \bar{A}$. 因为 $R(P) \trianglelefteq A$, 所以 ρ 正规化 $R(P)$, 从而有 $R(P)R(Q) = R(H)$. 由式 (2.2) 可知 $\rho = \delta_{\alpha,x,y}$, 其中 $\alpha \in \mathrm{Aut}(H)$, $x, y \in H$ 满足 $yS^\alpha x^{-1} = S^{-1}$. 令 $\iota_{x^{-1}}$ 为由 x^{-1} 诱导的 H 的内自同构, 则 $yS^\alpha x^{-1} = yx^{-1}S^{\alpha\iota_{x^{-1}}}$. 分别用 y 和 α 替换 yx^{-1} 和 $\alpha\iota_{x^{-1}}$ 可得 $yS^\alpha = S^{-1}$, 即

$$\{1^\alpha, a^\alpha, (a^{-1})^\alpha, b^\alpha\} = y^{-1}\{1, a, a^{-1}, b^{-1}\},$$

从而, $y = 1, a, a^{-1}$ 或 b^{-1}. 根据条件 a^α 和 $(a^{-1})^\alpha$ 都包含在 $y^{-1}\{1, a, a^{-1}, b^{-1}\}$ 中且 $p > 3$, 可得 $y = 1$, 且 α 满足 $a^\alpha = a^{\pm 1}$ 和 $b^\alpha = b^{-1}$. 上文中已提到 $a^b = a^r$, 其中 r 是 $\mathbb{Z}_p^*$ 中的 q 阶元, 从而 $a^{\pm r} = (a^r)^\alpha = (b^{-1}ab)^\alpha = ba^{\pm 1}b^{-1}$. 因此, $b^{-1}a^{\pm r}b = a^{\pm 1}$, 得 $r^2 \equiv 1 \pmod p$. 这与 r 在 $\mathbb{Z}_p^*$ 中的阶为 $q > 2$ 矛盾. □

引理 2.4.4　在上文假设下, 进一步设 $n > 1, p > 2$, $S_1 = \{1, a, a^{-1}, a^b\}$, 其中 $a \in P$ 是非单位元, 则 $A = R(H)$.

证明　令 $S = S_1 \cup \{b\}$, $\Gamma = \mathrm{H}(H, S)$. 记 $c = a^b$. 因为 $P = \langle a^Q\rangle$ 且 $n > 1$, 所以 $c \notin \langle a\rangle$.

设 $L = f^{-1}\bar{A}^{H_0}f$, 其中 $\bar{A}^{H_0}$ 是 $\bar{A}$ 作用在 H_0 上所诱导的置换群, $f : h_0 \mapsto h$, $h \in H$ 是 H_0 到 H 的一一映射. 由引理 2.4.2 得 $L \cong \bar{A}$.

下面证明 $L=R(H)$. 同上文, 我们仍然用 $R(H)$ 表示由所有右平移 $x\mapsto xh, x\in H$ 组成的 H 上的置换群. 证明 $L=R(H)$ 等价于证明传递性模 $\mathfrak{R}(H,L_1)=\mathbb{Z}H$. 为简便, 记 $\mathfrak{S}=\mathfrak{R}(H,L_1)$. 在引理 2.4.2 中已经证明了 $\bar{A}_{1_0}\leqslant\bar{A}_{1_1}$. 因为顶点 1_1 的所有邻点为 $1_0, a_0, a_0^{-1}, c_0^{-1}$ 和 b_0^{-1}, 所以有 $\underline{\{a,a^{-1},c^{-1},b^{-1}\}}\in\mathfrak{S}$.

由命题 2.2.4 (2) 得 $\underline{\{a,a^{-1}\}}=\underline{\{a,a^{-1},c^{-1},b^{-1}\}}\circ\underline{\{a,a^{-1},c,b\}}\in\mathfrak{S}$, 再根据命题 2.2.5(1) 得 $\underline{\{b^{-1},c^{-1}\}}\in\mathfrak{S}$ 和 $\underline{\{b,c\}}\in\mathfrak{S}$. 因为 $c\notin\langle a\rangle$, 所以 b 和 c 都不属于集合 $b^{-1}\{a,a^{-1}\}c\cup c^{-1}\{a,a^{-1}\}b$, 又因为 $b^{-1}\{a,a^{-1}\}b=\{c,c^{-1}\}$ 以及 $c^{-1}\{a,a^{-1}\}c=\{a,a^{-1}\}$, 所以 $(\underline{\{b^{-1},c^{-1}\}}\cdot\underline{\{a,a^{-1}\}}\cdot\underline{\{b,c\}})\circ\underline{\{b,c\}}=\underline{\{c\}}$. 因此, $\underline{\{c\}},\underline{\{b\}}\in\mathfrak{S}$, 且根据命题 2.2.5(2) 可知, 对于任意 $i\in\{0,1,\cdots,q-1\}$ 都有 $\underline{\{c^{b^i}\}}\in\mathfrak{S}$. 因为 $H=\langle c,c^b,\cdots,c^{b^{q-1}}\rangle$, 所以 $\mathfrak{S}=\mathbb{Z}H$, 进而 $L=R(H)$, 得证.

因为 $\bar{A}\cong L$, 所以 $\bar{A}=R(H)$. 这说明要么 $A=R(H)$, 要么 $|A:R(H)|=2$ 且 A 作用在 $V(\Gamma)$ 上正则. 下面, 我们采用反证法排除第二种情况.

假设 $|A:R(H)|=2$. 那么, 可取 $\rho\in A$ 使得 $1_0^\rho=1_1$. 因为 ρ 正规化 $R(H)$, 所以根据命题 2.2.2, ρ 可记为 $\delta_{\alpha,x,y}$, 其中 $x,y\in H, \alpha\in\mathrm{Aut}(H)$ 满足 $yS^\alpha x^{-1}=S^{-1}$. 因为 $1_0^\rho=1_1$, 所以 $x=1$. 由式 (2.2) 得 $(1_0)^{\rho^2}=y_0$ 及 $(1_1)^{\rho^2}=(y^\alpha)_1$. 据此以及 $\rho^2\in R(H)$ 可得 $\rho^2=R(y)=R(y^\alpha)$, 从而 $y^\alpha=y$. 此外, $(hy)_0=(h_0)^{\rho^2}=(yh^{\alpha^2})_0$. 因此, $\alpha^2=\iota_y$, 及由 y 所诱导得 H 的内自同构.

因为 $S^\alpha=y^{-1}S^{-1}$, 即

$$\{1^\alpha,a^\alpha,(a^{-1})^\alpha,c^\alpha,b^\alpha\}=y^{-1}\{1,a,a^{-1},c^{-1},b^{-1}\},$$

所以 $y=1,a,a^{-1},c^{-1}$ 或 b^{-1}.

令 $y=1$. 则有 $a^\alpha=a^{\pm1}, c^\alpha=c^{-1}$ 以及 $b^\alpha=b^{-1}$. 又由 $a^{b^2}=b^{-1}cb=a^{\pm1}$ 可得 $c^{-1}=c^\alpha=(b^{-1}ab)^\alpha=ba^{\pm1}b^{-1}$. 这说明 b^4 固定 a, 从而 $q=2$. 由式 (2.7) 得 $n<q=2$, 矛盾.

令 $y=a^{\pm1}$. 因为 α 固定 y, 所以 $a^\alpha=a$. 于是, $\{a,a^{-1}\}\subset\{a^{-1},a^{-2},a^{-1}c^{-1},a^{-1}b^{-1}\}$ 或 $\{a,a^2,ac^{-1},ab^{-1}\}$. 因为 $c\notin\langle a\rangle$, 所以 $p=3$, $c^\alpha=a^{\pm1}c^{-1}$ 且 $b^\alpha=a^{\pm1}b^{-1}$. 由此可得 $a^{\pm1}c^{-1}=c^\alpha=(b^{-1}ab)^\alpha=bab^{-1}$, 可推出 $c^b=a^{-1}c^{\pm1}$. 这说明 $H=\langle a,a^b,\cdots,a^{b^{q-1}}\rangle=\langle a,c\rangle$. 因此, $n=2$, $p^n-1=8$, 又因为 $q\mid(p^n-1)$〔可见式 (2.7)〕, 所以有 $q=2$ 和 $n=1$, 矛盾.

若 $y=c^{-1}$, 那么 $\{a^\alpha,(a^{-1})^\alpha\}\not\subset cS^{-1}$, 矛盾. 最后, 令 $y=b^{-1}$. 则 $bS^{-1}\cap P=\{1\}$. 另外, $a^\alpha\in P^\alpha=P$, 所以 $bS^{-1}\cap P=S^\alpha\cap P\neq\{1\}$, 矛盾. □

引理 2.4.5 在上文假设下, 进一步设 $n>4$, $p=2$ 以及

$$S_1=\begin{cases}\{1,a,a^b,a^{b^2}\}, & aa^{b^2}\in a^Q,\\ \{1,a,a^b,a^{b^2},a^ba^{b^3}\}, & aa^{b^2}\notin a^Q,\end{cases}$$

其中 $a\in P$ 是非单位元, 则 $A=R(H)$.

证明　令 $S=S_1\cup\{b\}$, $\Gamma=\mathrm{H}(H,S)$. 记 $c=a^b$, $d=a^{b^2}$, $e=a^ba^{b^3}$ 及 $E=\langle a,c,d\rangle$. 因为 $n>2$, 所以 $E\cong\mathbb{Z}_2^3$. 注意到 $\langle a^Q\rangle=P$ 且 $|P|>16$, 所以有

$$\{a^{b^{-1}},d^b,d^{b^2}\}\cap E=\varnothing. \tag{2.8}$$

设 $L=f^{-1}\bar{A}^{H_0}f$, 其中 $\bar{A}^{H_0}$ 是 $\bar{A}$ 作用在 H_0 上所诱导的置换群, $f:h_0\mapsto h$, $h\in H$ 是 H_0 到 H 的一一映射. 由引理 2.4.2 得 $L\cong\bar{A}$.

首先证明 $L=R(H)$, 这等价于证明传递性模 $\mathfrak{R}(H,L_1)=\mathbb{Z}H$. 为简便, 记 $\mathfrak{S}=\mathfrak{R}(H,L_1)$. 同上文, 记 $\mathcal{C}$ 为 Γ 中过顶点 1_0 的所有 4-圈组成的集合. 定义 H 的两个子集如下:

$$X=\{h\in H\mid h_0\in V(C),C\in\mathcal{C},h\neq 1\},$$
$$Y=\{h\in H\mid \{b_1,\ h_0\}\in E(\Gamma),h\neq 1\}.$$

显然, $\underline{X}\in\mathfrak{S}$. 此外, 因为 b_1 是 1_0 唯一的不包含在 $\mathcal{C}$ 中 4-圈的邻点 (可见引理 2.4.2 的证明), 所以 $\underline{Y}\in\mathfrak{S}$.

设 $aa^{b^2}\in a^Q$. 那么, $S=\{1,a,b,c,d\}$, $X=\{a,c,d,ac,ad,cd\}$, 从而 $\underline{\{acd\}}=\underline{\langle X\rangle}-\underline{X}-\underline{\{1\}}\in\mathfrak{S}$. 此外, $Y=\{ab,cb,db,b\}$, 故有 $(\underline{Y})^2=\sum\limits_{h\in H}c_hh$. 因为 $d^b\notin E$ (见式 (2.8)), 所以 $c_{b^2}=3$, 且对任意 $h\in H\setminus\{b^2\}$ 都有 $c_h<3$. 由命题 2.2.4(1) 得 $\underline{\{b^2\}}\in\mathfrak{S}$. 因为 $H=\langle acd,b^2\rangle$, 所以 $\mathfrak{S}=\mathbb{Z}H$, 得证 (注意到由式 (2.7) 和已知条件 $n>4$ 可推出 $q>2$).

设 $aa^{b^2}\notin a^Q$. 则有 $S=\{1,a,b,c,d,e\}$, $X=\{a,c,d,e,ac,ad,ae,cd,ce,de\}$ 以及 $Y=\{ab,cb,db,eb,b\}$. 注意到 $\langle X\rangle=\langle a,c,d,e\rangle=\langle a,a^b,a^{b^2},a^{b^3}\rangle$. 因为 $\langle a^Q\rangle=P$ 以及 $|P|>16$, 所以 $a^{b^4}\notin\langle X\rangle$, 进而有 $e^b=da^{b^4}\notin\langle X\rangle$. 据此可得

$$(\underline{Y^{-1}}\cdot\underline{Y})\circ\underline{\langle X\rangle}=5\ \underline{\{1\}}+2\ \underline{\{c,d,e,cd,ce,cde\}}. \tag{2.9}$$

再根据命题 2.2.4 (1) 和命题 2.2.4(2), 可推出 $\underline{\{c,d,e,cd,ce,cde\}}\in\mathfrak{S}$. 因此, $\underline{\{c,d,e,cd,ce,cde\}}\circ\underline{X}=\underline{\{c,d,e,cd,ce\}}\in\mathfrak{S}$, 以及 $\underline{\{cde\}}=\underline{\{c,d,e,cd,ce,cde\}}-\underline{\{c,d,e,cd,ce\}}\in\mathfrak{S}$. 因为 $e=(ad)^b=cd^b$ 和 $d^b\notin E$, 所以 $e\notin E$, 又因为 $Y=\{ab,cb,db,eb,b\}$, 所以

$$(\underline{Y^{-1}}\cdot\underline{\{c,d,e,cd,ce\}})\circ\underline{Y^{-1}}=3\ \underline{\{b^{-1},b^{-1}c\}}+2\ \underline{\{b^{-1}d,b^{-1}e\}}.$$

以上可推出 $\underline{\{b^{-1}, b^{-1}c\}}, \underline{\{b^{-1}d, b^{-1}e\}} \in \mathfrak{S}$. 因为 $(\underline{\{b^{-1}, b^{-1}c\}})^2 \circ (\underline{\{b^{-1}d, b^{-1}e\}})^2 = \{b^{-2}a\}$, 所以 $\underline{\{b^{-2}a\}} \in \mathfrak{S}$. 因为 $e \notin E$, 所以 $cde \notin E$, 又因为 $(cde)^{b^{-2}a} = ac \in E$, 所以 $(cde)^{b^{-2}a} \neq cde$ 且 $\langle cde, b^{-2}a \rangle$ 是非交换群. 于是有 $\langle cde, b^{-2}a \rangle = H$, 从而 $\mathfrak{S} = \mathbb{Z}H$, 得证.

因为 $\bar{A} \cong L$, 所以 $\bar{A} = R(H)$, 从而说明要么 $A = R(H)$, 要么 $|A : R(H)| = 2$ 且 A 作用在 $V(\Gamma)$ 上正则. 下面证明 $A = R(H)$, 只需排除第二种情况.

假设 $|A : R(H)| = 2$. 同前面几个引理一样, 我们有 $yS^\alpha = S^{-1}$, 其中 $\alpha \in \mathrm{Aut}(H)$, $y \in H$ 满足 $y^\alpha = y$ 和 $\alpha^2 = \iota_y$, 即由 y 诱导出的 H 的内自同构. 换言之, 当 $S = \{1, a, c, d, b\}$ 时, 有

$$\{1^\alpha, a^\alpha, c^\alpha, d^\alpha, b^\alpha\} = y^{-1}\{1, a, c, d, b^{-1}\};$$

当 $S = \{1, a, c, d, e, b\}$ 时, 有

$$\{1^\alpha, a^\alpha, c^\alpha, d^\alpha, e^\alpha, b^\alpha\} = y^{-1}\{1, a, c, d, e, b^{-1}\}.$$

由上可得 $y = 1$, a, c, d, e 或 b^{-1}.

因为 $P^\alpha = P$, 所以 $|y^{-1}S^{-1} \cap P| = |S^\alpha \cap P| = |S \cap P| \geqslant 4$. 这说明 $y \neq b^{-1}$, 并且对于某个 $y \in S_1$, 有 $b^\alpha = y^{-1}b^{-1} = yb^{-1}$. 设 β 为由 b 作用在 P 上所诱导出的 P 的自同构. 则对于任意 $x \in P$, 有 $x^{\alpha^{-1}\beta\alpha} = (b^{-1}x^{\alpha^{-1}}b)^\alpha = byxyb^{-1} = x^{\beta^{-1}}$. 因此, $\beta^\alpha = \beta^{-1}$, 进而 α 固定 Q 在 P 上的轨道集合不变, 即 α 将 Q 的轨道还映到轨道.

情形 1: $S = \{1, a, b, c, d\}$.

此时, $ad \in a^Q$, β 作为 P 上的一个置换可被记为

$$\beta = (a\ c\ d\ d^b\ \cdots\ ad\ \cdots)\ \cdots.$$

我们断言 α 固定集合 $\{a, c, d\}$ 中的某个元素. 当 $y \neq 1$ 时, 因为 $y \in \{a, c, d\}$ 且 $y^\alpha = y$, 所以此时 y 是被 α 固定的元素. 如果 $y = 1$, 则 α 是二阶元且 $\{a, c, d\}^\alpha = \{a, c, d\}$. 这说明 a, c 和 d 这 3 个元素中至少有一个元素被 α 固定. 因此, 断言成立. 特别地, 我们有 $(a^Q)^\alpha = a^Q$.

若 $c^\alpha = c$, 则 $\beta^{-1} = \beta^\alpha = (a^\alpha\ c\ d^\alpha\ \cdots)$, 从而 $a^\alpha = d$ 且 $d^\alpha = a$. 因此, $(ad)^\alpha = ad$, 故 α 固定圈 $(a\ c\ d\ d^b\ \cdots\ ad\ \cdots)$ 中的两个点. 这与 $\beta^\alpha = \beta^{-1}$ 以及圈长为 $q > 2$ 矛盾.

若 $a^\alpha = a$, 则一方面, $c^\alpha \in S_1S_1 \subset E$; 另一方面, 因为 $\beta^{-1} = \beta^\alpha = (a\ c^\alpha\ d^\alpha\ \cdots)$, 所以 $c^\alpha = a^{b^{-1}}$. 这导致 $a^{b^{-1}} \in E$ 与式 (2.8) 矛盾.

最后, 若 $d^\alpha = d$, 同理可得 $d^b = d^\beta = d^{(\beta^\alpha)^{-1}} = c^\alpha \in E$, 同样与式 (2.8) 矛盾.

情形 2: $S = \{1, a, b, c, d, e\}$.

此时, $ad \notin a^Q$, β 可被写为

$$\beta = (a\ c\ d\ d^b\ \cdots)(ad\ e\ e^b\ \cdots)\ \cdots.$$

同情形 1, 由于 α 置换 Q 的轨道, 所以集合 $\{a, c, d, e\}$ 中存在某个元素被 a 固定不变. 如果这一元素是 a 或 d, 则同情形 1, 可得矛盾.

假设 $c^\alpha = c$, 则 $a^\alpha = d$, $d^\alpha = a$. 因此, $(ad)^\alpha = ad$, $(ad)^Q$ 被 α 集型稳定, 并且因为 α 不能固定圈 $(ad\ e\ e^b\ \cdots)$ 中的两个点, 所以 $e^\alpha \neq e$. 这也推出 $y \neq e$, 从而 $y = 1$ 或 c. 如果 $y = 1$, 那么 $\{a, c, d\}^\alpha = \{a, c, d\}$, 所以 $e^\alpha = e$, 矛盾. 因此, $y = c$, 进而 $\{a, c, d\} = \{a, c, d\}^\alpha \subset \{c, ca, cd, ce\}$. 因为 $e \notin E$, 所以 $\{a, d\} = \{ca, cd\}$, 这与 $E = \langle a, c, d \rangle \cong \mathbb{Z}_2^3$ 矛盾.

最后, 假设 $e^\alpha = e$, 并且假设 a, c 和 d 都不被 α 固定. 此时, 可得 $y = 1$ 或 e, 从而 $(ad)^\alpha \in E$. 另外, 因为 $\beta^\alpha = \beta^{-1}$ 且 $e^\alpha = e$, 所以 $(ad)^\alpha = e^{(\beta^\alpha)^{-1}} = e^\beta = e^b = (ad)^{b^2} = dd^{b^2}$, 故可得 $d^{b^2} \in E$, 这与式 (2.8) 矛盾. □

2.4.3　其他群上的 Haar 图

本小节首先给出群 $D_{2n} \times \mathbb{Z}_p$ 上的一个无限类 Haar 图, 其中 $n \geqslant 3$, p 是素数. 以下两个引理 2.4.6 和 2.4.7 说明这类图都是非点传递图.

引理 2.4.6　设 n 是至少为 3 的正整数, p 是奇素数. 再设

$$H = D_{2n} \times \mathbb{Z}_p = \langle a, b, c \mid a^n = b^2 = c^p = [a, c] = [b, c] = 1, a^b = a^{-1} \rangle,$$

$\Gamma = \mathrm{H}(H, S)$, 其中 $S = \{1, a, b, c, abc\}$. 那么, $\mathrm{Aut}(\Gamma)$ 作用在 $V(\Gamma)$ 上半正则.

证明　令 $A = \mathrm{Aut}(\Gamma)$. 显然, $R(H) \leqslant A$, 且在 $V(\Gamma)$ 上的轨道为 H_0 和 H_1. 因此, A 要么在 $V(\Gamma)$ 上传递, 要么恰有两个轨道 H_0 和 H_1. 对于第一种情况, A_{1_0} 和 A_{1_1} 在 A 中共轭; 对于第二种情况, 由命题 1.2.5 (Frattini 论断) 可知 $A = R(H)A_{1_0} = R(H)A_{1_1}$. 以上两种情况都有 $|A_{1_0}| = |A_{1_1}|$, 因此对任意 $h, k \in H$ 都有 $|A_{1_0}| = |A_{h_0}| = |A_{k_1}|$. 要证引理成立, 只需证明 $A_{1_0} = 1$.

在图 2.2 中, 我们画出 Γ 中与顶点 1_0 的距离至多为 2 的所有顶点的诱导子图.

考虑 Γ 中经过顶点 1_0 的 4-圈. 对于每个 $h \in H$, 分别记 $\Gamma(h_0)$ 和 $\Gamma(h_1)$ 为顶点 h_0 和 h_1 的邻域, 即

$$\Gamma(h_0) = \{(sh)_1 \mid s \in S\};\ \Gamma(h_1) = \{(s^{-1}h)_0 \mid s \in S\}. \tag{2.10}$$

由图 2.2 可知, 经过边 $\{1_0, 1_1\}$ 和边 $\{1_0, b_1\}$ 的 4-圈的个数分别为 1 和 4, 而对于 $u_1 = a_1$, c_1 或 $(abc)_1$, 经过边 $\{1_0, u_1\}$ 的 4-圈的个数则为 3. 这意味着点

稳定子群 A_{1_0} 固定顶点 1_1 和 b_1, 并且集型稳定点集 $\{a_1, c_1, (abc)_1\}$. 从而, 我们有 $A_{1_0} \leqslant A_{1_1}$ 以及 $A_{1_0} \leqslant A_{b_1}$. 又因为只有唯一的 4-圈经过顶点 1_0 和顶点 1_1, 所以有 $A_{1_0} \leqslant A_{b_0}$. 因为对于任意 $h, k \in H$ 都有 $|A_{1_0}| = |A_{h_0}| = |A_{k_1}|$, 所以 $A_{1_0} = A_{1_1} = A_{b_1} = A_{b_0}$.

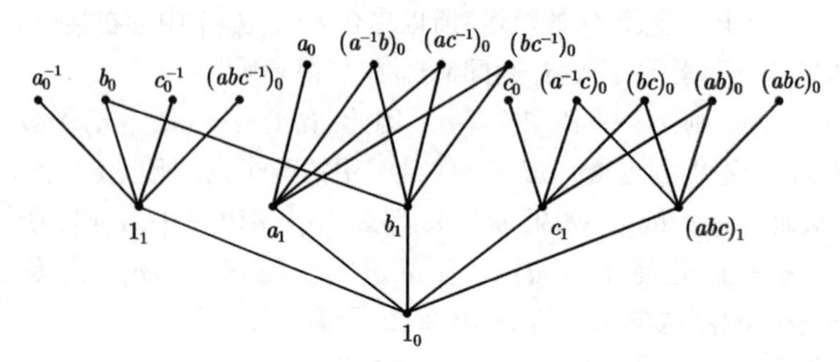

图 2.2　图 Γ 中与顶点 1_0 的距离至多为 2 的所有顶点的诱导子图

根据图 2.2, 可发现存在 4-圈经过 3-弧 $(a_1, 1_0, b_1)$, 但不存在 4-圈经过 3-弧 $(c_1, 1_0, b_1)$ 或 $((abc)_1, 1_0, b_1)$. 又因为 A_{1_0} 固定顶点 b_1 和集合 $\{a_1, c_1, (abc)_1\}$, 所以 A_{1_0} 固定顶点 a_1, 且集型稳定集合 $\{c_1, (abc)_1\}$. 从而, A_{1_0} 集型稳定邻域 $\Gamma(a_1)$, 又因为存在 4-圈经过顶点 1_0, a_1 和邻域 $\Gamma(a_1)$ 中除 a_0 之外的任意一个顶点, 所以 $A_{1_0} \leqslant A_{a_0}$. 这迫使 $A_{1_0} = A_{a_0} = A_{a_1}$.

现在, 我们断言 A_{1_0} 固定顶点 c_1 和 $(abc)_1$. 注意到 A_{1_0} 集型稳定集合 $\{c_1, (abc)_1\}$. 假设存在 $\alpha \in A_{1_0}$ 交换 c_1 和 $(abc)_1$. 由图 2.2 可知, 存在 4-圈经过顶点 1_0, c_1 (或 $(abc)_1$) 和 $\Gamma(c_1)$ (或 $\Gamma((abc)_1)$) 中除 c_0 (或 $(abc)_0$) 外的任意一个顶点, 从而 α 交换顶点 c_0 和 $(abc)_0$. 因为 A_{1_0} 固定顶点 a_0, 所以有

$$(\Gamma(a_0) \cap \Gamma(c_0))^\alpha = \Gamma(a_0) \cap \Gamma((abc)_0).$$

显然, $(ac)_1 \in \Gamma(a_0) \cap \Gamma(c_0)$, 从而 $\Gamma(a_0) \cap \Gamma((abc)_0) \neq \varnothing$, 进而存在 $s, t \in S$ 使得 $sa = tabc$, 即 $t^{-1}s = a^2bc \in S^{-1}S$. 这是不可能的, 因为 $S = \{1, a, b, c, abc\}$. 因此, A_{1_0} 固定顶点 c_1 和 $(abc)_1$, 进而固定 c_0 和 $(abc)_0$. 这迫使 $A_{1_0} = A_{c_0} = A_{c_1}$.

综上所述, 我们证明了对于每个 $x \in T := \{a, b, c\}$ 都有 $A_{1_0} = A_{x_0}$. 对于任意 $y \in T$, 我们有 $A_{1_0}^{R(y)} = A_{x_0}^{R(y)}$, 即 $A_{y_0} = A_{(xy)_0}$. 这说明 $A_{1_0} = A_{(xy)_0}$, 且由归纳法易得对于每个 $x_1, \cdots, x_n \in T$ 都有 $A_{1_0} = A_{(x_1x_2\cdots x_n)_0}$. 因为 $\langle T \rangle = H$, 所以 A_{1_0} 固定 H_0 中的每个顶点. 又因为 $A_{1_0} = A_{1_1}$, 所以对于每个 $h \in H$, 都有 $A_{h_0} = A_{h_1}$, 进而 A_{1_0} 也固定 H_1 中的每个顶点. □

引理 2.4.7　*在引理 2.4.6 的假设下, 我们有* $\mathrm{Aut}(\Gamma) = R(H)$ *且* $H \notin \mathcal{BC}$.

证明 令 $A=\mathrm{Aut}(\Gamma)$. 要么图 Γ 是点传递图, 要么 A 作用在 $V(\Gamma)$ 上有两个轨道, 其分别是 H_0 和 H_1. 另外, 由引理 2.4.6 知 $A_{1_0}=1$, 从而由命题 1.2.1 (轨道-点稳定子群定理) 可得要么 Γ 是点传递图且 $|A|=2|R(H)|$, 要么 $|A|=|R(H)|$. 后者可直接推出 $A=R(H)$. 要证明引理成立, 我们只需证明前者不成立.

采用反证法. 假设 Γ 是点传递图且 $|A|=2|R(H)|$, 则 $R(H)\trianglelefteq A$, 根据命题 2.2.2, 存在 $\delta_{\beta,x,y}\in A$ 使得 $S^\beta=y^{-1}S^{-1}x$, 其中 $\beta\in\mathrm{Aut}(H)$, $x,y\in H$. 因为 $R(H)$ 作用在 H_1 上传递, 故可进一步假设 $1_0^{\delta_{\beta,x,y}}=1_1$. 由式 (2.2) 可得, $1_0^{\delta_{\beta,x,y}}=(x1^\beta)_1=1_1$, 即得 $x=1$. 因此, $S^\beta=y^{-1}S^{-1}$, 即

$$S^\beta=\{1^\beta,a^\beta,b^\beta,c^\beta,(abc)^\beta\}=y^{-1}\{1,a^{-1},b,c^{-1},abc^{-1}\}. \tag{2.11}$$

因为 $1\in S$, 所以 $1\in S^\beta$, 进而 $y^{-1}=1$, a, b^{-1}, c 或 abc.

注意到 $H=D_{2n}\times\mathbb{Z}_p=\langle a,b,c\mid a^n=b^2=c^p=[a,c]=[b,c]=1,a^b=a^{-1}\rangle$. 如果 n 是奇数, 则中心 $Z(H)=\mathbb{Z}_p$; 如果 $n=2m$ 是偶数, 则 $Z(H)=\langle a^m\rangle\times\mathbb{Z}_p\cong\mathbb{Z}_2\times\mathbb{Z}_p$, 且 $\mathbb{Z}_p$ 是 $\langle a^m\rangle\times\mathbb{Z}_p$ 的特征子群. 这说明 $\mathbb{Z}_p=\langle c\rangle$ 是 H 的特征子群, 又因为 $\beta\in\mathrm{Aut}(H)$, 所以 $c^\beta\in\langle c\rangle$.

如果 $y^{-1}=a,b^{-1}$, c 或 abc, 则由式 (2.11) 可得 $S^\beta=\{a,1,ab,ac^{-1},a^2bc^{-1}\}$, $\{b,ba^{-1},1,bc^{-1},a^{-1}c^{-1}\}$, $\{c,ca^{-1},cb,1,ab\}$ 或 $\{abc,a^2bc,ac,ab,1\}$. 然而, 这是不可能发生的, 因为 $c^\beta\in\langle c\rangle$.

因此, $y=1$ 且 $S^\beta=\{1,a^{-1},b,c^{-1},abc^{-1}\}$. 由 $c^\beta\in\langle c\rangle$ 可推出 $c^\beta=c^{-1}$. 因为 $\langle a,b\rangle$ 是 H 的由所有二阶元生成的子群, 所以 $\langle a,b\rangle$ 是 H 的特征子群; 又因为 $\langle a,b\rangle$ 是二面体群, 所以 $\langle a\rangle$ 是 H 的特征子群. 于是, $a^\beta\in\langle a\rangle$ 且 $b^\beta\in\langle a,b\rangle$, 从而可得 $a^\beta=a^{-1}$, $b^\beta=b$ 且 $(abc)^\beta=abc^{-1}$. 然而, $abc^{-1}=(abc)^\beta=a^\beta b^\beta c^\beta=a^{-1}bc^{-1}$, 即 $a^2=a$, 这与假设 $n\geqslant 3$ 矛盾. □

接下来继续构造一个无限类 Haar 图. 下面给出群 $Q_8\times\mathbb{Z}_p$ 上的 Haar 图, 其中 p 是一个奇素数, 并且通过下面两个引理可得此类图都是非点传递图.

引理 2.4.8 令 p 是一个奇素数. 设

$$H=Q_8\times\mathbb{Z}_p=\langle a,b,c\mid a^4=b^4=c^p=[a,c]=[b,c]=1,a^2=b^2,a^b=a^{-1}\rangle,$$

且设 $\Gamma=\mathrm{H}(H,S)$, 其中 $S=\{1,a,c,abc^{-1},bc\}$, 则 $\mathrm{Aut}(\Gamma)$ 作用在 $V(\Gamma)$ 上半正则.

证明 通过 MAGMA[45] 计算可知引理 2.4.8 对 $p=3$ 和 5 都成立. 在下文证明中, 我们总假设 $p\geqslant 7$.

令 $A=\mathrm{Aut}(\Gamma)$. 同引理 2.4.6 的证明, 对于任意 h, $k\in H$ 我们都有 $|A_{1_0}|=|A_{h_0}|=|A_{k_1}|$. 因此, 要证明引理 2.4.8 成立只需证明 $A_{1_0}=1$. 利用式 (2.10), 我们把 Γ 中与顶点 1_0 或 c_1 的距离不超过 2 的所有顶点列在表 2.1 中.

表 2.1　图 Γ 中与顶点 1_0 或 c_1 的距离不超过 2 的所有顶点.

v	v 的邻点	与 v 距离为 2 的顶点
1_0	1_1	$(a^{-1})_0, (c^{-1})_0, (a^{-1}bc)_0, (b^{-1}c^{-1})_0$
	a_1	$a_0, (ac^{-1})_0, (b^{-1}c)_0, (abc^{-1})_0$
	c_1	$c_0, (a^{-1}c)_0, (a^{-1}bc^2)_0, (b^{-1})_0$
	$(abc^{-1})_1$	$(abc^{-1})_0, (bc^{-1})_0, (abc^{-2})_0, (a^{-1}c^{-2})_0$
	$(bc)_1$	$(bc)_0, (a^{-1}bc)_0, b_0, (ac^2)_0$
c_1	c_0	$(ac)_1, (c^2)_1, (ab)_1, (bc^2)_1$
	$(a^{-1}c)_0$	$(a^{-1}c)_1, (a^{-1}c^2)_1, (b^{-1})_1, (abc^2)_1$
	1_0	$1_1, a_1, (abc^{-1})_1, (bc)_1$
	$(a^{-1}bc^2)_0$	$(a^{-1}bc^2)_1, (bc^2)_1, (a^{-1}bc^3)_1, (a^{-1}c^3)_1$
	$(b^{-1})_0$	$(b^{-1})_1, (a^{-1}b)_1, (b^{-1}c)_1, (ac^{-1})_1$

此外, 我们有如下公式:

$$\Gamma((b^{-1})_1) = \{(b^{-1})_0, (ab)_0, (b^{-1}c^{-1})_0, (a^{-1}c)_0, (b^2c^{-1})_0\}, \tag{2.12}$$
$$\Gamma((bc^2)_1) = \{(bc^2)_0, (a^{-1}bc^2)_0, (bc)_0, (ac^3)_0, c_0\}. \tag{2.13}$$

由表 2.1 可知, 经过顶点 1_0 的 4-圈恰好有两个, 分别记为 C_1 和 C_2:

$$C_1 = (1_0, 1_1, (a^{-1}bc)_0, (bc)_1),$$

$$C_2 = (1_0, a_1, (abc^{-1})_0, (abc^{-1})_1),$$

经过顶点 c_1 的 4-圈也恰好有两个, 分别记为 C_3 和 C_4:

$$C_3 = (c_1, c_0, (bc^2)_1, (a^{-1}bc^2)_0),$$

$$C_4 = (c_1, (b^{-1})_0, (b^{-1})_1, (a^{-1}c)_0).$$

根据表 2.1, 以及式 (2.12) 和 (2.13), 我们在图 2.3 中绘出 Γ 的一个诱导子图, 图中包含了这 4 个 4-圈 C_i, $i = 1, 2, 3, 4$.

对于 $\Gamma(1_0)$ 中除 c_1 外的任意一个顶点, 存在一个 4-圈经过该顶点以及顶点 1_0. 因此, $A_{1_0} \leqslant A_{c_1}$, 进而 A_{1_0} 集型稳定集合 $\{C_1, C_2\}$ 和 $\{C_3, C_4\}$. 此外, A_{1_0} 集型稳定 $\{(b^{-1})_1, (bc^2)_1\}$, 这是因为这两个顶点分别在圈 C_3 和 C_4 中处于与顶点 c_1 正相对的位置. 因为对于任意 $h, k \in H$ 都有 $|A_{h_0}| = |A_{k_1}|$, 所以 $A_{1_0} = A_{c_1}$.

接下来, 我们证明 A_{1_0} 集型稳定 4-圈 C_1. 回忆上文, A_{1_0} 集型稳定集合 $\{C_1, C_2\}$. 假设存在 $\alpha \in A_{1_0}$ 交换 C_1 和 C_2. 则有 $\{1_1, (bc)_1\}^\alpha = \{a_1, (abc^{-1})_1\}$, 又因为 A_{1_0} 集型稳定集合 $\{(b^{-1})_1, (bc^2)_1\}$, 所以有

$$\begin{aligned}&\left[\Gamma((bc)_1) \cap \Gamma((bc^2)_1)\right]^\alpha \\ \subset\ &\left[\Gamma(a_1) \cup \Gamma((abc^{-1})_1)\right] \cap \left[\Gamma((b^{-1})_1) \cup \Gamma((bc^2)_1)\right].\end{aligned} \tag{2.14}$$

因为 $(bc)_0 \in \Gamma((bc)_1) \cap \Gamma((bc^2)_1)$ (见图 2.3), 所以式 (2.14) 左边的交集不是空集. 另外, 根据表 2.1 以及式 (2.12) 和 (2.13) 可得式 (2.14) 右边的交集是空集, 矛盾. 因此, A_{1_0} 集型稳定 C_1.

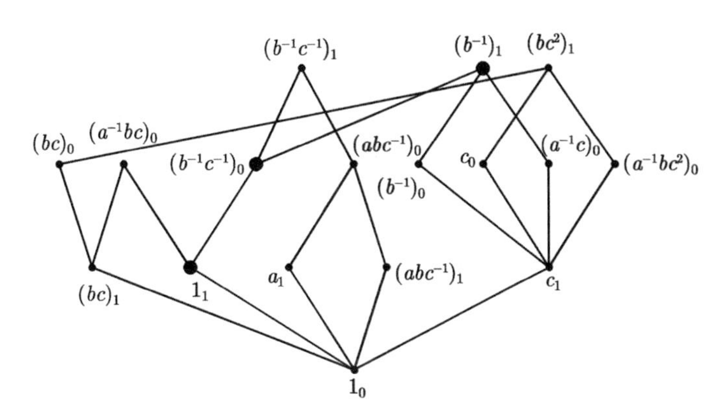

图 2.3 图 Γ 的一个诱导子图

现在, 我们证明 A_{1_0} 固定 C_1 中的每个顶点. 因为 A_{1_0} 集型稳定 C_1, 从而也集型稳定 C_2, 这意味着 A_{1_0} 固定顶点 $(abc^{-1})_0$. 假设存在 $\beta \in A_{1_0}$ 交换顶点 1_1 和 $(bc)_1$. 由表 2.1 可得,

$$\Gamma((bc)_1) \cap \left[\Gamma((b^{-1})_1) \cup \Gamma((bc^2)_1)\right] = \{(bc)_0\},$$

$$\Gamma(1_1) \cap \left[\Gamma((b^{-1})_1) \cup \Gamma((bc^2)_1)\right] = \{(b^{-1}c^{-1})_0\}.$$

因为 A_{1_0} 集型稳定 $\{(b^{-1})_1, (bc^2)_1\}$, 所以上述等式可推出 $\Gamma((bc)_0)^\beta = \Gamma((b^{-1}c^{-1})_0)$. 又由于 A_{1_0} 固定顶点 $(abc^{-1})_0$, 所以有

$$\left[\Gamma((abc^{-1})_0) \cap \Gamma((bc)_0)\right]^\beta = \Gamma((abc^{-1})_0) \cap \Gamma((b^{-1}c^{-1})_0).$$

容易看出 $(b^{-1}c^{-1})_1 \in \Gamma((abc^{-1})_0) \cap \Gamma((b^{-1}c^{-1})_0)$, 从而 $\Gamma((abc^{-1})_0) \cap \Gamma((bc)_0) \neq \varnothing$, 故存在 $s, t \in S$ 使得 $sabc^{-1} = tbc$, 即有 $s^{-1}t = ac^{-2} \in S^{-1}S$. 通过简单计算可推出这一等式不成立, 由此证得 A_{1_0} 固定 C_1 中的每个顶点. 从而, $A_{1_0} = A_{1_1} = A_{(bc)_1} = A_{(a^{-1}bc)_0}$.

因为 $A_{1_0} = A_{c_1}$, 所以 $A_{1_0}^{R(c^{-1})} = A_{c_1}^{R(c^{-1})}$, 即有 $A_{c_0^{-1}} = A_{1_1} = A_{1_0}$. 类似地, 由于 $A_{1_0} = A_{(bc)_1}$, 我们有 $A_{1_0} = A_{(b^{-1}c^{-1})_0}$. 这说明对于任意 $x \in T := \{c^{-1}, b^{-1}c^{-1}, a^{-1}bc\}$, 都有 $A_{1_0} = A_{x_0}$. 由归纳法可推出, 对于任意 $x \in \langle T\rangle = H$ 都

有 $A_{1_0}=A_{x_0}$. 因此, A_{1_0} 固定 H_0 中的每个顶点. 并且, 因为 $A_{1_0}=A_{1_1}$, 所以对于任意 $h\in H$ 都有 $A_{h_0}=A_{h_1}$, 从而 A_{1_0} 固定 H_1 中的每个顶点. 因此, $A_{1_0}=1$. □

引理 2.4.9 在引理 2.4.8 的假设下, 有 $\mathrm{Aut}(\Gamma)=R(H)$ 且 $H\notin\mathcal{BC}$.

证明 通过 MAGMA[45] 计算可知当 $p=3$ 或 5 时引理成立. 下文中, 假定 $p\geqslant 7$.

令 $A=\mathrm{Aut}(\Gamma)$. 由引理 2.4.8 知 $A_{1_0}=1$; 由引理 2.4.7 的证明过程 (证明过程的第一段), 可得 $A=R(H)$, 或者 Γ 是点传递图且 $|A|=2|R(H)|$. 下面用反证法证明后者不成立.

假设 Γ 是点传递图且 $|A|=2|R(H)|$. 则 $R(H)\trianglelefteq A$, 且根据命题 2.2.2, 存在 $\delta_{\beta,x,y}\in A$ 使得 $S^\beta=y^{-1}S^{-1}x$, 其中 $\beta\in\mathrm{Aut}(H)$, $x,y\in H$. 由 $R(H)$ 在 H_1 上的传递性, 可假设 $1_0^{\delta_{\beta,x,y}}=1_1$, 由式 (2.2) 得 $1_0^{\delta_{\beta,x,y}}=(x1^\beta)_1=1_1$, 从而 $x=1$. 回忆到 $S=\{1,a,c,abc^{-1},bc\}$, 且 $S^\beta=y^{-1}S^{-1}$, 即

$$S^\beta=\{1^\beta,a^\beta,c^\beta,(abc^{-1})^\beta,(bc)^\beta\}=y^{-1}\{1,a^{-1},c^{-1},a^{-1}bc,b^{-1}c^{-1}\}. \qquad (2.15)$$

因为 $1\in S$, 所以 $1\in S^\beta$, 从而 $y^{-1}=1$, a, c, abc^{-1} 或 bc.

因为 $H=Q_8\times\mathbb{Z}_p=\langle a,b\rangle\times\langle c\rangle$, 所以 Q_8 和 $\mathbb{Z}_p$ 都是 H 的特征子群, 从而有 $c^\beta\in\langle c\rangle$ 和 $\langle a,b\rangle^\beta=\langle a,b\rangle$.

令 $y^{-1}=a,abc^{-1}$ 或 bc. 由式 (2.15) 得 $S^\beta=\{a,1,ac^{-1},bc,ab^{-1}c^{-1}\}$, $\{abc^{-1}$, $b^{-1}c^{-1}$, abc^{-2}, 1, $ac^{-2}\}$ 或 $\{bc,ba^{-1}c,b,a^{-1}c^2,1\}$, 由于 $c^\beta\in\langle c\rangle$, 可知这 3 种情况均不可能发生.

令 $y=1$. 则由式 (2.15) 可得 $S^\beta=\{1,a^{-1},c^{-1},a^{-1}bc,b^{-1}c^{-1}\}$. 因为 $a^\beta\in\langle a,b\rangle$ 以及 $c^\beta\in\langle c\rangle$, 所以 $a^\beta=a^{-1}$, $c^\beta=c^{-1}$ 且 $\{(abc^{-1})^\beta,(bc)^\beta\}=\{a^{-1}bc$, $b^{-1}c^{-1}\}$. 同理, 因为 $(bc)^\beta=b^\beta c^{-1}\in\langle a,b\rangle c^{-1}$, 所以 $(bc)^\beta=b^{-1}c^{-1}$. 于是, $b^\beta=b^{-1}$ 且 $(abc^{-1})^\beta=a^{-1}bc$. 然而, $a^{-1}bc=(abc^{-1})^\beta=a^\beta b^\beta(c^{-1})^\beta=a^{-1}b^{-1}c$, 这迫使 $b^2=1$, 矛盾.

令 $y^{-1}=c$. 则有 $S^\beta=\{c,a^{-1}c,1,a^{-1}bc^2,b^{-1}\}$, 可得 $a^\beta=b^{-1}$ 以及 $c^\beta=c$. 因为 $(abc^{-1})^\beta=(ab)^\beta c^{-1}\in S^\beta$, 所以 $(ab)^\beta c^{-1}=a^{-1}c$ 或 $a^{-1}bc^2$, 迫使 $c^2=1$ 或 $c^3=1$, 这与 $p\geqslant 7$ 矛盾. □

在本小节最后, 我们给出一些非点传递的小阶数 Haar 图. 这些图的非点传递型可通过计算机软件 MAGMA[45] 验证.

引理 2.4.10 若群 $H=H_i$ 和子集 S 如表 2.2 所述. 则 Haar 图 $\mathrm{H}(H,S)$ 为非点传递图, 且 $H\notin\mathcal{BC}$.

表 2.2　非点传递 Haar 图 $\mathrm{H}(H_i, S)$

i	H_i	S
1	$\langle a,b,c \mid a^8, b^2, c^2, [a,c], [b,c], a^b = a^{-1}\rangle \cong D_8 \times \mathbb{Z}_2$	$\{1, a, b, c, ab, abc\}$
2	$\langle a,b,c \mid a^4, b^2, c^2, [a,b], [a,c], [b,c] = a^2\rangle$	$\{1, a, b, ab, ac, abc\}$
3	$\langle a,b \mid a^8, b^2 = a^4, a^b = a^{-1}\rangle$	$\{1, a, b, a^5, ab, a^5b\}$
4	$\langle a,b \mid a^8, b^2, a^b = a^3\rangle$	$\{1, a, b, ab\}$
5	$\langle a,b,c,d \mid a^4, b^4, c^2, d^2, a^2 = b^2, a^b = a^{-1}, [a,c], [a,d],$ $[b,c], [b,d], [c,d]\rangle \cong Q_8 \times \mathbb{Z}_2 \times \mathbb{Z}_2$	$\{1, a, b, b^{-1}, ab, ac,$ $bd, abd\}$
6	$\langle a,b,c \mid a^4, b^4, c^3, a^2 = b^2, a^b = a^{-1}, a^c = b^{\pm1}, b^c = a^{\pm1}b\rangle$	$\{1, a, bc, abc\}$
7	$\langle a,b,c \mid a^2, b^2, c^3, [a,b], a^c = b, b^c = ab\rangle \cong A_4$	$\{1, a, c, abc\}$
8	$\langle a,g \mid a^5, g^4, a^g = a^2\rangle \cong F_{20}$	$\{1, a, g\}$
9	$\langle a,c,b \mid a^p, c^p, b^2, [a,c], a^b = a^{-1}, c^b = c^{-1}\rangle \cong \mathbb{Z}_p^2 \rtimes \mathbb{Z}_2, p = 3, 5$	$\{1, a, c, b, ab, cb\}$

2.5　满足其上所有 Haar 图均为凯莱图的有限群分类

本节中, 我们给出满足其上所有 Haar 图均为凯莱图的有限群分类. 在上文中, 我们用 $\mathcal{BC}$ 表示此类群的全体. 由于交换群上的 Haar 图均为凯莱图, 所以本节主要讨论非交换群的情形. 又由于每个非交换群都含有一个子群为内交换群, 且集合 $\mathcal{BC}$ 关于子群具有封闭性, 所以我们先给出 $\mathcal{BC}$ 中内交换群的分类, 进而给出完全分类定理.

2.5.1　内交换群情形

定理 2.5.1　设 H 是一个有限内交换群, 且 $H \in \mathcal{BC}$, 即 H 满足其上任意一个 Haar 图 $\mathrm{H}(H, S)$ 都是凯莱图. 那么, H 同构于 D_6, D_8, D_{10} 或 Q_8.

证明　首先说明群 D_6, D_8, D_{10} 和 Q_8 都属于 $\mathcal{BC}$. 前三个群都是二面体群, 由命题 2.1.1 可知它们都属于 $\mathcal{BC}$. 设 $\Gamma = \mathrm{H}(Q_8, S)$ 是群 Q_8 上的一个 Haar 图, 其中 S 是 Q_8 的一个包含单位元的子集. 如果 Γ 不连通, 则由命题 2.2.1 (1) 可知 $\langle S\rangle < Q_8$, 从而 $\langle S\rangle$ 是交换群. 这说明 $\mathrm{H}(\langle S\rangle, S)$ 是凯莱图. 注意到 Γ 的每个连通分支均同构于 $\mathrm{H}(\langle S\rangle, S)$, 因此 Haar 图 Γ 也是凯莱图. 假定 Γ 是连通图. 通过 MAGMA[45] 计算可得, Q_8 上的所有连通 Haar 图均为凯莱图 (注意到 Q_8 上的 7 度和 8 度 Haar 图分别同构于 $K_{8,8} - 8K_2$ 和 $K_{8,8}$, 其中 $K_{8,8}$ 是 16 个顶点的完全二部图, $K_{8,8} - 8K_2$ 为完全二部图 $K_{8,8}$ 去掉一个完美匹配), 因此, $Q_8 \in \mathcal{BC}$.

设 H 是一个内交换群, 且 $H \ncong D_6, D_8, D_{10}$ 和 Q_8. 下面证明 $H \notin \mathcal{BC}$. 根据 H 是不是 p-群, 分两种情形讨论.

情形 1: H 是 p-群.

注意到 $H \not\cong Q_8$. 根据命题 2.4.1, $H = M_p(m,n)$ 或 $M_p(m,n,1)$. 当 $p \geqslant 3$ 时, 由引理 2.4.1 可得 $H \notin \mathcal{BC}$. 令 $p=2$, 则有 $m \geqslant 2$.

首先设 $m \geqslant 3$. 考虑子群 $N = \langle b^2 \rangle$. 易知 $N \trianglelefteq H$ 且 $H/N = \langle aN, bN \rangle \cong M_2(m,1)$ 或 $M_2(m,1,1)$. 令 $\bar{\Gamma} = \mathrm{H}(H/N, \bar{S})$, 其中 $\bar{S} = \{N, aN, a^{-1}N, bN, abN\}$). 由引理 2.4.1 可知, $\bar{\Gamma}$ 是非点传递图. 如果对于某个 $\bar{x} \in H/N$ 有 $\bar{S}\bar{x} = \bar{S}$, 那么 $\bar{S}$ 是 $\langle \bar{x} \rangle$ 在 H/N 中的一些左陪集的并, 又因为 $|\bar{S}| = 5$, 所以 $\bar{x} = N$ (H/N 的单位元) 或 $\bar{S} = \langle \bar{x} \rangle$ 是 H/N 的一个子群. 显然, $\bar{S} = \{N, aN, a^{-1}N, bN, abN\}$) 不是子群, 从而有 $\bar{x} = N$. 同理, 若 $\bar{x}\bar{S} = \bar{S}$, 则可得 $\bar{x} = N$. 因此, 由引理 2.3.2 得 $H \notin \mathcal{BC}$.

设 $m = 2$. 由于 $M_2(2,1) \cong D_8$, 所以 $H \neq M_2(2,1)$. 若 $n = 1$, 则 $H = M_2(2,1,1)$. 此时, 通过 MAGMA[45] 计算可知 Haar 图 $\mathrm{H}(H, \{1, a, a^{-1}, b, ab\})$ 是非点传递图, 从而 $H \notin \mathcal{BC}$. 若 $n \geqslant 2$, 则 $H = M_2(2,n)$ 或 $M_2(2,2,1)$. 考虑子群 $N = \langle b^{2^2} \rangle$. 则有 $N \trianglelefteq H$ 且 $H/N = \langle aN, bN \rangle \cong M_2(2,2)$ 或 $M_2(2,2,1)$. 令 $\bar{\Gamma} = \mathrm{H}(H/N, \bar{S})$, 其中

$$\bar{S} = \{N, aN, bN, abN, ab^2N, ab^3N\}.$$

通过 MAGMA[45] 计算可知 $\bar{\Gamma}$ 是非点传递图. 如果存在某个 $\bar{x} \in H/N$ 使得 $\bar{S}\bar{x} = \bar{S}$, 则 $\bar{S}$ 是 $\langle \bar{x} \rangle$ 在 H/N 中的一些左陪集的并. 特别地, $\bar{x} \in \bar{S}$. 因为 $|\bar{S}| = 6$, $\bar{x}$ 在 H/N 中的阶为 1, 2, 3 或 6. 另外, 因为 $\bar{S} \setminus \{N\}$ 中每个元素的阶均为 4, 所以 $\bar{x} = N$. 类似地, 对任意非单位元 $\bar{x} \in H/N$, 都有 $\bar{x}\bar{S} \neq \bar{S}$, 从而由引理 2.3.2 可得 $H \notin \mathcal{BC}$. 情形 1 证毕.

情形 2: H 不是 p-群.

根据命题 2.4.2, $H = \mathbb{Z}_p^n \rtimes \mathbb{Z}_{q^m}$, 其中 p 和 q 是两个不同的素数. 由引理 2.4.3~2.4.5, 可假定 $(n,q) = (1,2)$, 或 $2 \leqslant n \leqslant 4$ 且 $p = 2$.

设 $(n,q) = (1,2)$. 令 $N = \langle b^2 \rangle$. 则 $N \trianglelefteq H$ 且 $H/N = \langle aN, bN \rangle \cong D_{2p}$. 考虑 Haar 图 $\bar{\Gamma} = \mathrm{H}(H/N, \bar{S})$, 其中

$$\bar{S} = \{N, aN, a^3N, bN, abN, a^2bN, a^4bN\}.$$

可知当 $p > 5$ 时, 图 $\bar{\Gamma}$ 是非点传递图, 其中 $p = 7$ 的情形, 可通过 MAGMA[45] 直接验证, $p > 7$ 的情形在文献 [24, Proposition 7] 中已被证明. 如果存在某个 $\bar{x} \in N/H$ 使得 $\bar{S} = \bar{S}\bar{x}$, 则 $\bar{S}$ 是 $\langle \bar{x} \rangle$ 的一些左陪集的并. 因为 $N \in \bar{S}$ 以及 $|\bar{S}| = 7$, 所以 $\bar{x} = N$ 或 S 是 N/H 的一个 7 阶子群. 显然, 后者是不可能的, 因此 $\bar{x} = N$. 同理可证当 $\bar{S} = \bar{x}\bar{S}$ 时 $\bar{x} = N$. 因此, 当 $p > 5$ 时, 由引理 2.3.2 可知 $H \notin \mathcal{BC}$.

下面假设 $p=3$ 或 5. 因为 $H\ncong D_6$ 或 D_{10}, 所以 $m\geqslant 2$. 令 $N=\langle b^4\rangle$. 则 $N\trianglelefteq H$ 且 $H/N=\langle aN,bN\rangle\cong \mathbb{Z}_p\rtimes\mathbb{Z}_4$. 考虑 Haar 图 $\bar{\Gamma}=\mathrm{H}(H/N,\bar{S})$, 其中

$$\bar{S}=\{N,aN,bN,abN,ab^2N,ab^3N\}.$$

通过 MAGMA[45] 计算可得 Γ 是非点传递图. 如果存在某个 $\bar{x}\in N/H$ 使得 $\bar{S}=\bar{S}\bar{x}$, 则 $\bar{S}$ 是 $\langle\bar{x}\rangle$ 的一些左陪集的并, 特别地, $\bar{x}$ 的阶为 1, 2, 3 或 6. 因为 $\bar{S}\setminus\{N,aN,ab^2N\}$ 中每个元素的阶均为 4, 所以 $\bar{x}=N$. 同理可证当 $\bar{S}=\bar{x}\bar{S}$ 时也有 $\bar{x}=N$. 因此, 由引理 2.3.2 可得 $H\notin\mathcal{BC}$.

最后, 设 $2\leqslant n\leqslant 4$ 且 $p=2$. 由式 (2.7) 可得 $n<q$ 和 $q\mid(2^n-1)$. 因此, 当 $n=2$ 时有 $q=3$; 当 $n=3$ 时有 $q=7$; 当 $n=4$ 时有 $q=5$. 群 $\mathrm{GL}(n,2)$ 有 q 阶 Sylow q-子群. 令 $N=\langle b^q\rangle$. 则 $N\trianglelefteq H$, 且对于 $n=2,3,4$, 商群 H/N 分别同构于 $\mathbb{Z}_2^2\rtimes\mathbb{Z}_3\cong A_4, \mathbb{Z}_2^3\rtimes\mathbb{Z}_7$ 和 $\mathbb{Z}_2^4\rtimes\mathbb{Z}_5$, 其中

- $\mathbb{Z}_2^2\rtimes\mathbb{Z}_3=\big\langle x,y,z\mid x^2=y^2=z^3=1,[x,y]=1,x^z=y,y^z=xy\big\rangle$,
- $\mathbb{Z}_2^3\rtimes\mathbb{Z}_7=\big\langle x,y,z,v\mid x^2=y^2=z^2=u^7=1,[x,y]=[x,z]=[y,z]=1,x^u=y,y^u=z,z^u=xy\big\rangle$,
- $\mathbb{Z}_2^4\rtimes\mathbb{Z}_5=\big\langle x,y,z,v,w\mid x^2=y^2=z^2=v^2=w^5=1,[x,y]=[x,z]=[x,v]=[y,z]=[y,v]=[z,v]=1,x^w=v,y^w=xy,z^w=yz,v^w=zv\big\rangle$.

通过 MAGMA[45] 计算可知 Haar 图 $\mathrm{H}(H/N,S)$ 是非点传递图, 其中当商群 $H/N=\mathbb{Z}_2^2\rtimes\mathbb{Z}_3,\mathbb{Z}_2^3\rtimes\mathbb{Z}_7$ 或 $\mathbb{Z}_2^4\rtimes\mathbb{Z}_5$ 时, S 分别为 $\{1,x,z,xyz\},\{1,x,u,xyu,xzu\}$ 和 $\{1,x,w,xyw,xzw\}$. 此外, 易知对任意非单位元 $x\in H/N$ 都有 $S\neq Sx$ 和 $S\neq xS$. 因此, 由引理 2.3.2 可得 $H\notin\mathcal{BC}$. □

每个非交换群都含有一个子群为内交换群. 因此, 由定理 2.5.1 和引理 2.3.1 可得如下推论.

推论 2.5.1 *设 G 是集合 $\mathcal{BC}$ 中的一个群. 则下述命题成立.*

(1) *群 G 的每个 Sylow p-子群都是交换群, 其中 p 是奇素数.*

(2) *若群 G 是非交换群, 则 G 有一个子群同构于 D_6, D_8, D_{10} 或 Q_8.*

在本小节最后, 我们给出定理 2.5.1 的一个应用, 即证明每个非可解群都存在一个非凯莱 Haar 图, 也即集合 $\mathcal{BC}$ 中的每个群都是可解群.

定理 2.5.2 *每个非可解群都存在一个非凯莱 Haar 图.*

证明 假设 G 是非可解群且属于 $\mathcal{BC}$. 我们首先断言 G 包含一个非可解的 $\{2,3,5\}$-子群 L.

若 G 本身即 $\{2,3,5\}$-群, 则断言显然成立. 假定 $|G|$ 有一个素因子 $p>5$. 设 $p_1,\cdots,p_m$ 是 $|G|$ 的所有大于 5 的素因子, P_i 是 G 的一个 Sylow p_i-子群,

其中 $1 \leqslant i \leqslant m$. 由推论 2.5.1(1) 可知, P_i 是交换群. 考虑群 $M = P_i\langle g\rangle$, 其中 $g \in N_G(P_i)$ 且阶为 r^m, r 为素数.

如果 $r = p_i$, 则 $g \in P_i$, 从而 $M = P_i$ 是交换群. 如果 $r \neq p_i$, 则 M 有一个循环的 Sylow r-子群, 且由推论 2.5.1(2) 可得 $\{p_i, r\}$-群 M (其中 $p_i > 5$) 是交换群. 由此可得 $P_i \leqslant Z(N_G(P_i))$, 从而根据命题 1.2.3 (Burnside 正规 p-补定理) 得 $G = K_iP_i$, 其中 $K_i \trianglelefteq G$, $K_i \cap P_i = 1$. 令 $L = K_1 \cap \cdots \cap K_m$. 则 $L \trianglelefteq G$, 又因为 $|L|$ 整除 $|K_i|$, 但对于每个 $1 \leqslant i \leqslant m$ 都有 p_i 不整除 $|K_i|$, 所以 L 是一个 $\{2,3,5\}$-子群. 因为 $G/L \lesssim G/K_1 \times \cdots \times G/K_m \cong P_1 \times \cdots \times P_m$ (可见文献 [31, Exercises 10]), G/L 是可解群; 又因为 G 是非可解群, 所以 L 不可解, 断言得证.①

因为 L 不可解, 所以 L 存在一个合成因子 T 是非交换的 $\{2,3,5\}$-单群. 为推出矛盾, 由推论 2.3.1 可知, 只需证明存在一个子集 $S \subset T$ 使得 Haar 图 $\mathrm{H}(T,S)$ 是非点传递图, 且对每个非单位元 $x \in T$ 有 $S \neq Sx$ 或 xS.

由文献 [47, Theorem I] 知, T 同构于 A_5, A_6 或 $\mathrm{PSU}(4,2)$. 显然, 当 $T \cong A_5$ 或 A_6 时, 有 $A_4 < T$. 当 $T \cong \mathrm{PSU}(4,2)$ 时, 由文献 [48] 亦可得 $A_4 < T$.

下面, 考虑图 $\Gamma = \mathrm{H}(T,S)$, 其中 $S \subset A_4 < T$, $A_4 = \langle x,y,z \mid x^2 = y^2 = z^3 = 1, [x,y] = 1, x^z = y, y^z = xy\rangle$, $S = \{1,x,z,xyz\}$. 注意到图 $\mathrm{H}(\langle S\rangle, S)$ 在定理 2.5.1 的证明中已经出现过. 通过 MAGMA[45] 验证可得 $\mathrm{H}(\langle S\rangle, S)$ 是非点传递图, 且对任意 $x \in A_4 \backslash \{1\}$ 都有 $S \neq Sx$ 或 xS, 这同时也说明 Γ 是非点传递图. 假设对某个 $x \in T$ 有 $S = Sx$ 或 $S = xS$. 因为 $1 \in S$, 所以 $x \in S \subset A_4$, 从而 $x = 1$. □

2.5.2 非交换 $\{2,p\}$-群情形

本小节给出了 $\mathcal{BC}$ 中非交换 $\{2,p\}$-群的分类, 其中 p 是素数. 首先讨论非交换 2-群的情形.

定理 2.5.3 非交换 2-群 H 属于集合 $\mathcal{BC}$ 当且仅当 H 同构于 D_8, Q_8 或 $Q_8 \times \mathbb{Z}_2$.

证明 由命题 2.1.1 知, $D_8, Q_8 \in \mathcal{BC}$. 要证明 $Q_8 \times \mathbb{Z}_2 \in \mathcal{BC}$, 任取 Haar 图 $\Gamma = \mathrm{H}(Q_8 \times \mathbb{Z}_2, S)$. 不失一般性, 假设 $1 \in S$. 如果 Γ 不连通, 则由命题 2.2.1 (1) 得 $\langle S\rangle < Q_8 \times \mathbb{Z}_2$. 因此, $\langle S\rangle$ 是交换群或者同构于 Q_8, 这意味着 $\mathrm{H}(\langle S\rangle, S)$ 是凯莱图. 因为 Γ 是同构于 $\mathrm{H}(\langle S\rangle, S)$ 的连通分支的并, 所以 Γ 也是凯莱图. 此外, 通过 MAGMA[45] 验证得 $Q_8 \times \mathbb{Z}_2$ 上所有连通的 Haar 图均为凯莱图. 因此, $Q_8 \times \mathbb{Z}_2 \in \mathcal{BC}$.

① $A \lesssim B$ 表示群 A 同构于群 B 的一个子群.

设 $H \in \mathcal{BC}$ 是一个非交换 2-群. 下文证明必要性成立, 即证 $H \cong D_8$, Q_8 或 $Q_8 \times \mathbb{Z}_2$.

情形 1: $|H| \leqslant 8$.

因为 H 是非交换 2-群, 我们有 $H \cong D_8$ 或 Q_8.

情形 2: $|H| = 16$.

注意到所有 16 阶的非交换群在文献 [49] 中给出了, 读者也可通过计算机软件 Magma[45] 搜索得到. 由推论 2.5.1 (2) 知, H 有一个子群同构于 D_8 或 Q_8. 因此, 通过逐一检查所有的 16 阶的非交换群, 可得 $H \cong H_i$ $(1 \leqslant i \leqslant 6)$, 其中

$$
\begin{aligned}
&H_1 = \langle a, b, c \mid a^8 = b^2 = c^2 = [a, c] = [b, c] = 1, a^b = a^{-1} \rangle \cong D_8 \times \mathbb{Z}_2,\\
&H_2 = \langle a, b, c \mid a^4 = b^2 = c^2 = [a, b] = [a, c] = 1, [b, c] = a^2 \rangle,\\
&H_3 = \langle a, b \mid a^8 = 1, b^2 = a^4, a^b = a^{-1} \rangle,\\
&H_4 = \langle a, b \mid a^8 = b^2 = 1, a^b = a^3 \rangle,\\
&H_5 = D_{16},\\
&H_6 = Q_8 \times \mathbb{Z}_2.
\end{aligned}
$$

由命题 2.1.1 得 $H_5 \notin \mathcal{BC}$, 且由引理 2.4.10 得 $H_i \notin \mathcal{BC}$, 其中 $1 \leqslant i \leqslant 4$. 因此, $H \cong H_6 = Q_8 \times \mathbb{Z}_2$.

情形 3: $|H| \geqslant 32$.

因为 $H \in \mathcal{BC}$, 所以由命题 2.3.1 可知 H 的每个子群都属于 $\mathcal{BC}$. 如果 H 的每个 32 阶子群都交换, 则 H 有一个阶至少为 64 的内交换子群, 由定理 2.5.1 可知这是不可能的. 因此, H 有一个阶为 32 的非交换子群, 记为 L, 则 $L \in \mathcal{BC}$. 同理, L 有一个阶为 16 的非交换子群, 且由情形 2 的证明可知, 该子群同构于 $Q_8 \times \mathbb{Z}_2$. 通过逐一检查所有 32 阶非交换群 (32 阶非交换群分类可见文献 [49]), 可得 $L \cong Q_8 \times \mathbb{Z}_2 \times \mathbb{Z}_2$. 然而, 由引理 2.4.10 知 $H_5 = Q_8 \times \mathbb{Z}_2 \times \mathbb{Z}_2 \notin \mathcal{BC}$, 矛盾. □

下面讨论非交换 $\{2, p\}$-群但非 2-群的情形. 首先证明下面两个引理. 需要强调的是 $\mathcal{BC}$ 中的每个非交换群都是偶数阶群, 见推论 2.5.1(2).

引理 2.5.1　*设 p 是奇素数, H 是非交换 $\{2, p\}$-群, 满足 $p \mid |H|$ 且有正规的 Sylow 2-子群. 则 $H \notin \mathcal{BC}$.*

证明　采用反证法. 假设 $H \in \mathcal{BC}$. 分别记 P 和 P_2 为 H 的一个 Sylow p-子群和 Sylow 2-子群. 则 $H = P_2 \rtimes P$.

假设 P_2 是交换群. 则由推论 2.5.1(2) 知 H 有一个子群为二面体群 D_{2p}, 其中 $p = 3$ 或 5. 因为 P_2 是 H 唯一的 Sylow 2-子群, 所以 D_{2p} 的所有二阶元都包含在 P_2 中; 又因为 D_{2p} 可由其二阶元生成, 所以 $D_{2p} \leqslant P_2$, 矛盾. 因此, P_2 是非

交换群.

由命题 2.3.1 得 $P_2 \in \mathcal{BC}$, 且由定理 2.5.3 得 $P_2 \cong D_8$, Q_8 或 $Q_8 \times \mathbb{Z}_2$. 考虑 P_2 在 P 中的中心化子 $C_P(P_2)$. 如果 $C_P(P_2) \neq 1$, 则 H 有一个同构于 $P_2 \times \mathbb{Z}_p$ 的子群, 从而也有同构于 $D_8 \times \mathbb{Z}_p$ 或 $Q_8 \times \mathbb{Z}_p$ 的子群. 这意味着后两者至少有一个属于 $\mathcal{BC}$, 这与引理 2.4.7 和 2.4.8 矛盾. 因此, $C_P(P_2) = 1$, 故有 $P \cong N_P(P_2)/C_P(P_2) \lesssim \mathrm{Aut}(P_2)$, 即 P 同构于 $\mathrm{Aut}(P_2)$ 的一个子群. 注意到

$$\mathrm{Aut}(D_8) \cong D_8,\ \mathrm{Aut}(Q_8) \cong S_4,\ \mathrm{Aut}(Q_8 \times \mathbb{Z}_2) \cong \mathbb{Z}_2^3 \rtimes S_4.$$

因为 $P \lesssim \mathrm{Aut}(P_2)$, 所以 $P_2 \cong Q_8$ 或 $Q_8 \times \mathbb{Z}_2$, $P \cong \mathbb{Z}_3$.

若 $P_2 \cong Q_8$, 则令 $P_2 = \langle a, b \mid a^4 = b^4 = 1, a^2 = b^2, a^b = a^{-1}\rangle$. 设 α 是 P_2 的由 $a \mapsto b$, $b \mapsto ab$ 诱导出的一个 3 阶自同构. 因为 P_2 的所有 3 阶自同构在 $\mathrm{Aut}(P_2)$ 中都共轭, 所以有 $H \cong P_2 \rtimes \langle\alpha\rangle = \langle a, b, \alpha \mid a^4 = b^4 = \alpha^3 = 1, a^2 = b^2, a^b = a^{-1}, a^\alpha = b, b^\alpha = ab\rangle \cong H_6$ (见表 2.2). 由引理 2.4.10 得 $H \notin \mathcal{BC}$, 矛盾. 类似地, 若 $P_2 \cong Q_8 \times \mathbb{Z}_2$, 则令 $P_2 = \langle a, b \mid a^4 = b^4 = 1, a^2 = b^2, a^b = a^{-1}\rangle \times \langle c\rangle$, 其中 $\langle c\rangle \cong \mathbb{Z}_2$. 设 α 是由 $a \mapsto b$, $b \mapsto ab$, $c \mapsto c$ 诱导出的 P_2 的一个 3 阶自同构. 则 $H \cong (\langle a, b\rangle \times \langle c\rangle) \rtimes \langle\alpha\rangle \cong H_6 \times \mathbb{Z}_2$, 而 $H_6 \notin \mathcal{BC}$, 故推出 $H \notin \mathcal{BC}$, 矛盾. □

引理 2.5.2 设 p 是奇素数, $H = P \rtimes \langle g\rangle$, 其中 P 为 p-群, $\langle g\rangle$ 为 2-群. 若 $H \in \mathcal{BC}$, 则 $H \cong D_6$ 或 D_{10}.

证明 采用极小反例法. 取 H 为 $\mathcal{BC}$ 中阶最小的非交换 $\{2, p\}$-群, 满足 $H \ncong D_6$ 或 D_{10}, H 有非平凡的正规 Sylow p-子群和循环 Sylow 2-子群. 那么, 此时 H 的每个非交换真子群, 若存在, 则同构于 D_6 或 D_{10}.

由推论 2.5.1(2) 知, H 包含一个同构于 D_6 或 D_{10} 的子群, 记为 K. 那么, $p = 3$ 或 5. 设 $K = \langle a, b \mid a^p = b^2 = 1, a^b = a^{-1}\rangle$. 不妨假定 $b \in \langle g\rangle$. 此外, $PK \leqslant H$ 是非交换群. 设 $|P| = p^s$, 其中 $s \geqslant 1$. 则 $|PK| = 2p^s$.

若 $s = 1$, 则 $P \cong \mathbb{Z}_p$, 从而 $P \leqslant K$. 因为 $K \cong D_6$ 或 D_{10}, 所以 $K < H$. 又因为 $K/P < H/P \cong \langle g\rangle$, 所以 H 有一个 $4p$ 阶的子群包含 K. 由 H 的极小性得 $\langle g\rangle \cong \mathbb{Z}_4$. 这说明 $b = g^2$, 因为 $a^b = a^{-1}$, 所以 $p = 5$, $a^g = a^2$ 或 a^3. 这意味着 $H \cong F_{20} = H_8$, 而由引理 2.4.10 知 $H \notin \mathcal{BC}$, 矛盾. 因此, $s \geqslant 2$.

下面证明 $|H| = 2p^2$. 因为 $s \geqslant 2$, 所以 $K < PK \leqslant H$; 又因为 PK 是非交换群且 $PK \ncong D_6$ 和 D_{10}, 所以有 $H = PK$. 于是, $|H| = 2p^s$ 且 $\langle g\rangle = \langle b\rangle \cong \mathbb{Z}_2$. 由此可知 P 是非循环群, 否则 H 是二面体群, 这与命题 2.1.1 矛盾. 由于 P 是交换群, 根据命题 1.2.2 可推出 P 有一个 p 阶元 c 使得 $\langle c\rangle \cap \langle a\rangle = 1$. 如果 $c^b \notin \langle c\rangle$, 那么 $\langle c, c^b, b\rangle$ 是 $2p^2$ 阶非交换子群, 进而 $H = \langle c, c^b, b\rangle$. 另外, 如果 $c^b \in \langle c\rangle$, 那么同

理可得 $H=\langle a,c,b\rangle$. 两种情况均可推出 $|H|=2p^2$.

由初等群论可知, 在同构意义下 $2p^2$ 阶非交换群只有 3 种, 如下所述:

$$H_1(p)=\langle a,b \mid a^{p^2}=b^2=1, b^{-1}ab=a^{-1}\rangle,$$
$$H_2(p)=\langle a,b,c \mid a^p=b^p=c^2=[a,b]=1, c^{-1}ac=a^{-1}, c^{-1}bc=b^{-1}\rangle,$$
$$H_3(p)=\langle a,b,c \mid a^p=b^p=c^2=1, [a,b]=[a,c]=1, c^{-1}bc=b^{-1}\rangle.$$

从而, $H\cong H_1(p)$, $H_2(p)$ 或 $H_3(p)$. 注意到, $H_1(p)$ 是二面体群 D_{2p^2}, $H_2(p)$ 同构于表 2.2 中的群 H_9 (上文已推出 $p=3$ 或 5), $H_3(p)$ 则同构于群 $D_{2p}\times\mathbb{Z}_p$. 由命题 2.1.1、引理 2.4.10 以及 2.4.7 可得 $H\notin\mathcal{BC}$, 矛盾. □

定理 2.5.4　*设 p 是一个奇素数, H 是非交换 $\{2,p\}$-群, $p \mid |H|$. 那么, $H\in\mathcal{BC}$ 当且仅当 $H\cong D_6$ 或 D_{10}.*

证明　假设 $\mathcal{BC}$ 中存在不同构于 D_6 或 D_{10} 的非交换 $\{2,p\}$-群, 并取 H 为满足上述条件的最小阶群. 需要注意的是, H 中任意非交换真子群要么同构于 D_6 要么同构于 D_{10}.

分别设 P 和 P_2 是 H 的 Sylow p-子群和 Sylow 2-子群. 由推论 2.5.1(1) 知 P 是交换群, 从而 $P\leqslant C_H(P)\leqslant N_H(P)$. 若 $C_H(P)=N_H(P)$, 则由命题 1.2.3 知 P 在 H 中有正规 p-补, 换言之 $P_2\trianglelefteq H$. 这与引理 2.5.1 矛盾, 故 $C_H(P)<N_H(P)$, 进而存在一个 2-元素 g 使得 $g\in N_H(P)$ 但 $g\notin C_H(P)$. 对群 $P\rtimes\langle g\rangle$ 应用引理 2.5.2, 可得 $P\cong\mathbb{Z}_p$, $p=3$ 或 5, 以及 $\langle g\rangle\cong\mathbb{Z}_2$. 不失一般性, 设 $g\in P_2$.

设 N 是 H 的一个极小正规子群. 因为 $P\cong\mathbb{Z}_p$, 所以 $N=P$ 或者存在 $\ell\geqslant 1$ 使得 $N=\mathbb{Z}_2^\ell$.

情形 1: $N=\mathbb{Z}_2^\ell$.

此时, 由于 $P\rtimes\langle g\rangle$ ($\cong D_6$ 或 D_{10}) 没有非平凡正规 2-子群, 所以 $(P\rtimes\langle g\rangle)N>P\rtimes\langle g\rangle$. 由 H 的极小性得 $H=N(P\rtimes\langle g\rangle)$. 因为 $P_2\ntrianglelefteq H$, 所以 $N<P_2$, 进而有 $NP<H$. 显然, $NP\ncong D_6$ 或 D_{10}, 从而由 H 的极小性可推出 NP 是交换群. 因为 $N\lhd P_2$, 所以 $N\cap Z(P_2)$ 是非平凡的. 取 $b\in N\cap Z(P_2)$ 使得 b 的阶为 2. 则 $\langle P,g,b\rangle=(P\rtimes\langle g\rangle)\times\langle b\rangle\cong D_{4p}$. 然而, 由命题 2.1.1 知 D_{4p} 不属于 $\mathcal{BC}$, 矛盾.

情形 2: $N=P$.

考虑中心化子 $C_{P_2}(P)$. 因为 $P\trianglelefteq H$, 所以 $C_{P_2}(P)\trianglelefteq P_2$. 若 $C_{P_2}(P)\neq 1$, 则取二阶元 $b\in C_{P_2}(P)\cap Z(P_2)$, 可得 $\langle P,g,b\rangle\cong D_{4p}$, 矛盾. 因此, $C_{P_2}(P)=1$, 进而说明 P_2 同构于 $\mathrm{Aut}(\mathbb{Z}_p)$ 的一个子群. 因为 $p=3$ 或 5, 且 $H\ncong D_6$ 或 D_{10}, 所以 $p=5$, $P_2\cong\mathbb{Z}_4$ 且 $H\cong F_{20}=H_8$ (群 H_8 可见表 2.2), 这与引理 2.4.10 矛盾. □

2.5.3 分类定理

本节中, 我们给出了 $\mathcal{BC}$ 中非交换群的分类, 即给出了问题 2.1.1 的答案.

定理 2.5.5 *设 H 是 $\mathcal{BC}$ 中的一个非交换群, 即满足 H 上的所有 Haar 图均为凯莱图. 则 H 同构于 D_6, D_8, D_{10}, Q_8 或 $Q_8 \times \mathbb{Z}_2$.*

证明 由定理 2.5.3 和 2.5.4 知, $D_8, Q_8, Q_8 \times \mathbb{Z}_2, D_6$ 和 D_{10} 都属于 $\mathcal{BC}$. 为证明必要性成立, 设 H 是 $\mathcal{BC}$ 中的一个非交换群.

由定理 2.5.2 知 H 是可解群, 且由推论 2.5.1(2) 知 $2 \mid |H|$. 设 L 和 K 分别为 H 的一个 Sylow 2-子群和一个 Hall $2'$-子群. 由命题 2.3.1 知, K 和 L 均属于 $\mathcal{BC}$. 此外, $H = KL$, 且由推论 2.5.1 (1) 知 K 是交换群. 若 $K = 1$, 则 $H = L$ 是一个 2-群, 从而由定理 2.5.3 得 $H \cong D_8, Q_8$ 或 $Q_8 \times \mathbb{Z}_2$. 假定 $K \neq 1$. 设 $p_1, \cdots, p_k$ 为 $|H|$ 的所有互不相同的奇素因子, P_i 为 H 的包含在 K 中的一个 Sylow p_i-子群, 其中 $1 \leqslant i \leqslant k$. 则 $K = P_1 \times P_2 \times \cdots \times P_k$.

若 $k = 1$, 则 H 是一个 $\{2, p_1\}$-群, 进而由定理 2.5.4 得 $H \cong D_6$ 或 D_{10}. 下文假定 $k \geqslant 2$.

若 H 的每个 Hall $\{2, p_i\}$-子群都是交换群, 其中 $1 \leqslant i \leqslant k$, 则 L 是交换群且 $H = K \times L$, 这迫使 H 是交换群, 矛盾. 因此, H 有一个非平凡的 Hall $\{2, p_\ell\}$-子群, 其中 $1 \leqslant \ell \leqslant k$, 记为 M. 由命题 2.3.1 得 $M \in \mathcal{BC}$, 且由定理 2.5.4 知 $M \cong D_6$ 或 D_{10}, 由此推出 $L \cong \mathbb{Z}_2$. 因此 $K \trianglelefteq H$, 且 $H = K \rtimes P_2 = (P_1 \times \cdots \times P_k) \rtimes \mathbb{Z}_2$. 这说明对于每个 $1 \leqslant i \leqslant k$ 都有 $P_i \trianglelefteq H$, 从而 $P_iL \leqslant H$. 此外, 可假定 $M = P_\ell L$. 再次应用定理 2.5.4, 对于每个 $1 \leqslant i \leqslant k$, 要么 $P_iL = P_i \times L$ (交换群), 要么 $P_iL \cong D_6$ 或 D_{10}.

假设对于某个 $1 \leqslant j \leqslant k$ 有 $P_jL = P_j \times L$. 回忆上文, 已得 $M = LP_\ell$ 是 H 的一个 Hall $\{2, p_\ell\}$-子群, 以及 $M \cong D_6$ 或 D_{10}. 显然, $p_\ell \neq p_j$, 且 $MP_j = LP_\ell P_j = M \times P_j$. 那么, H 包含一个同构于 $D_6 \times \mathbb{Z}_{p_j}$ 或 $D_{10} \times \mathbb{Z}_{p_j}$ 的子群, 这与引理 2.4.7 矛盾. 注意到, 若 $p_i \neq 3, 5$, 则 $P_iL = P_i \times L$, 这是因为 P_iL 既不同构于 D_6 也不同构于 D_{10}. 这说明 $k = 2$ (上文已假定 $k \geqslant 2$), 且 $\{p_1, p_2\} = \{3, 5\}$. 此外, $\{P_1L, P_2L\} = \{D_6, D_{10}\}$, 又因为 15 阶群一定是循环群, 所有 $H = P_1P_2L \cong D_{30}$, 这与命题 2.1.1 矛盾. □

2.6 本章小结

本章针对 Estélyi 和 Pisanski 在文献 [24] 中提出的分类满足其上所有 Haar 图均为凯莱图的有限非交换群这一问题 (问题 2.1.1), 给出了完整解答. 证明了一个

有限非交换群 H 若满足其所有 Haar 图均为凯莱图, 则 H 同构于 D_6, D_8, D_{10}, Q_8 或 $Q_8\times\mathbb{Z}_2$. 换言之, 除上述 5 个群外, 任意一个有限非交换群都存在一个非凯莱的 Haar 图.

解决问题 2.1.1 的核心思想是构造非凯莱 Haar 图. 值得提出的是本章中构造的非交换群上的所有非凯莱 Haar 图 (见 1.4 节), 包括文献 [24] 中为处理二面体群情形而构造的非凯莱 Haar 图, 均为非点传递图. 这似乎说明构造点传递非凯莱 Haar 图并非易事. Estélyi 和 Pisanski 在文献 [24] 中提出是否存在点传递非凯莱 Haar 图的问题. 后来, 新西兰皇家科学院院士 Conder 教授等人在文献 [23] 中构造了无限多的点传递非凯莱 Haar 图, 从而回答了上述问题. 最近, 作者与其合作者也给出了点传递非凯莱 Haar 图的一个无限类, 我们将在第 4 章详细介绍此无限类图. 需要说明的是 Conder 教授等人给出的无限类图几乎都不是弧传递图, 而我们给出的无限类图都是弧传递图. 受以上工作启发, 我们在文献 [39] 中提出了问题 2.6.1.

问题 2.6.1　*决定有限非交换群, 满足其上所有点传递 Haar 图均为凯莱图.*

注意到问题 2.6.1 与所谓的*非凯莱数*密切相关. 如果所有 n 阶点传递图都是凯莱图, 则称正整数 n 为*凯莱数*, 否则称正整数 n 为*非凯莱数*. 1983 年, Marušič 在文献 [50] 中提出决定所有凯莱数的公开问题, 并吸引了众多科研工作者的关注. 关于凯莱数和点传递非凯莱图的部分工作, 读者可参考文献 [51]~[53].

此外, 问题 2.1.1 中对 Haar 图并无连通性和度数的要求. 我们给出如下两个问题 (下述两个问题是在一次讨论会上, 由周进鑫教授向作者提出的).

问题 2.6.2　*决定有限非交换群, 满足其上所有连通 Haar 图均为凯莱图.*

问题 2.6.3　*给定一个正整数 d, 决定满足其上所有 d 度 Haar 图均为凯莱图的有限非交换群.*

需要注意的是, 问题 2.1.1 的解决离不开一个重要结论, 即 $\mathcal{BC}$ 集合对子群具有封闭性 (见引理 2.3.1). 要讨论问题 2.6.2 和 2.6.3, 我们也许需要先解决对子群是否仍具有封闭性的问题.

称群 H 上的一个凯莱图 Γ 为群 H 的一个*图正则表示*, 简称 GRR, 如果满足 $\mathrm{Aut}(\Gamma)\cong H$. 当研究有限群 H 上的一个凯莱图 Γ 时, 一个重要问题就是决定 H 是否就是图 Γ 的全自同构群. 因此, GRR 被广泛研究. 其中最自然的问题就是分类存在 GRR 的有限群. 在一系列论文发表之后, 该问题最终被完全解决, 相关工作可参见文献 [31]、[54]~[62]. 称群 H 上的一个双凯莱图 Σ 为群 H 的一个*图双正则表示*, 简称 bi-GRR, 如果 $\mathrm{Aut}(\Sigma)\cong H$. Bi-GRR 是 GRR 的自然推广. 周进鑫和 Hujdurović 分别在文献 [63] 和 [64] 中提出分类存在 bi-GRR 的有限群问题. 2020 年, 该问题被杜佳丽、冯衍全和 Spiga 解决, 读者可参见文献 [65]. 除 bi-GRR 外, GRR 还有多种不同形式的推广, 在该方面, 国内的杜佳丽、冯衍全等人, 国外的 Morris、Spiga、Verret、Xia 等人都有出色工作, 读者可参考文献 [66]~[75].

受 GRR 和 bi-GRR 的启发, 称群 H 上的一个 Haar 图 Γ 为群 H 的一个 GHRR, 如果 $\mathrm{Aut}(\Gamma) \cong H$. 有的文献中也称 GHRR 为 2-部图半正则表示, 记为 2-PGSR, 见文献 [76]. 因为交换群上的所有 Haar 图都是凯莱图, 所以交换群没有 GHRR. 另外, 许多非交换群都存在 GHRR, 具体群例可见 2.4 节. 此外, 定理 2.5.5 告诉我们 D_6, D_8, D_{10}, Q_8 和 $Q_8 \times \mathbb{Z}_2$ 这 5 个非交换群均不存在 GHRR. 目前已知的此类非交换群并不多见, 因此我们在文献 [39] 中也提出了如下问题.

问题 2.6.4 *决定不存在 GHRR 的有限非交换群.*

对于问题 2.6.4, 我们在近期的一篇论文 [76] 中证明了有限非交换单群都存在 GHRR. 在有向 Haar 图的研究方面, 与问题 2.6.4 类似的工作可参考文献 [66].

第 3 章　几类五度弧传递的凯莱 Haar 图

3.1　引　　言

前面已经提到, Haar 图 $\mathrm{H}(H, S)$ 是 Dipole 图的电压图. 本章中, 我们从分类 Dipole 图的正则覆盖的角度构造几类五度弧传递的凯莱 Haar 图, 并介绍其在分类二倍素数立方阶五度对称图和分类二倍素数阶连通五度对称图的弧传递循环覆盖上的应用.

关于对称图的分类问题, 最早是从 1971 年 Chao[77] 对素数阶对称图的研究开始的, 他给出了素数阶对称图的完全分类. 之后, 对称图的分类问题得到了广泛的关注. 通过巧妙利用群论, 特别是置换群理论, Cheng 和 Oxley[78] 分类了二倍素数阶对称图; Praeger、王汝辑和徐明曜 [79-80] 决定了 pq 阶对称图, 其中 p, q 是两个不同的素数. 2018 年, 周进鑫和张咪咪 [81] 给出了二倍素数平方阶对称图的分类. 关于更多一般度数的对称图的分类工作, 可参阅文献 [82]、[83]. 尽管一般度数的对称图的分类工作已取得了很大的进展, 但是进一步的研究工作是非常困难的, 例如, $4p$ 阶对称图的分类工作已经提出了很多年, 但至今仍未完成. 鉴于分类一般度数对称图工作的困难性, 研究者开始转向给定度数的对称图的研究, 特别是小度数对称图的分类. 连通的一度对称图是一条边, 连通二度对称图是一个圈. 所以具有研究意义的最小度数的图是三度图.

关于三度对称图, Conder 和 Dobcsányi[84] 通过计算机的辅助, 给出了阶小于 768 的所有三度对称图. 后来, 阶小于 10 000 的三度对称图也被完全决定 [85]. 对称图的点稳定子群对图的分类具有重要作用. 三度对称图的点稳定子群的结构是被 Djoković 和 Miller[86] 决定的. 得益于这项工作, 许多给定阶的三度对称图的分类被完成. 例如, 冯衍全和 Kwak[87-88] 给出了 $2p^2$, $4p$, $4p^2$, $6p$ 和 $6p^2$ 阶三度对称图的完全分类, 其中 p 是一个素数. 关于其他给定阶的三度对称图分类工作, 也可参考文献 [89]~[91]. 特别地, 李才恒、路在平、周进鑫等人[92-93] 给出了无平方因子阶的三度点传递图的刻画.

关于四度对称图, Potočnik 等人给出了阶小于 640 的四度对称图的完全分类, 见文献 [94]、[95]. 经过大量的研究工作, 四度对称图的点稳定子群最终被确定, 可见文献 [96]. 更多关于四度点稳定子群的结果, 也可参考文献 [94]、[97]、[98]. 类似于三度对称图, 目前, 也有许多关于给定阶的四度对称图分类的工作. 例如, 周进鑫和冯衍全在文献 [99] 中完全分类了连通的 $2p^2$ 阶四度对称图; 潘江敏等人在文献 [100] 中分类了连通的 p^2q 阶四度对称图, 其中 p 和 $q \geqslant 3$ 是两个不同的素数. 关于给定阶的四度对称图分类的其他结果, 还可见文献 [101]、[102]. 特别地, 路在平等人在文献 [103] 中给出了无平方因子阶的四度边传递且点传递图的刻画.

关于五度对称图, Potočnik[95] 在其个人网站上列出了阶小于 500 的满足一定条件的五度对称图 (存在一个弧传递的自同构群使得点稳定子群可解且在相应顶点的邻域上作用忠实). 设 Γ 是一个连通的五度 (G, s)-传递图, $v \in V(\Gamma)$, 其中 $G \leqslant \mathrm{Aut}(\Gamma)$, s 是一个正整数. 对于 $s \geqslant 4$ 和 $s \leqslant 3$, Weiss[98]、郭松涛和冯衍全 [104] 决定了点稳定子群 G_v 的具体结构. 在这些工作的基础上, Mogan[105] 得到了五度对称图的边稳定子群和弧稳定子群的具体结构. 在郭松涛和冯衍全 [104] 的工作完成后, 众多关于给定阶的五度对称图的分类工作陆续出现. 例如: 化小会等人 [106] 完全分类了 $2pq$ 阶连通五度对称图; 潘江敏等人 [107] 在前人工作的基础上完全决定了 $4pq$ 阶连通五度对称图, 这里的 p, q 是两个不同的素数. 冯衍全等人 [108] 和潘江敏等人 [109] 独立完成了二倍素数平方阶五度对称图的分类. 作者等人在文献 [110] 中给出了二倍素数立方阶五度对称图的分类 (详细内容见 3.6 节). 无平方因子阶的五度对称图的刻画可参见文献 [111]~[113]. 关于五度对称图的其他工作可参考文献 [21]、[114]~[116].

覆盖一直以来都是代数图论和拓扑图论领域中重要且被人熟知的工具. 应用覆盖的方法, 许多具有某种特殊性质的对称图可以被分类或刻画. 例如: Djoković[117] 通过考虑 Tutte's 8-cage (见图 3.1) 的覆盖, 构造了第一个 5-弧传递三度图的无限类; Biggs[118] 通过研究一些 4-传递三度图 (4-弧传递但不是 5-弧传递三度图) 的覆盖, 给出了一些 5-弧传递三度图的构造.

Gross 和 Tucker[119] 证明了一个基图的任意正则覆盖都可以用基图上的电压图来构造. 后来, Malnič、Marušič、Potočnik[34] 和杜少飞、Kwak、徐明曜 [120] 分别把这种思想进一步应用到了系统研究给定基图沿特定自同构群提升的正则覆盖, 而且这种方法被成功地应用到了分类给定阶数或度数的对称图的初等交换覆盖或循环覆盖, 具体工作可参考文献 [36]、[89]~[91]、[101]、[21]、[121]~[124].

Conder 和马纪成通过考虑泛群的商群, 并且应用 Reidemeister-Schreier 理论、群表示论等方法提出了一种研究图的正则覆盖的新方法, 见文献 [125]、[126]. 作为应用, 完全图 K_4、完全二部图 $K_{3,3}$、3-维超立方体 Q_3、Petersen 图和 Heawood 图的弧传递交换覆盖被完全分类. 随后, 这些三度图的弧传递二面体覆盖被马纪成 [127] 完全分类.

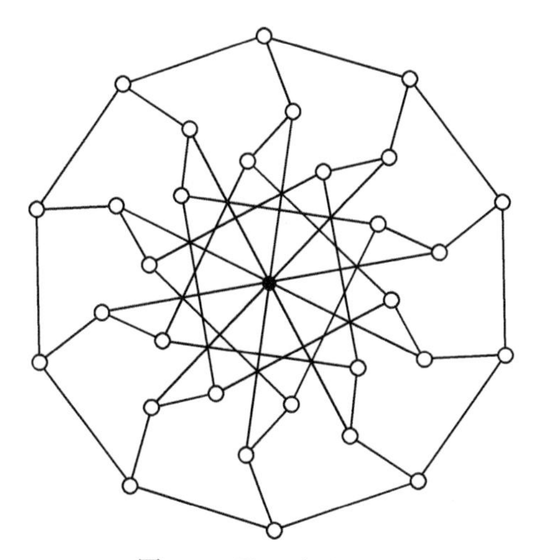

图 3.1　Tutte's 8-cage

在以往的研究中, 有许多关于特定图 (给定阶数和度数) 的弧传递覆盖的工作, 与其相比, 关于无限类图的弧传递覆盖的结果并不多: 杜少飞等人 [10]、[128]~[131] 研究了完全图 K_n 的 2-弧传递初等交换、循环和亚循环覆盖, 以及 $K_{n,n}-nK_2$ ($2n$ 阶完全二部图去掉一个完美匹配) 的 2-弧传递循环覆盖; 潘江敏等人 [132] 给出了完全二部图 $K_{p,p}$ 的弧传递循环覆盖的一个描述, 这里 p 是一个素数. 周进鑫和冯衍全在文献 [133] 中给出了二倍素数阶三度对称图的边传递循环和二面体覆盖的完全分类. 最近, 王雪等人在文献 [134]、[135] 中研究了二倍素数阶三度对称图的 N-覆盖, 其中 N 是一个 2-群. 作者等人在文献 [136] 中给出了二倍素数阶五度对称图的弧传递循环和二面体覆盖的完全分类, 我们将在本章中介绍这一工作.

3.2 预 备 知 识

3.2.1 图的正则覆盖

称 Γ 的两个正则覆盖投影 $\pi:\widetilde{\Gamma}\mapsto\Gamma$ 和 $\pi':\widetilde{\Gamma}'\mapsto\Gamma$ 是同构的, 如果存在自同构 $\alpha\in\mathrm{Aut}(\Gamma)$ 和同构映射 $\widetilde{\alpha}:\widetilde{\Gamma}\mapsto\widetilde{\Gamma}'$ 使得 $\alpha\pi=\pi'\widetilde{\alpha}$. 如果 α 是单位自同构, 则称 π 和 π' 等价; 如果 $\widetilde{\Gamma}=\widetilde{\Gamma}'$ 且 $\pi=\pi'$, 则称 $\widetilde{\alpha}$ 是 α 的一个提升 (lift), α 是 $\widetilde{\alpha}$ 在 π 下的投影.

设 Γ 是一个图, K 是一个有限群. 给 Γ 的每条弧 (u,v) 赋值 $\phi(u,v)\in K$ 满足 $\phi(u,v)=\phi(v,u)^{-1}$, 称 $\phi:\Gamma\mapsto K$ 为 Γ 的电压分配, ϕ 值为电压, K 为电压群. 称 $\Gamma\times_\phi K$ 是由 ϕ 导出的导出图, 顶点集合为 $V(\Gamma)\times K$, 邻接关系定义为

$$\{(u,a),(v,a\phi(u,v))\}\in E(\Gamma\times_\phi K),$$

其中 $a \in K$, $\{u,v\} \in E(\Gamma)$. 显然, $\Gamma \times_\phi K$ 是 Γ 的一个 K-覆盖, 并且 π 诱导出由商图 $(\Gamma \times_\phi K)_K$ 到图 Γ 的一个同构映射 $\bar{\pi}$. 此外, $\Gamma \times_\phi K$ 连通当且仅当弧集上的电压值生成电压群 K. 在第一个坐标上的射影 $\pi : \Gamma \times_\phi K \mapsto \Gamma$ 是正则 K-覆盖射影, K 左乘作用在其自身上半正则. 特别地, K 是 $\mathrm{Aut}(\Gamma)$ 的单位子群的提升. 如果 $\alpha \in \mathrm{Aut}(\Gamma)$ 有一个提升 $\widetilde{\alpha}$, 则 $K\widetilde{\alpha}$ 是 α 的提升的全体. 令 $F = N_{\mathrm{Aut}(\Gamma\times_\phi K)}(K)$, L 为 $\mathrm{Aut}(\Gamma)$ 的可以被提升的最大子群. 因为 $K \trianglelefteq F$, 所以 F 中每个自同构 $\widetilde{\alpha}$ 诱导出 $(\Gamma \times_\phi K)_K$ 的一个自同构, 从而通过同构映射 $\bar{\pi}$ 可得图 Γ 的一个自同构 α. 因此, $\widetilde{\alpha}$ 是 α 的一个提升. 另外, 容易验证 L 中每个自同构的提升都把 K 的轨道映到轨道, 从而正规化 K. 因此, $F/K \cong L$.

图 Γ 的自同构 α 是否可以提升, 可通过电压分配来理解. 给定 Γ 的一个生成树 T, 称电压分配 ϕ 是 T-约化的, 如果 T 的每条弧上的电压值为单位元. Gross 和 Tucker[119] 证明了一个图 Γ 的每个正则覆盖都可以由 T-约化的电压分配 ϕ 导出, 其中 T 可取为图 Γ 的任意一个生成树. 如果 ϕ 是 T-约化的, 则导出图 $\Gamma \times_\phi K$ 连通当且仅当 T 的余树弧上的电压值可以生成电压群 K.

弧集上的电压分配可以自然地被扩展到途径上的电压分配. 给定 $\alpha \in \mathrm{Aut}(\Gamma)$, 定义从基本闭途 (从一个固定点出发的闭途) 上的电压集合到电压群上的函数 $\bar{\alpha}$ 为

$$(\phi(C))^{\bar{\alpha}} = \phi(C^{\alpha}),$$

其中 C 为过 v 点的任意基本闭途, $\phi(C)$ 和 $\phi(C^{\alpha})$ 分别是 C 和 C^{α} 上的电压值. 注意到如果 K 是交换群, $\bar{\alpha}$ 与固定点 v 的选择无关, v 点出发的基本闭途可以由余数边生成的基本闭圈代替. 命题 3.2.1 是文献 [35] 中定理 4.2 的一个特殊情况.

命题 3.2.1 设 $\pi : \Gamma \times_\phi K \mapsto \Gamma$ 是一个连通的 K-覆盖. 那么, Γ 的自同构 α 可以提升当且仅当 $\bar{\alpha}$ 可以扩充为 K 的一个自同构.

根据文献 [34] 中的推论 3.3 (a), 可得命题 3.2.2.

命题 3.2.2 设 $\pi_1 : \Gamma \times_{\phi_1} K \mapsto \Gamma$ 和 $\pi_2 : \Gamma \times_{\phi_2} K \mapsto \Gamma$ 是 Γ 的两个连通的正则 K-覆盖. 那么 π_1 和 π_2 同构当且仅当存在自同构 $\delta \in \mathrm{Aut}(\Gamma)$ 和 $\eta \in \mathrm{Aut}(K)$ 使得对于 Γ 的任意的从某固定点出发的基本闭途 C, 都有 $(\phi_1(C))^{\eta} = \phi_2(C^{\delta})$.

3.2.2 素数度弧传递图

商图的理论已被广泛应用到弧传递图的研究中. 设 Γ 是一个连通的简单图, $M \leqslant \mathrm{Aut}(\Gamma)$ 作用在 $V(\Gamma)$ 上半正则. 那么, M 作用在 Γ 的弧集合上也半正则, 而且对于任意的一条边 $\{u,v\}$, 要么 $(u,v)^M = (v,u)^M$, 要么 $(u,v)^M \cap (v,u)^M = \varnothing$. 定义 Γ 的关于半正则子群 M 的商图 (quotient graph), 将其记

为 Γ_M, 以 M 在 $V(\Gamma)$ 上的轨道为顶点, 对于任意 $\{u,v\}\in E(\Gamma)$, 如果 $u^M\neq v^M$, 那么 $\{u^M,v^M\}$ 是一条边; 如果 $u^M=v^M$ 且 $(u,v)^M\neq(v,u)^M$, 那么 $\{u^M,v^M\}$ 是一个自环; 如果 $u^M=v^M$ 且 $(u,v)^M=(v,u)^M$, 那么 $\{u^M,v^M\}$ 是一条半边. 易知自然映射 $\pi:\Gamma\mapsto\Gamma_M$ $(u\to u^M,\ (u,v)^M\to(u^M,v^M),\ \forall(u,v)\in A(\Gamma))$ 是一个正则覆盖, M 为其覆盖变换群 (详见文献 [34] 的 2.1 节).

设 Γ 是一个 k 度 $N_{\mathrm{Aut}(\Gamma)}(M)$-弧传递图. 如果 M 在 $V(\Gamma)$ 上至少有两个轨道, 那么 Γ_M 没有自环和半边. 特别地, 如果 M 在 $V(\Gamma)$ 上恰好有两个轨道, 则 Γ 是 Dip_k 的一个对称 M-覆盖. 如果 M 在 $V(\Gamma)$ 上至少有 3 个轨道且 k 是一个素数, 则 Γ_M 是一个简单图, 并且有下述命题 (见文献 [137] 中的定理 9).

命题 3.2.3　设 Γ 是一个连通的素数度 (G,s)-弧传递图, N 是 G 的一个正规子群, 其中 $G\leqslant\mathrm{Aut}(\Gamma)$, s 是一个正整数. 如果 N 在 $V(\Gamma)$ 上至少有 3 个轨道, 那么 N 作用在 $V(\Gamma)$ 上半正则. 进一步地, Γ_N 是 $(G/N,s)$-弧传递的, 而且 Γ 是 Γ_N 的一个正则覆盖, 覆盖变换群为 N.

命题 3.2.4 对研究五度对称图非常重要, 来源于文献 [104].

命题 3.2.4　设 Γ 是一个连通的五度 (G,s)-传递图, 其中 $G\leqslant\mathrm{Aut}(\Gamma)$, $s\geqslant 1$. 设 $v\in V(\Gamma)$. 那么, 下述结论之一成立.

(1) $s=1$, $G_v\cong\mathbb{Z}_5$, D_5 或 D_{10};

(2) $s=2$, $G_v\cong F_{20}$, $F_{20}\times\mathbb{Z}_2$, A_5 或 S_5, 其中 F_{20} 是 20 阶的 Frobenius 群;

(3) $s=3$, $G_v\cong F_{20}\times\mathbb{Z}_4$, $A_4\times A_5$, $S_4\times S_5$ 或 $(A_4\times A_5)\rtimes\mathbb{Z}_2$, 其中对于 $(A_4\times A_5)\rtimes\mathbb{Z}_2$ 有 $A_4\rtimes\mathbb{Z}_2=S_4$ 和 $A_5\rtimes\mathbb{Z}_2=S_5$;

(4) $s=4$, $G_v\cong\mathrm{ASL}(2,4)$, $\mathrm{AGL}(2,4)$, $\mathrm{A\Sigma L}(2,4)$ 或 $\mathrm{A\Gamma L}(2,4)$;

(5) $s=5$, $G_v\cong\mathbb{Z}_2^6\rtimes\Gamma\mathrm{L}(2,4)$.

引理 3.2.1　设 Γ 是一个连通的五度二部图, $N\cong\mathbb{Z}_p^s$ 是 $\mathrm{Aut}(\Gamma)$ 的一个半正则子群, 作用在 $V(\Gamma)$ 上共有两个轨道, 其分别为 Γ 的两个部, 其中 p 是一个素数, s 是一个正整数. 则 Γ 是 $\mathrm{Dih}(N)$ 上的一个凯莱图且 $s\leqslant 4$.

证明　因为 N 作用在二部图 Γ 的每个部上都是正则的, 所以我们不妨记 $r(N)=\{r(n)\mid n\in N\}$ 和 $l(N)=\{l(n)\mid n\in N\}$ 为 Γ 的两个部, 其中 N 中的元素 n 右乘作用在 $r(N)$ 和 $l(N)$ 上, 即 $r(g)n=r(gn)$, $l(g)n=l(gn)$, $g\in N$. 进一步地, 我们不妨假设 $l(1)$, $l(n_1)$, $l(n_2)$, $l(n_3)$ 和 $l(n_4)$ 是 $r(1)$ 的邻点. 由 Γ 的连通性可知 $N=\langle n_1,n_2,n_3,n_4\rangle$, 从而 $|N|\leqslant p^4$, 即 $s\leqslant 4$. 易证映射 $r(n)\mapsto l(n^{-1})$, $l(n)\mapsto r(n^{-1})$, $n\in N$, 是 Γ 的一个 2 阶自同构, 记为 α. 对于任意的 g, $n\in N$, 我们有 $r(n)^{g\alpha}=l((ng)^{-1})=r(n)^{\alpha g^{-1}}$ 和 $l(n)^{g\alpha}=r((ng)^{-1})=l(n)^{\alpha g^{-1}}$. 从而 $g\alpha=\alpha g^{-1}$. 因此, $\langle N,\alpha\rangle=\mathrm{Dih}(N)$, 且 Γ 是 $\mathrm{Dih}(N)$ 上的一个凯莱图. □

设 p 是一个素数. Feng 等人在文献 [108] 中给出了 $2p^n$ 阶连通的五度对称图的一个刻画. 根据文献 [108] 中的引理 5.2, 我们可得命题 3.2.5, 它对研究五度对称图具有非常重要的意义.

命题 3.2.5 *设 p 是一个素数, $n \geqslant 2$ 是一个正整数. 设 Γ 是一个 $2p^n$ 阶连通的五度 G-弧传递图, 其中 $G \leqslant \mathrm{Aut}(\Gamma)$. 则 G 的每个极小正规子群都是初等交换 p-群.*

Cheng 和 Oxley[78] 分类了 $2p$ 阶连通对称图, 根据文献 [78] 中的表 1 (或见本章的定理 3.6.1), 我们可以得到 $2p$ 阶连通五度对称图的完全分类. 结合命题 3.2.5, 我们可以得到命题 3.2.6.

命题 3.2.6 *设 Γ 是一个 $2p^n$ 阶连通的五度对称图, 其中 $p > 11$ 是一个素数, n 是一个正整数. 设 P 是 $\mathrm{Aut}(\Gamma)$ 的一个 Sylow p-子群. 则有 $P \trianglelefteq \mathrm{Aut}(\Gamma)$.*

3.2.3 与群相关的两个结论

设 G 和 E 是两个群. 称 G 被 N 的扩张 E 为 G 的一个*中心扩张*, 如果 E 有一个中心子群 N 使得 $E/N \cong G$. 进一步地, 如果 E 是完全群, 即导群 $E' = E$, 则称 E 是 G 的一个*覆盖群*. Schur[138] 证明了任意非交换单群 G 都存在唯一的极大覆盖群 M 使得 G 的每个覆盖群都是 M 的因子群 (也可见文献 [139] 中的第五章第 23 节). 称 M 为 G 的*全覆盖群*, M 的中心为 G 的*舒尔乘子*, 记为 $\mathrm{Mult}(G)$.

引理 3.2.2 *设 G 是一个群, N 是 G 的一个交换的正规子群满足 G/N 是一个非交换单群. 如果 N 是 $C_G(N)$ 的一个真子群, 那么 $G = G'N$ 且 $G' \cap N \lesssim \mathrm{Mult}(G/N)$.*

证明 因为 N 是 $C_G(N)$ 的一个真子群, 所以 $1 \neq C_G(N)/N \trianglelefteq G/N$; 又因为 G/N 是单群, 所以 $C_G(N)/N = G/N$. 于是, $G = C_G(N)$ 是 G/N 被 N 的一个中心扩张. 因为 $G/N = (G/N)' = G'N/N \cong G'/(G' \cap N)$, 所以 $G = G'N$; 又因为 $G' = (G'N)' = (G')'$, 所以 G' 是 G/N 的一个覆盖群. 因此, $G' \cap N \lesssim \mathrm{Mult}(G/N)$. □

称有限群 G 的所有极小正规子群的乘积为 G 的*基柱*, 记为 $\mathrm{soc}(G)$. 在文献 [32] 附录 B 中, Dixon 和 Mortimer 列出了所有级数小于 1 000 的本原置换群. 根据这个结果, 我们可得到引理 3.2.3.

引理 3.2.3 *设 Ω 是一个集合, 满足 $|\Omega| \in \{2,4,6,8,12,16,24,72,144,288,576\}$. 设 G 是集合 Ω 上的一个本原置换群, $\alpha \in \Omega$. 如果 G_α 可解, 那么, 要么 $G \lesssim \mathrm{AGL}(n,2)$, $|\Omega| = 2^n, 1 \leqslant n \leqslant 4$; 要么 $\mathrm{soc}(G) \cong \mathrm{PSL}(2,p)$, $\mathrm{PSL}(3,3)$ 或 $\mathrm{PSL}(2,q) \times \mathrm{PSL}(2,q)$, 对应的级数 $|\Omega|$ 分别为 $p+1$, 144 或 $(q+1)^2$, 其中 $p \in \{5,7,11,23,71\}$,*

$q \in \{11, 23\}$.

证明　如果 $|\Omega| = 2$ 或 4, 那么 $G \leqslant S_2 \cong \mathrm{AGL}(1,2)$ 或 $G \leqslant S_4 \cong \mathrm{AGL}(2,2)$. 令 $|\Omega| \geqslant 6$, 记 $N := \mathrm{soc}(G)$. 则 $N \trianglelefteq G$ 以及 $N_\alpha \trianglelefteq G_\alpha$. 因为 G_α 可解, 所以 N_α 也可解. 根据文献 [32] 中的附录 B、表 B.2 和 B.3, G 是一个仿射群, $N \cong A_{|\Omega|}$, 或者 G 同构于文献 [32] 中附录 B、表 B.2 和 B.3 中的一个群. 如果 G 是仿射群, 那么 $|\Omega|$ 是一个素数的方幂, 进而 $|\Omega| = 2^n$ 且 $n = 3$ 或 4. 根据文献 [32] 中的定理 4.1 A(a), 我们有 $G \lesssim \mathrm{AGL}(n,2)$. 如果 $N \cong A_{|\Omega|}$, 那么 $N_\alpha \cong A_{|\Omega|-1}$. 因为 $|\Omega| - 1 \geqslant 5$, 所以 N_α 不可解, 矛盾. 下面, 我们假定 G 同构于文献 [32] 中附录 B、表 B.2 或 B.3 中的一个群. 注意到文献 [32] 中附录 B、表 B.2 和 B.3 中的群是以队列的形式列出的, 同一个队列中的群具有相同的基柱.

假定 $|\Omega| = 144$. 根据文献 [32] 中的表 B.4 可知, 级数为 144 的本原群存在一个 C 型队列, 两个 H 型队列和 4 个 I 型队列 (关于置换群队列的类型, 可见文献 [32] 中的表 B.1). 对于一个 C 型队列, 根据文献 [32] 中的表 B.2, 我们有 $N \cong \mathrm{PSL}(3,3)$ 和 $N_\alpha \cong \mathbb{Z}_{13} \rtimes \mathbb{Z}_3$. 对于两个 H 型队列, 根据文献 [32] 中的表 B.2 可知, 它们具有相同的基柱 $N \cong \mathrm{M}_{12}$ 以及 $N_\alpha \cong \mathrm{PSL}(2,11)$. 对于 4 个 I 型基柱, 根据文献 [32] 中的表 B.3, 我们有 $N \cong A_{12} \times A_{12}$, $\mathrm{PSL}(2,11) \times \mathrm{PSL}(2,11)$, $\mathrm{M}_{11} \times \mathrm{M}_{11}$ 或 $\mathrm{M}_{12} \times \mathrm{M}_{12}$, 对应的点稳定子群 N_α 分别同构于 $A_{11} \times A_{11}$, $(\mathbb{Z}_{11} \rtimes \mathbb{Z}_5) \times (\mathbb{Z}_{11} \rtimes \mathbb{Z}_5)$, $\mathrm{M}_{10} \times \mathrm{M}_{10}$ 或 $\mathrm{M}_{11} \times \mathrm{M}_{11}$. 因为 N_α 可解, 所以 $N \cong \mathrm{PSL}(3,3)$ 或 $\mathrm{PSL}(2,11) \times \mathrm{PSL}(2,11)$.

对于 $|\Omega| \in \{6, 8, 12, 16, 24, 72, 288, 576\}$, 根据文献 [32] 中的附录 B、表 B.2、B.3 和 B.4, 类似于上述证明, 我们有 $N \cong \mathrm{PSL}(2,23) \times \mathrm{PSL}(2,23)$, 级数为 $23^2 = 576$ 且 $N_\alpha \cong (\mathbb{Z}_{23} \rtimes \mathbb{Z}_{11}) \times (\mathbb{Z}_{23} \rtimes \mathbb{Z}_{11})$, 或者 $N \cong \mathrm{PSL}(2,p)$, 级数为 $p+1$ 且 $N_\alpha \cong \mathbb{Z}_p \rtimes \mathbb{Z}_{\frac{p-1}{2}}$, 其中 $p \in \{5, 7, 11, 23, 71\}$. □

3.3　图　　例

设 $\Gamma = \mathrm{Cay}(G,S)$ 是群 G 的关于子集 S 的凯莱图. 众所周知, $\mathrm{Aut}(\Gamma)$ 包含 G 的右正则表示 $R(G)$ 右乘作用在 G 上, Γ 连通当且仅当 $G = \langle S \rangle$, 即 S 生成 G. 根据文献 [7] 或 [8], 我们有

$$N_{\mathrm{Aut}(\Gamma)}(R(G)) = R(G) \rtimes \mathrm{Aut}(G,S),$$

其中

$$\mathrm{Aut}(G,S) = \{\alpha \in \mathrm{Aut}(G) \mid S^\alpha = S\}.$$

称一个凯莱图 $\Gamma = \mathrm{Cay}(G, S)$ 是正规的, 如果 $R(G)$ 在 $\mathrm{Aut}(\Gamma)$ 中正规, 并且此时

$$\mathrm{Aut}(\Gamma) = R(G) \rtimes \mathrm{Aut}(G, S).$$

本节中, 我们将介绍几个无限类图, 它们都是群上的凯莱 Haar 图.

3.3.1 两个小阶数五度对称图

下面一个图是著名的 4-维折叠超立方体图.

例 3.3.1 设 $\mathbb{Z}_2^4 = \langle a_1 \rangle \times \langle a_2 \rangle \times \langle a_3 \rangle \times \langle a_4 \rangle$. 定义

$$FQ_4 = \mathrm{Cay}(\mathbb{Z}_2^4, \{a_1, a_2, a_3, a_4, a_1a_2a_3a_4\}),$$

我们称之为 4-维折叠立方体. 通过 MAGMA[45] 计算, 可得 $\mathrm{Aut}(FQ_4) \cong \mathbb{Z}_2^4 \rtimes S_5$. 因此, FQ_4 是一个 2-传递的正规凯莱图. 由文献 [140] 可知它是同构意义下唯一的一个 16 阶的连通五度对称图.

下面一个图是 FQ_4 的正规 $\mathbb{Z}_2$-覆盖.

例 3.3.2 设

$$G_{32} = \langle a, b, c, d \mid a^4 = b^2 = c^2 = d^2 = [a, c] = [a, d] = 1,$$
$$a^b = a^{-1}, b^c = b^d = ba^2, c^d = ca^2 \rangle.$$

那么, $G_{32} \cong (D_8 \rtimes \mathbb{Z}_2) \rtimes \mathbb{Z}_2$ 是一个 32 阶的非交换群. 定义

$$\mathcal{G}_{32} = \mathrm{Cay}(G, \{b, ba, c, d, cda\}).$$

通过 MAGMA[45] 计算可知, $\mathcal{G}_{32}$ 是一个 32 阶的连通的五度 2-传递图, 而且 $\mathcal{G}_{32}$ 是群 G_{32} 上的一个正规凯莱图, $\mathrm{Aut}(\mathcal{G}_{32}) \cong G_{32} \rtimes A_5$.

引理 3.3.1 设 $\Gamma = \mathrm{Cay}(G_{32}, S)$ 是群 G_{32} 上的关于非空子集 S 的一个连通五度凯莱图. 如果 $\mathrm{Aut}(G_{32}, S)$ 作用在 S 上传递, 那么 $\Gamma \cong \mathcal{G}_{32}$.

证明 易知 $\{a^2\} \cup \{b, ba, c, d, cda\} \cup \{ba^2, ba^3, ca^2, da^2, cda^3\}$ 包含了 G_{32} 的所有二阶元, 特别地, $\langle a^2 \rangle = Z(G_{32}) \cong \mathbb{Z}_2$ 是 G_{32} 的中心.

因为 $S = S^{-1}$ 且 $|S| = 5$, 所以 S 含有一个二阶元; 又因为 $\mathrm{Aut}(G_{32}, S)$ 作用在 S 上传递, 所以 S 由 5 个二阶元组成. 此外, 存在 G_{32} 的一个自同构循环置换 S. 因为 a^2 是 G_{32} 中唯一的二阶元, 所以它被 G_{32} 的所有自同构固定, 这说明 $a^2 \notin S$. 于是, $S \subset \{b, ba, c, d, cda\} \cup \{ba^2, ba^3, ca^2, da^2, cda^3\}$. 令 $g \in S$. 假设 $ga^2 \in S$. 则存在一个五阶自同构 $\alpha \in \mathrm{Aut}(G_{32})$ 把 g 映到 ga^2, 且 $S = \{g^{\alpha^i} \mid 1 \leqslant i \leqslant 5\}$. 因为 $(a^2)^\alpha = a^2$, 所以

$$g^{\alpha^2} = (ga^2)^\alpha = g^\alpha \cdot (a^2)^\alpha = ga^2 \cdot a^2 = g,$$

这说明 $S = \{g^{\alpha^i} \mid 1 \leqslant i \leqslant 5\} = \{g, g^{\alpha}\}$, 矛盾. 因此, $ga^2 \notin S$. 因为 $S \subset \{b, ba, c, d, cda\} \cup \{ba^2, ba^3, ca^2, da^2, cda^3\}$ 且 $|S| = 5$, 所以

$$S = \{ba^{i_1}, baa^{i_2}, ca^{i_3}, da^{i_4}, cdaa^{i_5}\},$$

其中对于任意的 $1 \leqslant j \leqslant 5$ 均有 $i_j = 0$ 或 2.

注意到对于任意 $1 \leqslant j \leqslant 5$, $a^{i_j} = 1$ 或 a^2, 此时易证映射

$$a \mapsto a^{i_1 - i_2 + 1},\ b \mapsto ba^{-i_1},\ c \mapsto ca^{-i_3},\ d \mapsto da^{-i_4}$$

可诱导出 G_{32} 的一个自同构, 记为 β, 且 $(a^{i_j})^{\beta} = a^{i_j}$. 那么,

$$S^{\beta} = \{b, ba, c, d, cdaa^{i_1 - i_2 - i_3 - i_4 + i_5}\},$$

其中 $i_1 - i_2 - i_3 - i_4 + i_5 = 0$ 或 2 (mod 4). 因此, $\Gamma \cong \mathrm{Cay}(G_{32}, \{b, ba, c, d, cda\})$ 或 $\mathrm{Cay}(G_{32}, \{b, ba, c, d, cda^3\})$. 又因为存在一个由

$$a \mapsto a,\ b \mapsto b,\ c \mapsto cda^3,\ d \mapsto d$$

诱导出的自同构 $\gamma \in \mathrm{Aut}(G_{32})$, 使得

$$\{b, ba, c, d, cda\}^{\gamma} = \{b, ba, c, d, cda^3\},$$

所以有

$$\mathrm{Cay}(G_{32}, \{b, ba, c, d, cda\}) \cong \mathrm{Cay}(G_{32}, \{b, ba, c, d, cda^3\}).$$

于是, $\Gamma \cong \mathcal{G}_{32}$. □

3.3.2 非交换群上的两类五度弧传递 Haar 图

设 p 是素数. 下面我们介绍两个无限类图, 它们均为 $2p^3$ 阶连通的五度弧传递的正规凯莱图, 且是非交换群 $G_1(p)$ 上的 Haar 图, 其中

$$G_1(p) = \langle x, y \mid x^p = y^p = z^p = [x, z] = [y, z] = 1, z = [x, y]\rangle.$$

例 3.3.3 设 p 是一个素数, 满足 $5 \mid (p \pm 1)$. 根据引理 3.3.5(1) 可知, $\mathbb{Z}_p^*$ 中存在一个元素 λ 满足 $\lambda^2 = 5$. 设

$$G = \langle a, b, c, d \mid a^p = b^p = c^p = d^2 = [a, c] = [b, c] = [d, c] = 1, a^d = a^{-1},$$
$$b^d = b^{-1}, [a, b] = c\rangle.$$

那么, $G \cong G_1(p) \rtimes \mathbb{Z}_2$, 阶为 $2p^3$. 设

$$S=\{d, da^{-1}, db^{-1}, da^{2^{-1}(1+\lambda)}b^{-2^{-1}(1+\lambda)}c^{4^{-1}(\lambda+3)}, da^{2^{-1}(1+\lambda)}b^{-1}c^{4^{-1}(\lambda+1)}\}$$

是 G 的一个生成集. 定义

$$\mathcal{CN}_{2p^3}^{[1]}=\mathrm{Cay}(G,S).$$

易知映射

$$a\mapsto a^{-1}bc, b\mapsto a^{-2^{-1}(3+\lambda)}b^{2^{-1}(1+\lambda)}c^{4^{-1}(3\lambda+5)}, c\mapsto c, d\mapsto da^{-1}$$

和映射

$$a\mapsto a^{-2^{-1}(1+\lambda)}bc^{4^{-1}(\lambda+1)}, b\mapsto a^{-2^{-1}(1+\lambda)}b^{2^{-1}(1+\lambda)}c^{4^{-1}(\lambda+3)}, c\mapsto c^{-1}, d\mapsto d$$

可诱导出 G 的两个自同构, 分别记为 α 和 β, 其中 α 循环置换 S, β 是作用在 S 上的一个二阶元. 那么, $D_5 \cong \langle\alpha,\beta\rangle \leqslant \mathrm{Aut}(G,S)$ 且 $\mathcal{CN}_{2p^3}^1$ 是一个 $2p^3$ 阶连通五度对称图. 我们将在引理 3.5.3 中证明 $\mathcal{CN}_{2p^3}^1$ 与 λ 的取值无关, 它是 1-传递的正规凯莱图且 $\mathrm{Aut}(\mathcal{CN}_{2p^3}^1)=R(G)\rtimes\langle\alpha,\beta\rangle$.

例3.3.4　设 p 是一个素数, 满足 $5\mid(p-1)$. 根据引理 3.3.5(2), $x^4+10x^2+5=0$ 在 $\mathbb{Z}_p$ 中有一个根, 记为 r. 设

$$G=\langle a,b,c,d\mid a^p=b^p=c^p=d^2=[a,c]=[b,c]=[d,c]=1,$$
$$a^d=a^{-1}, b^d=b^{-1}, [a,b]=c\rangle.$$

则 $G\cong G_1(p)\rtimes\mathbb{Z}_2$, 阶为 $2p^3$. 令

$$T(r)=\{d, da^{-1}, db^{-1}, da^{-8^{-1}(r^3-r^2+7r+1)}b^{-2^{-1}(r+1)}c^{8^{-1}(r-1)^2},$$
$$da^{8^{-1}(r^3+r^2+7r-1)}b^{-8^{-1}(r^3+r^2+11r+3)}c^{-8^{-1}(r^2+3)}\}.$$

显然, $T(r)$ 是 G 的一个生成集. 定义凯莱图

$$\mathcal{CN}_{2p^3}^2=\mathrm{Cay}(G,T(r)).$$

易证映射

$$a\mapsto a^{-1}bc,\ b\mapsto a^{8^{-1}(r^3-r^2+7r-7)}b^{2^{-1}(r+1)}c^{8^{-1}(r^2+2r+5)},$$
$$c\mapsto c^{-8^{-1}(r^3-r^2+11r-3)},\ d\mapsto da^{-1}$$

可诱导出 G 的一个自同构, 记为 α, 且 α 循环置换 $T(r)$. 那么, 我们有 $\alpha\in\mathrm{Aut}(G,T(r))$ 且 $\mathcal{CN}_{2p^3}^2$ 是一个 $2p^3$ 阶连通五度对称图. 我们将在引理 3.5.3 中证明 $\mathcal{CN}_{2p^3}^2$ 是 1-正则的正规凯莱图且 $\mathrm{Aut}(\mathcal{CN}_{2p^3}^2)=R(G)\rtimes\langle\alpha\rangle$.

引理 3.3.2　$\mathcal{CN}_{2p^3}^2$ 与 r 的取值无关.

证明　方程 $x^4+10x^2+5=0$ 在 $\mathbb{Z}_p$ 中有 4 个根: r, $-r$, r_1 和 $-r_1$, 其中 $r_1=2^{-1}r^{-1}(r^2+5)$. 注意到 $r^4=-10r^2-5$, $r^5=-10r^3-5r$ 以及 $r^6=95r^2+50$. 为了证明引理成立, 只需证明 $\mathrm{Cay}(G,T(r))\cong\mathrm{Cay}(G,T(-r))$, $\mathrm{Cay}(G,T(r))\cong\mathrm{Cay}(G,T(r_1))$ 以及 $\mathrm{Cay}(G,T(r_1))\cong\mathrm{Cay}(G,T(-r_1))$ 即可, 其中:

$$\begin{aligned}
T(-r)=\{&d,da^{-1},db^{-1},da^{8^{-1}(r^3+r^2+7r-1)}b^{2^{-1}(r-1)}c^{8^{-1}(r+1)^2},\\
&da^{-8^{-1}(r^3-r^2+7r+1)}b^{8^{-1}(r^3-r^2+11r-3)}c^{-8^{-1}(r^2+3)}\};\\
T(r_1)=\{&d,da^{-1},db^{-1},da^{-8^{-1}r^{-3}(r^3+15r^2+5r+5)}\\
&b^{-4^{-1}(r+5r^{-1}+2)}c^{-8^{-1}r^{-2}(r^3-r^2+5r-5)},\\
&da^{-8^{-1}r^{-3}(r^3+15r^2-5r+5)}b^{-8^{-1}r^{-3}(3r^3-25r^2+5r-15)}c^{-8^{-1}(5r^{-2}+3)}\};\\
T(-r_1)=\{&d,da^{-1},db^{-1},da^{-8^{-1}r^{-3}(r^3+15r^2-5r+5)}b^{4^{-1}(r+5r^{-1}-2)}c^{8^{-1}r^{-2}(r^3+r^2+5r+5)},\\
&da^{-8^{-1}r^{-3}(r^3-15r^2-5r-5)}b^{-8^{-1}r^{-3}(3r^3+25r^2+5r+15)}c^{-8^{-1}(5r^{-2}+3)}\}.
\end{aligned}$$

易知:

$$\begin{aligned}
&a\mapsto a^{8^{-1}(r^3-r^2+7r+1)}b^{-8^{-1}(r^3-r^2+11r-3)}c^{-8^{-1}(r^2+3)},\\
&b\mapsto a^{-8^{-1}(r^3+r^2+7r-1)}b^{-2^{-1}(r-1)}c^{8^{-1}(r+1)^2},\\
&c\mapsto c^{8^{-1}(r^3+r^2+7r+7)},d\mapsto d;\\
&a\mapsto b,b\mapsto a^{8^{-1}r^{-3}(r^3+15r^2-5r+5)}b^{8^{-1}r^{-3}(3r^3-25r^2+5r-15)}c^{-8^{-1}(5r^{-2}+3)},\\
&c\mapsto c^{-8^{-1}r^{-3}(r^3+15r^2-5r+5)},d\mapsto d;\\
&a\mapsto a^{8^{-1}r^{-3}(r^3-15r^2-5r-5)}b^{8^{-1}r^{-3}(3r^3+25r^2+5r+15)}c^{-8^{-1}(5r^{-2}+3)},\\
&b\mapsto a^{8^{-1}r^{-3}(r^3+15r^2-5r+5)}b^{-4^{-1}(r+5r^{-1}-2)}c^{8^{-1}r^{-2}(r^3+r^2+5r+5)},\\
&c\mapsto c^{-8^{-1}r^{-3}(r^3-15r^2+5r-5)},d\mapsto d
\end{aligned}$$

可诱导出 G 的 3 个自同构, 分别记为 α_1, α_2, α_3, 满足 $T(r)^{\alpha_1}=T(-r)$, $T(r)^{\alpha_2}=T(r_1)$ 以及 $T(r_1)^{\alpha_3}=T(-r_1)$. 因此 $\mathrm{Cay}(G,T(r))\cong\mathrm{Cay}(G,T(-r))$, $\mathrm{Cay}(G,T(r))\cong\mathrm{Cay}(G,T(r_1))$ 以及 $\mathrm{Cay}(G,T(r_1))\cong\mathrm{Cay}(G,T(-r_1))$. □

3.3.3　交换群上的几类五度弧传递 Haar 图

本小节将介绍几类广义二面体群上五度弧传递的正规凯莱图, 它们都是交换群上的 Haar 图.

设 m 是一个正整数. 我们考虑定义在 $\mathbb{Z}_m$ 中的方程:

$$x^4+x^3+x^2+x+1=0. \tag{3.1}$$

根据文献 [141] 中的引理 3.3, 我们可得命题 3.3.1.

命题 3.3.1 方程 (3.1) 在 $\mathbb{Z}_m$ 中有一个解 r 的充要条件是 $(r,m)\in\{(0,1),(1,5)\}$ 或者 $m=5^t p_1^{e_1}p_2^{e_2}\cdots p_s^{e_s}$ 且 r 是 $\mathbb{Z}_m^*$ 中的一个 5 阶元, 其中 $t\leqslant 1$, $s\geqslant 1$, $e_i\geqslant 1$, s 个 p_i 为不同的满足 $5\mid(p_i-1)$ 的素数.

例 3.3.5 中的无限类凯莱图来自文献 [142].

例 3.3.5 设 $m>1$ 是一个整数使得方程 (3.1) 在 $\mathbb{Z}_m$ 中有一个解 r. 那么, $m=5$, 11 或者 $m\geqslant 31$. 令

$$\mathcal{CD}_m=\mathrm{Cay}(D_m,\{b,ab,a^{r+1}b,a^{r^2+r+1}b,a^{r^3+r^2+r+1}b\})$$

为二面体群 $D_m=\langle a,b\mid a^m=b^2=1,a^b=a^{-1}\rangle$ 上的一个凯莱图. 对于 $m=5$ 或 11, 根据文献 [78] 可得 $\mathrm{Aut}(\mathcal{CD}_m)\cong(S_5\times S_5)\rtimes\mathbb{Z}_2$ 或 $\mathrm{PGL}(2,11)$. 特别地, $\mathcal{CD}_5\cong K_{5,5}$, 即 10 阶的完全二部图. 对于 $m\geqslant 31$, 由文献 [142] 中的定理 B 和命题 4.1 可得 $\mathrm{Aut}(\mathcal{CD}_m)\cong D_m\rtimes\mathbb{Z}_5$. 显然, 如果存在一个素数 p 使得 $p\mid m$ 且 $p<m$, 那么 $\mathrm{Aut}(\mathcal{CD}_m)$ 有一个正规子群 $\mathbb{Z}_{m/p}$, 然后根据命题 3.2.3, $\mathcal{CD}_m$ 是某个连通的 $2p$ 阶五度对称图的弧传递 $\mathbb{Z}_{m/p}$-覆盖. 由文献 [141] 中的定理 3.1 可知对于给定的正整数 $m=5^t p_1^{e_1}p_2^{e_2}\cdots p_s^{e_s}$, 共有 4^{s-1} 个互不同构的图.

下面例子中的四类图来自文献 [108], 它们都是 Dip_5 的弧传递的初等交换覆盖.

例 3.3.6 设 p 是一个奇素数, 满足 $p=5$ 或 $5\mid(p\pm1)$. 当 $p=5$ 时, 令 $\ell=1$; 当 $5\mid(p-1)$ 时, 令 ℓ 为 $\mathbb{Z}_p^*$ 中的一个 5 阶元; 当 $5\mid(p\pm1)$ 时, 令 λ 为 $\mathbb{Z}_p^*$ 中的一个元素, 满足 $\lambda^2=5$. 定义广义二面体群

$$\mathrm{Dih}(\mathbb{Z}_p^2)=\langle x,y,h\mid x^p=y^p=h^2=[x,y]=1,hxh=x^{-1}\rangle$$

上的两个凯莱图

$$\begin{aligned}\mathcal{CGD}_{p^2}^1&=\mathrm{Cay}(\mathrm{Dih}(\mathbb{Z}_p^2),\{h,xh,x^{\ell(\ell+1)^{-1}}y^{(-\ell)^{-1}}h,x^{\ell}y^{(\ell+1)^{-1}}h,yh\}),\\ \mathcal{CGD}_{p^2}^2&=\mathrm{Cay}(\mathrm{Dih}(\mathbb{Z}_p^2),\{h,xh,x^{2^{-1}(1+\lambda)}yh,xy^{2^{-1}(1+\lambda)}h,yh\}).\end{aligned}$$

由文献 [108] 中的定理 3.1 和 4.3 可知, 除 $\mathcal{CGD}_{5^2}^1$ 外, 这两类图都是正规的凯莱图, 而且分别与 ℓ 和 λ 的取值无关.

例 3.3.7 设 p 是一个奇素数, 满足 $p=5$ 或 $5\mid(p-1)$. 当 $p=5$ 时, 令 $\ell=1$; 当 $5\mid(p-1)$ 时, 令 ℓ 为 $\mathbb{Z}_p^*$ 中的一个 5 阶元. 定义广义二面体群

$$\begin{aligned}\mathrm{Dih}(\mathbb{Z}_p^3)=\langle x,y,z,h\mid{}& x^p=y^p=z^p=h^2=[x,y]=[x,z]=[y,z]=1,hxh=x^{-1},\\ &hyh=y^{-1},hzh=z^{-1}\rangle\end{aligned}$$

上的一个凯莱图

$$\mathcal{CGD}_{p^3}=\mathrm{Cay}(\mathrm{Dih}(\mathbb{Z}_p^3),\{h,xh,yh,x^{-\ell^2}y^{-\ell}z^{-\ell^{-1}}h,zh\}).$$

由文献 [108] 中的定理 3.1 和 4.3 可知 $\mathcal{CGD}_{p^3}$ 是一个正规凯莱图, 而且与 ℓ 的取值无关. 此外, 根据文献 [95], 在同构的意义下, $\mathcal{CGD}_{5^3}$ 是唯一一个 250 阶的五度对称图满足 $\mathrm{Aut}(\mathcal{CGD}_{5^3})$ 有一个弧传递子群其点稳定子群为 F_{20}.

例 3.3.8　设 p 是素数. 定义广义二面体群

$$\mathrm{Dih}(\mathbb{Z}_p^4)=\langle a,b,c,d,h\mid a^p=b^p=c^p=d^p=h^2=[a,b]=[a,c]=[a,d]=[b,c]=$$
$$[b,d]=[c,d]=1,hah=a^{-1},hbh=b^{-1},hch=c^{-1},hdh=d^{-1}\rangle$$

上的一个凯莱图

$$\mathcal{CGD}_{p^4}=\mathrm{Cay}(\mathrm{Dih}(\mathbb{Z}_p^4),\{h,ah,bh,ch,dh\}).$$

由文献 [108] 中的定理 3.1 和 4.3 可知, $\mathcal{CGD}_{p^4}$ 是一个 2-弧传递的正规凯莱图. 特别地, $\mathcal{CGD}_{2^4}\cong Q_5$, 即5-维超立方体图.

对于例 3.3.8 中的图 $\mathcal{CGD}_{3^4}$, 我们有如下结论.

引理 3.3.3　广义二面体群 $\mathrm{Dih}(\mathbb{Z}_3^4)$ 上连通的五度对称凯莱图同构于 $\mathcal{CGD}_{3^4}$, 且不存在 $\mathrm{Dih}(\mathbb{Z}_3^3)$ 上连通的五度对称的凯莱图.

证明　假定 $G=\mathrm{Dih}(P)=P\rtimes\langle h\rangle$, 其中 $P\cong\mathbb{Z}_3^3$ 或 $\mathbb{Z}_3^4$ 且 $o(h)=2$.① 设 $\Gamma=\mathrm{Cay}(G,S)$ 是群 G 上一个连通的五度对称图. 注意到 G 的每个二阶元都可表示成 hg, 其中 $g\in P$. 因为 $S=S^{-1}$ 且 $|S|=5$, 所以 S 包含一个二阶元, 记为 hg, 其中 $g\in P$. 于是, $G=P\rtimes\langle hg\rangle$, 且对于任意的 $x\in P$, 都有 $(hg)^{-1}x(hg)=x^{-1}$. 这意味着存在 G 的一个自同构把 hg 映到 h. 不妨假设 $h\in S$ 且 $S=\{h^{i_1}g_1,h^{i_2}g_2,h^{i_3}g_3,h^{i_4}g_4,h\}$, 其中 $i_j=0$ 或 1, $g_j\in P$, $1\leqslant j\leqslant 4$. 由 Γ 的连通性可知 $\langle S\rangle=G$, 从而 $P=\langle g_1,g_2,g_3,g_4\rangle$.

如果 S 包含 5 个二阶元, 那么 $S=\{hg_1,hg_2,hg_3,hg_4,h\}$. 如果 S 有一个 3 阶元, 记为 g_4, 那么 $g_4^{-1}\in S$, 记 $g_3=g_4^{-1}$, 此时, $P=\langle g_1,g_2,g_3\rangle$ 且 $|P|\leqslant 3^3$. 因为 $P\cong\mathbb{Z}_3^3$ 或 $\mathbb{Z}_3^4$, 所以 $P=\langle g_1,g_2,g_4\rangle\cong\mathbb{Z}_3^3$ 且 $S=\{hg_1,hg_2,g_4,g_4^{-1},h\}$. 于是, 对于 $P\cong\mathbb{Z}_3^4$, 我们有 $S=\{hg_1,hg_2,hg_3,hg_4,h\}$; 对于 $P\cong\mathbb{Z}_3^3$, 我们有 $S=\{hg_1,hg_2,hg_3,hg_4,h\}$ 或 $S=\{hg_1,hg_2,g_4,g_4^{-1},h\}$.

首先, 令 $P=\mathbb{Z}_3^4=\langle a,b,c,d\rangle$. 那么, $S=\{hg_1,hg_2,hg_3,hg_4,h\}$. 因为 $P=\mathbb{Z}_3^4=\langle g_1,g_2,g_3,g_4\rangle$, 所以 $o(g_j)=3$, $1\leqslant j\leqslant 4$, 而且映射

$$a\mapsto g_1,\ b\mapsto g_2,\ c\mapsto g_3,\ d\mapsto g_4,\ h\mapsto h$$

① 这里的 $o(h)$ 指元素 h 在群中的阶, 下同.

可诱导出 G 的一个自同构. 从而 $\Gamma \cong \mathrm{Cay}(G, \{h, ha, hb, hc, hd\}) = \mathcal{CGD}_{3^4}$.

最后, 令 $P = \mathbb{Z}_3^3 = \langle a, b, c\rangle$. 如果 $S = \{hg_1, hg_2, hg_3, hg_4, h\}$, 那么 $\langle g_1, g_2, g_3, g_4\rangle = P$. 不妨假设 $P = \langle g_1, g_2, g_3\rangle$ 且 $g_4 = g_1^i g_2^j g_3^k$, 其中 $1 \leqslant i, j, k \leqslant 3$. 因为映射

$$a \mapsto g_1,\ b \mapsto g_2,\ c \mapsto g_3,\ h \mapsto h$$

诱导出 G 的一个自同构, 所以 $\Gamma \cong \mathrm{Cay}(G, \{ha, hb, hc, ha^i b^j c^k, h\})$. 但是, 根据 MAGMA[45] 计算可知对于任意的 $1 \leqslant i, j, k \leqslant 3$, Γ 都不是对称图, 矛盾. 如果 $S = \{hg_1, hg_2, g_4, g_4^{-1}, h\}$, 那么 $P = \langle g_1, g_2, g_4\rangle$ 且映射

$$a \mapsto g_1,\ b \mapsto g_2,\ c \mapsto g_4,\ h \mapsto h$$

诱导出 G 的一个自同构, 从而 $\Gamma \cong \mathrm{Cay}(G, \{ha, hb, c, c^{-1}, h\})$. 再次通过 MAGMA[45] 计算可知 Γ 不是对称图, 矛盾. □

进一步, 由文献 [108] 中的定理 4.3, 我们有命题 3.3.2.

命题 3.3.2 设 p 是素数, 整数 $n \geqslant 2$. 若图 Γ 是 Dip_5 的连通弧传递的 $\mathbb{Z}_p^n$-覆盖, 则 $2 \leqslant n \leqslant 4$, 且 $\Gamma \cong \mathcal{CGD}_{p^2}^1, \mathcal{CGD}_{p^2}^2, \mathcal{CGD}_{p^3}$ 或 $\mathcal{CGD}_{p^4}$. 此外, $\mathrm{Aut}(\Gamma)$ 同构于表 3.1 中的某个群.

表 3.1 $\mathcal{CGD}_{p^2}^1, \mathcal{CGD}_{p^2}^2, \mathcal{CGD}_{p^3}$ 和 $\mathcal{CGD}_{p^4}$ 的全自同构群

Γ	p 满足的条件	$\mathrm{Aut}(\Gamma)$
$\mathcal{CGD}_{p^2}^1$	$p = 5$	$(\mathrm{Dih}(\mathbb{Z}_5^2) \rtimes F_{20})Z_4 \cong \mathbb{Z}_5((F_{20} \times F_{20}) \rtimes \mathbb{Z}_2)$
	$5 \mid (p-1)$	$\mathrm{Dih}(\mathbb{Z}_p^2) \rtimes \mathbb{Z}_5$
$\mathcal{CGD}_{p^2}^2$	$5 \mid (p \pm 1)$	$\mathrm{Dih}(\mathbb{Z}_p^2) \rtimes D_{10}$
$\mathcal{CGD}_{p^3}$	$p = 5$	$\mathrm{Dih}(\mathbb{Z}_p^3) \rtimes S_5$
	$5 \mid (p-1)$	$\mathrm{Dih}(\mathbb{Z}_p^3) \rtimes \mathbb{Z}_5$
$\mathcal{CGD}_{p^4}$	$p \geqslant 2$	$\mathrm{Dih}(\mathbb{Z}_p^4) \rtimes S_5$

下面, 我们再介绍五类广义二面体群上的凯莱图. 为了方便描述, 我们总是作如下假定:

$$G = \mathrm{Dih}(\mathbb{Z}_m \times \mathbb{Z}_{p^e} \times \mathbb{Z}_p) = \langle a, b, c, h \mid a^m = b^{p^e} = c^p = h^2 =$$

$$[a, b] = [a, c] = [b, c] = 1, a^h = a^{-1}, b^h = b^{-1}, c^h = c^{-1}\rangle.$$

另外, r 是方程 (3.1) 在 $\mathbb{Z}_m$ 中的一个解, 即

$$r^4 + r^3 + r^2 + r + 1 = 0 \pmod m.$$

根据命题 3.3.1, m 是奇数且 $5^2 \nmid m$.

例 3.3.9　假定 $e \geqslant 2$, p 是一个素数满足 $(m,p)=1$ 和 $5 \mid (p-1)$. 令 λ 是 $\mathbb{Z}_{p^e}^*$ 中的一个 5 阶元. 则 λ 是方程 (3.1) 在 $\mathbb{Z}_{p^e}$ 中的一个解. 令

$$\begin{aligned}
T_1(r,\lambda)=\{&h, hab, ha^{r+1}b^{\lambda+1}c, ha^{r^2+r+1}b^{\lambda^2+\lambda+1}c^{\lambda^4+\lambda+1},\\
&ha^{r^3+r^2+r+1}b^{\lambda^3+\lambda^2+\lambda+1}c\},\\
T_2(r,\lambda)=\{&h, hab, ha^{r+1}b^{\lambda+1}c, ha^{r^2+r+1}b^{\lambda^2+\lambda+1}c^{\lambda^3+\lambda+1},\\
&ha^{r^3+r^2+r+1}b^{\lambda^3+\lambda^2+\lambda+1}c^{\lambda}\},\\
T_3(r,\lambda)=\{&h, hab, ha^{r+1}b^{\lambda+1}c, ha^{r^2+r+1}b^{\lambda^2+\lambda+1}c^{\lambda^2+\lambda+1},\\
&ha^{r^3+r^2+r+1}b^{\lambda^3+\lambda^2+\lambda+1}c^{\lambda^2}\}.
\end{aligned}$$

易知每个 $T_1(r,\lambda)$, $T_2(r,\lambda)$ 和 $T_3(r,\lambda)$ 都可生成群 G. 定义

$$\mathcal{CGD}^i_{mp^e\times p}=\mathrm{Cay}(G,T_i(r,\lambda)),\ i=1,2,3.$$

可知映射

$$\begin{aligned}
&a\mapsto a^r,\ b\mapsto b^{\lambda}c,\ c\mapsto c^{\lambda^4},\ h\mapsto hab;\\
&a\mapsto a^r,\ b\mapsto b^{\lambda}c,\ c\mapsto c^{\lambda^3},\ h\mapsto hab;\\
&a\mapsto a^r,\ b\mapsto b^{\lambda}c,\ c\mapsto c^{\lambda^2},\ h\mapsto hab
\end{aligned}$$

可诱导出 G 的 3 个 5 阶自同构, 分别记为 α_1, α_2 和 α_3. 对于每个 $i\in\{1,2,3\}$, α_i 固定集合 $T_i(r,\lambda)$ 不动且循环置换 $T_i(r,\lambda)$ 中的 5 个元素. 因此, $\alpha_i\in \mathrm{Aut}(G, T_i(r,\lambda))$ 且 $\langle R(G),\alpha_i\rangle\cong G\rtimes\mathbb{Z}_5$ 是 $\mathrm{Aut}(\mathcal{CGD}^i_{mp^e\times p})$ 的一个弧传递子群. 我们将在定理 3.7.2 中证明 $\mathrm{Aut}(\mathcal{CGD}^i_{mp^e\times p})=\langle R(G),\alpha_i\rangle$.

注：对于例 3.3.9 中的凯莱图 $\mathcal{CGD}^i_{mp^e\times p}$ $(i=1,2,3)$, 仿照文献 [141] 中的引理 3.5 或本书的引理 3.3.2, 我们可以证明 $\mathcal{CGD}^i_{mp^e\times p}$ 与 5 阶元 r、λ 的取值无关, 且给定阶后互不同构的图的个数也可决定, 本书中不再给出证明.

引理 3.3.4　凯莱图 $\mathcal{CGD}^1_{mp^e\times p}$, $\mathcal{CGD}^2_{mp^e\times p}$ 和 $\mathcal{CGD}^3_{mp^e\times p}$ 彼此不同构.

证明　设 $\Gamma=\mathcal{CGD}^i_{mp^e\times p}$ 且 $A=\mathrm{Aut}(\Gamma)$, 其中 $i=1$, 2 或 3. 因为 $(m,p)=1$, 所以 $A=R(G)\rtimes\langle\alpha_i\rangle\cong((\mathbb{Z}_{mp^e}\times\mathbb{Z}_p)\rtimes\mathbb{Z}_2)\rtimes\mathbb{Z}_5$. 首先, 我们断言 A 的所有与 G 同构的正则子群都共轭. 注意到 $p>5$ 且 $5^2\nmid m$. 如果 $5\nmid m$, 那么 G 是 A 的一个 Hall $5'$-子群, 所以 A 的所有与 G 同构的正则子群都共轭. 如果 $5\mid m$, 那么 A 有一个特征的 Hall $\{2,5\}'$-子群, 记为 P. 则有 $|P|=mp^{e+1}/5$ 且 $|A/P|=50$. 显然, P 在 $V(\Gamma)$ 上至少有两个轨道, 而且 P 包含在 A 的每个正则子群中. 根据命题 3.2.3 可知, Γ_P 是一个连通的 10 阶的五度 A/P-弧传递图, 再根据文献 [78] (或本书的定理 3.6.1), 有 $\Gamma_P\cong K_{5,5}$. 设 G_1 和 G_2 为 A 的任意两个正则子群, 满

足 $G_1 \cong G_2 \cong G$. 因为 G 是一个广义二面体群, 所以 $G_1/P \cong G_2/P \cong D_5$. 注意到 A/P 是 $\mathrm{Aut}(K_{5,5})$ 的一个 50 阶的弧传递子群, 且根据 MAGMA[45] 可知, A/P 的所有同构于 D_5 的正则子群在 A/P 中都共轭. 这意味着存在 $gP \in A/P$ 使得 $(G_1/P)^{gP} = G_1^g/P = G_2/P$, 其中 $g \in A$. 因此, $G_1^g = G_2$, 断言得证.

下面证明凯莱图 $\mathcal{CGD}^1_{mp^e \times p}$, $\mathcal{CGD}^2_{mp^e \times p}$ 和 $\mathcal{CGD}^3_{mp^e \times p}$ 彼此不同构. 假设 $\mathcal{CGD}^1_{mp^e \times p} \cong \mathcal{CGD}^2_{mp^e \times p}$. 因为 $\mathrm{Aut}(\mathcal{CGD}^1_{mp^e \times p})$ 所有同构于 G 的正则子群都是共轭的, 所以根据文献 [143] 中的引理 3.1 可知, 存在 $\beta \in \mathrm{Aut}(G)$ 使得 $T_1(r,\lambda)^\beta = T_2(r,\lambda)$, 即

$$\begin{aligned}&\{h, hab, ha^{r+1}b^{\lambda+1}c, ha^{r^2+r+1}b^{\lambda^2+\lambda+1}c^{\lambda^4+\lambda+1}, ha^{r^3+r^2+r+1}b^{\lambda^3+\lambda^2+\lambda+1}c\}^\beta\\ =&\{h, hab, ha^{r+1}b^{\lambda+1}c, ha^{r^2+r+1}b^{\lambda^2+\lambda+1}c^{\lambda^3+\lambda+1}, ha^{r^3+r^2+r+1}b^{\lambda^3+\lambda^2+\lambda+1}c^{\lambda}\}.\end{aligned}$$

根据例 3.3.9, $\alpha_2 \in \mathrm{Aut}(G)$ 循环置换 $T_2(r,\lambda)$ 中的元素, 所以可假设 $h^\beta = h$, 进而得下述方程:

$$\begin{aligned}&\{ab, a^{r+1}b^{\lambda+1}c, a^{r^2+r+1}b^{\lambda^2+\lambda+1}c^{\lambda^4+\lambda+1}, a^{r^3+r^2+r+1}b^{\lambda^3+\lambda^2+\lambda+1}c\}^\beta\\ =&\{ab, a^{r+1}b^{\lambda+1}c, a^{r^2+r+1}b^{\lambda^2+\lambda+1}c^{\lambda^3+\lambda+1}, a^{r^3+r^2+r+1}b^{\lambda^3+\lambda^2+\lambda+1}c^{\lambda}\}.\end{aligned} \tag{3.2}$$

由例 3.3.9 中的假设条件可得 $(m,p)=1$; 又因为 m 是一个奇数, 所以 $(m,2p)=1$. 从而, $\mathbb{Z}_m = \langle a\rangle$ 和 $\mathbb{Z}_{p^e} \times \mathbb{Z}_p = \langle b,c\rangle$ 都是 G 的特征子群. 由方程 (3.2) 可得

$$\begin{aligned}&\{b, b^{\lambda+1}c, b^{\lambda^2+\lambda+1}c^{\lambda^4+\lambda+1}, b^{\lambda^3+\lambda^2+\lambda+1}c\}^\beta =\\ &\{b, b^{\lambda+1}c, b^{\lambda^2+\lambda+1}c^{\lambda^3+\lambda+1}, b^{\lambda^3+\lambda^2+\lambda+1}c^{\lambda}\}.\end{aligned} \tag{3.3}$$

这说明 $b^\beta = b^s c^t$, 其中 $(s,t) = (1,0), (\lambda+1,1), (\lambda^2+\lambda+1, \lambda^3+\lambda+1)$ 或 $(\lambda^3+\lambda^2+\lambda+1, \lambda)$. 此外,

$$(b\cdot b^{\lambda+1}c\cdot b^{\lambda^2+\lambda+1}c^{\lambda^4+\lambda+1}\cdot b^{\lambda^3+\lambda^2+\lambda+1}c)^\beta = b\cdot b^{\lambda+1}c\cdot b^{\lambda^2+\lambda+1}c^{\lambda^3+\lambda+1}\cdot b^{\lambda^3+\lambda^2+\lambda+1}c^{\lambda},$$

即

$$(b^\beta b^{-1})^{-\lambda^4+\lambda^2+2\lambda+3} = (c^\beta)^{-\lambda^4-\lambda-3}c^{\lambda^3+2\lambda+2}.$$

特别地,

$$(b^\beta b^{-1})^{(-\lambda^4+\lambda^2+2\lambda+3)p} = 1.$$

假设 $-\lambda^4+\lambda^2+2\lambda+3 = 0 \pmod p$. 因为 $\lambda^4+\lambda^3+\lambda^2+\lambda+1 = 0 \pmod{p^e}$, 所以 $\lambda^4+\lambda^3+\lambda^2+\lambda+1 = 0 \pmod p$, 从而 $\lambda^5 = 1 \pmod p$. 于是, $\lambda^4 =$

$\lambda^2+2\lambda+3 \pmod p$, $\lambda^3=\lambda\cdot\lambda^2=\lambda(\lambda^4-2\lambda-3)=-2\lambda^2-3\lambda+1 \pmod p$. 这说明 $0=\lambda^4+\lambda^3+\lambda^2+\lambda+1=5 \pmod p$, 与假设条件 $5\mid(p-1)$ 矛盾. 因此, $-\lambda^4+\lambda^2+2\lambda+3\neq 0 \pmod p$ 且 $(b^\beta b^{-1})^p=1$.

假设 $(s,t)\neq(1,0)$. 那么, $b^\beta b^{-1}=b^{s-1}c^t$, 其中 $s-1=\lambda,\lambda^2+\lambda$ 或 $\lambda^3+\lambda^2+\lambda$. 注意到 $\lambda^4+\lambda^3+\lambda^2+\lambda+1=0 \pmod p$, 此时不难证明 $(s-1,p)=1$. 因此, $b^\beta b^{-1}=b^{s-1}c^t$ 的阶为 p^e. 又因为 $e\geqslant 2$, 所以 $(b^\beta b^{-1})^p\neq 1$, 矛盾. 于是, $(s,t)=(1,0)$, 即 $b^\beta=b$. 由方程 (3.3) 可得 $\{c,c^{\lambda^4+\lambda+1},c\}^\beta=\{c,c^{\lambda^3+\lambda+1},c^\lambda\}$, 然而这与 $\{c,c^{\lambda^3+\lambda+1},c^\lambda\}$ 中的任意两个元素都不相等矛盾. 因此, $\mathcal{CGD}^1_{mp^e\times p}\ncong\mathcal{CGD}^2_{mp^e\times p}$. 类似地, 我们可以证明 $\mathcal{CGD}^1_{mp^e\times p}\ncong\mathcal{CGD}^3_{mp^e\times p}$ 以及 $\mathcal{CGD}^2_{mp^e\times p}\ncong\mathcal{CGD}^3_{mp^e\times p}$. □

在介绍下面两个无限类图之前, 我们首先证明引理 3.3.5.

引理 3.3.5　设 p 是一个奇素数. 则

(1) 方程 $x^2=5$ 在 $\mathbb{Z}_p$ 中有解当且仅当 $p=5$ 或 $5\mid(p\pm1)$;

(2) 方程 $x^4+10x^2+5=0$ 在 $\mathbb{Z}_p$ 中有解当且仅当 $p=5$ 或 $5\mid(p-1)$.

证明　当 $p=5$ 时, 易知 $x=0$ 是方程 $x^2=5 \pmod 5$ 的唯一的解, 也是方程 $x^4+10x^2+5=0$ 的唯一的解. 假设 $p\neq5$.

根据文献 [144] 中的定理 9.9, 方程 $x^2=5 \pmod p$ 有解当且仅当 $x^2=p \pmod 5$ 有解; 再根据文献 [144] 中的定理 9.1, 方程 $x^2=p \pmod 5$ 有解当且仅当 $p^2=1 \pmod 5$, 即 $5\mid(p\pm1)$. 因此, 引理 3.3.5(1) 成立.

假定 $x^4+10x^2+5=0$ 在 $\mathbb{Z}_p$ 中有一个根, 记为 λ. 因为 $p\neq5$ 是一个奇素数, 所以 $\lambda\neq0,\pm1$; 又因为 $(1+\lambda)^5-(1-\lambda)^5=2\lambda(\lambda^4+10\lambda+5)=0$, 所以 $(1-\lambda)(1+\lambda)^{-1}$ 是 $\mathbb{Z}_p^*$ 的一个 5 阶元. 这迫使 $5\mid(p-1)$. 反之, 如果 $5\mid(p-1)$, 那么 $\mathbb{Z}_p^*$ 有一个 5 阶元, 记为 e. 易知此时 $e(e-1)(e^2+1)$ 是方程 $x^4+10x^2+5=0$ 的一个根. 因此, 当 $p\neq5$ 是一个奇素数时, 方程 $x^4+10x^2+5=0$ 在 $\mathbb{Z}_p$ 中有根当且仅当 $5\mid(p-1)$, 即引理 3.3.5 (2) 成立. □

例 3.3.10　设 p 是一个素数, 满足 $p=5$ 或 $5\mid(p\pm1)$. 假定 $e=1$ 且 $(m,p)=1$. 则 $G=\mathrm{Dih}(\mathbb{Z}_m\times\mathbb{Z}_p\times\mathbb{Z}_p)$. 对于 $p=5$, 令 $\lambda=0$; 对于 $5\mid(p\pm1)$, 令 $\lambda\in\mathbb{Z}_p$ 为方程 $x^2=5$ 的一个解〔见引理 3.3.5(1)〕, 即 $\lambda^2=5 \pmod p$. 设

$$S(r,\lambda)=\{h,hab,ha^{r+1}c,ha^{r^2+r+1}b^{-2^{-1}(1+\lambda)}c^{2^{-1}(1+\lambda)},ha^{r^3+r^2+r+1}b^{-2^{-1}(1+\lambda)}c\}.$$

易知 $S(r,\lambda)$ 生成群 G. 定义

$$\mathcal{CGD}^4_{mp\times p}=\mathrm{Cay}(G,S(r,\lambda)).$$

映射 $a\mapsto a^r, b\mapsto b^{-1}c, c\mapsto b^{-2^{-1}(3+\lambda)}c^{2^{-1}(1+\lambda)}$ 和 $h\mapsto hab$ 可诱导出 G 的一个自同构, 记为 α_4, 循环置换 $S(r,\lambda)$ 中的元素. 所以, $\alpha_4\in \mathrm{Aut}(G,S(r,\lambda))$ 且 $\langle R(G),\alpha_4\rangle\cong G\rtimes\mathbb{Z}_5$ 作用在 $\mathcal{CGD}^4_{mp\times p}$ 上弧传递. 设 $n=1$ 或 5, 则 r 分别等于 0 或 1. 在这两种情形下, 映射 $a\mapsto a^{-1}$, $b\mapsto b^{-2^{-1}(1+\lambda)c}$, $c\mapsto b^{-2^{-1}(1+\lambda)c^{2^{-1}(1+\lambda)}}$ 和 $h\mapsto h$ 可诱导出 G 的一个自同构 β, 而且易证 $\beta\in\mathrm{Aut}(G,S(r,\lambda))$ 和 $\langle\alpha_4,\beta\rangle\cong D_5$. 我们将在定理 3.7.2 中证明当 $m\neq 1$, 5 时有 $\mathrm{Aut}(\mathcal{CGD}^4_{mp\times p})=R(G)\rtimes\langle\alpha_4\rangle$; 当 $m=5$ 时有 $\mathrm{Aut}(\mathcal{CGD}^4_{mp\times p})=R(G)\rtimes\langle\alpha_4,\beta\rangle$; 当 $m=1$ 且 $p\neq 5$ 时有 $\mathrm{Aut}(\mathcal{CGD}^4_{mp\times p})=R(G)\rtimes\langle\alpha_4,\beta\rangle$; 当 $m=1$ 且 $p=5$ 时有 $\mathrm{Aut}(\mathcal{CGD}^4_{mp\times p})\cong(G\rtimes F_{20}).\mathbb{Z}_2^2$. 特别地, 根据 MAGMA[45], $\mathrm{Aut}(\mathcal{CGD}^4_{5\times 5})$ 有一个弧传递子群其点稳定子群同构于 $\mathbb{Z}_5$, D_5 或 F_{20}, 然后根据文献 [95], 在同构意义下 $\mathcal{CGD}^4_{5\times 5}$ 是满足这样性质的唯一一个 50 阶的图.

例 3.3.11 设 $e=1$, p 是一个素数使得 $(m,p)=1$ 且 $5\mid(p-1)$. 根据引理 3.3.5(2), $x^4+10x^2+5=0$ 在 $\mathbb{Z}_p$ 中有一个根 λ. 令

$$\begin{aligned}S(r,\lambda)=\{&h,hab,ha^{r+1}c,ha^{r^2+r+1}b^{8^{-1}(\lambda^3-\lambda^2+7\lambda+1)}c^{2^{-1}(\lambda+1)},\\&ha^{r^3+r^2+r+1}b^{-8^{-1}(\lambda^3+\lambda^2+7\lambda-1)}c^{8^{-1}(\lambda^3+\lambda^2+11\lambda+3)}\}.\end{aligned}$$

易知 $S(r,\lambda)$ 生成群 G. 定义

$$\mathcal{CGD}^5_{mp\times p}=\mathrm{Cay}(G,S(r,\lambda)).$$

此时, 映射 $a\mapsto a^r$, $b\mapsto b^{-1}c$, $c\mapsto b^{8^{-1}(\lambda^3-\lambda^2+7\lambda-7)}c^{2^{-1}(\lambda+1)}$ 和 $h\mapsto hab$ 可诱导出群 G 的一个自同构, 记为 α_5, 且 α_5 循环置换 $S(r,\lambda)$ 中的元素. 那么, $\alpha_5\in\mathrm{Aut}(G,S(r,\lambda))$ 且 $\langle R(G),\alpha_5\rangle\cong G\rtimes\mathbb{Z}_5$ 作用在 $\mathcal{CGD}^5_{mp\times p}$ 上弧传递. 我们将在定理 3.7.2 中证明 $\mathrm{Aut}(\mathcal{CGD}^5_{m\times p})=\langle R(G),\alpha_5\rangle$.

在例 3.3.9、3.3.10 和 3.3.11 的基础上, 我们可得引理 3.3.5.

引理3.3.6 设 p 是一个素数, 满足 $p=5$ 或 $5\mid(p-1)$. 对于任意的 $1\leqslant i\leqslant 5$, $\mathcal{CGD}^i_{mp^e\times p}$ 都是某个连通的 $2p$ 阶五度对称图的弧传递循环覆盖.

证明 令 $\Gamma_i=\mathcal{CGD}^i_{mp^e\times p}$, $i=1,2,3,4,5$. 由 Γ_i 的定义可知, $(m,p)=1$. 进一步地, $|V(\Gamma_i)|=2mp^{e+1}$ 且 $\mathrm{Aut}(\Gamma_i)$ 有一个弧传递子群 $R(G)\rtimes\langle\alpha_i\rangle$, 这里的 α_i 分别在例 3.3.9、3.3.10 和 3.3.11 中给出, 如下所述.

α_1 : $a\mapsto a^r$, $b\mapsto b^\lambda c$, $c\mapsto c^{\lambda^4}$, $h\mapsto hab$;

α_2 : $a\mapsto a^r$, $b\mapsto b^\lambda c$, $c\mapsto c^{\lambda^3}$, $h\mapsto hab$;

α_3 : $a\mapsto a^r$, $b\mapsto b^\lambda c$, $c\mapsto c^{\lambda^2}$, $h\mapsto hab$;

$\alpha_4:\ a\mapsto a^r,\ b\mapsto b^{-1}c,\ c\mapsto b^{-2^{-1}(3+\lambda)}c^{2^{-1}(1+\lambda)},\ h\mapsto hab;$

$\alpha_5:\ a\mapsto a^r,\ b\mapsto b^{-1}c,\ c\mapsto b^{8^{-1}(\lambda^3-\lambda^2+7\lambda-7)}c^{2^{-1}(\lambda+1)},\ h\mapsto hab.$

要证明 Γ_i 是某个连通的 $2p$ 阶五度对称图的弧传递循环覆盖, 根据命题 3.2.3 可知, 我们只需证明对于每个 $1\leqslant i\leqslant 5$, $R(G)\rtimes\langle\alpha_i\rangle$ 都有一个正规的循环子群 $N_i\cong\mathbb{Z}_{mp^e}$.

假定 $i=1$. 令 $N_1=\langle R(a),R(b^5c^{3\lambda^4+2\lambda^2-\lambda+1})\rangle$. 则 $N_1\cong\mathbb{Z}_{mp^e}$. 由例 3.3.9 可知 $\lambda^4+\lambda^3+\lambda^2+\lambda+1=0\ (\mathrm{mod}\ p^e)$. 因为 $a^{\alpha_1}=a^r$, $b^{\alpha_1}=b^\lambda c$ 和 $c^{\alpha_1}=c^{\lambda^4}$, 所以

$$(b^5c^{3\lambda^4+2\lambda^2-\lambda+1})^{\alpha_1}=b^{5\lambda}c^{\lambda^4+3\lambda^3+2\lambda+4}=b^{5\lambda}c^{2\lambda^3-\lambda^2+\lambda+3}=(b^5c^{3\lambda^4+2\lambda^2-\lambda+1})^{\lambda},$$

这导致 $\langle a,b^5c^{3\lambda^4+2\lambda^2-\lambda+1}\rangle^{\alpha_1}=\langle a,b^5c^{3\lambda^4+2\lambda^2-\lambda+1}\rangle$. 因为对于任意的 $x\in G$ 都有 $R(x)^{\alpha_1}=R(x^{\alpha_1})$, 所以 $\langle R(a),R(b^5c^{3\lambda^4+2\lambda^2-\lambda+1})\rangle^{\alpha_1}=N_1^{\alpha_1}=N_1$; 又因为 $N_1\trianglelefteq R(G)$, 所以 $N_1\trianglelefteq\langle R(G),\alpha_1\rangle$, 得证.

假定 $i=2$ 或 3. 类似于 $i=1$ 的情形, 可知对 $N_2=\langle R(a),R(b^{-5}c^{2\lambda^3+4\lambda^2+\lambda+3})\rangle$ 和 $N_3=\langle R(a),R(b^{-5}c^{4\lambda^3+3\lambda^2+2\lambda+1})\rangle$, 有 $N_i\trianglelefteq\langle R(G),\alpha_i\rangle$, 得证.

假定 $i=4$. 由假设条件可知 $p=5$ 或 $5\mid(p-1)$. 注意到 $\Gamma_4\cong\mathcal{CGD}^4_{mp\times p}$. 对于 $p=5$, 由例 3.3.10 可知 $\lambda=0$. 因此, $a^{\alpha_4}=a^r$, $b^{\alpha_4}=b^{-1}c$, $c^{\alpha_4}=bc^3$. 令 $N_4=\langle R(a),R(b^2c^4)\rangle$. 则 $(b^2c^4)^{\alpha_4}=b^2c^4$, $N_4\trianglelefteq\langle R(G),\alpha_4\rangle$ 且 $N_4\cong\mathbb{Z}_{5n}$, 得证. 对于 $5\mid(p-1)$, 由引理 3.3.5 (2) 可知, 方程 $x^4+10x^2+5=0$ 在 $\mathbb{Z}_p$ 中有一个根, 记为 t, 即 $t^4+10t^2+5=0$. 那么 $[2^{-1}(t^2+5)]^2=5=t^2(-t^2-10)$, 进而有 $-t^2-10=5t^{-2}=[2^{-1}(t^2+5)]^2\cdot t^{-2}=[2^{-1}(t+5t^{-1})]^2$. 因为 $\lambda^2=5$ (见例 3.3.10), 所以 $\lambda=\pm2^{-1}(t^2+5)$, $2\lambda-5=t^2$ 或 $[2^{-1}(t+5t^{-1})]^2(=-t^2-10)$. 如果 $2\lambda-5=t^2$, 那么令 $N_4=\langle R(a),R(b^{t+1}c^{\lambda-3})\rangle$. 因为 $a^{\alpha_4}=a^r$, $b^{\alpha_4}=b^{-1}c$ 和 $c^{\alpha_4}=b^{-2^{-1}(3+\lambda)}c^{2^{-1}(1+\lambda)}$, 所以

$$(b^{t+1}c^{\lambda-3})^{\alpha_4}=b^{1-t}c^{2+t-\lambda}=(b^{t+1}c^{\lambda-3})^{-4^{-1}[t(\lambda+3)-\lambda+1]}\in\langle b^{t+1}c^{\lambda-3}\rangle,$$

这说明 $\langle a,b^{t+1}c^{\lambda-3}\rangle^{\alpha_4}=\langle a,b^{t+1}c^{\lambda-3}\rangle$ 以及 $\langle R(a),R(b^{t+1}c^{\lambda-3})\rangle^{\alpha_4}=N_4^{\alpha_4}=N_4$. 又因为 $N_4\trianglelefteq R(G)$, 所以我们有 $N_4\trianglelefteq\langle R(G),\alpha_4\rangle$, 得证. 如果 $2\lambda-5=[2^{-1}(t+5t^{-1})]^2$, 那么令 $N_4=\langle R(a),R(b^{2^{-1}(t+5t^{-1})+1}c^{\lambda-3})\rangle$. 根据上述证明我们可得

$$(b^{2^{-1}(t+5t^{-1})+1}c^{\lambda-3})^{\alpha_4}=(b^{2^{-1}(t+5t^{-1})+1}c^{\lambda-3})^{-4^{-1}[2^{-1}(t+5t^{-1})(\lambda+3)-\lambda+1]}$$

$$\in\langle b^{2^{-1}(t+5t^{-1})+1}c^{\lambda-3}\rangle.$$

因此, $\langle R(a),R(b^{2^{-1}(t+t^{-1}+1}c^{\lambda-3})\rangle^{\alpha_4}=N_4^{\alpha_4}=N_4$ 且 $N_4\trianglelefteq\langle R(G),\alpha_4\rangle$, 得证.

假定 $i=5$. 由例 3.3.11 可知 $5\mid(p-1)$ 和 $\lambda^4+10\lambda^2+5=0\ (\mathrm{mod}\ p)$. 那么, $[2(\lambda^2+5)^{-1}]^2=5^{-1}$. 令 $N_5=\langle R(a),R(b^{t(\lambda^3+10\lambda+5)-(\lambda+3)}c^4)\rangle$, 其中 $t=2(\lambda^2+5)^{-1}$. 则 $N_5\cong\mathbb{Z}_{mp}$. 注意到在 $\mathbb{Z}_p$ 中有 $\lambda^4=-10\lambda^2-5$, $\lambda^5=-10\lambda^3-5\lambda$ 和 $\lambda^6=95\lambda^2+50$. 因为 $a^{\alpha_5}=a^r$, $b^{\alpha_5}=b^{-1}c$ 和 $c^{\alpha_5}=b^{8^{-1}(\lambda^3-\lambda^2+7\lambda-7)}c^{2^{-1}(\lambda+1)}$, 所以

$$\begin{aligned}(b^{t(\lambda^3+10\lambda+5)-(\lambda+3)}c^4)^{\alpha_5}&=b^{-t(\lambda^3+10\lambda+5)+2^{-1}(\lambda^3-\lambda^2+9\lambda-1)}c^{t(\lambda^3+10\lambda+5)+\lambda-1}\\&=(b^{t(\lambda^3+10\lambda+5)-(\lambda+3)}c^4)^{4^{-1}[t(\lambda^3+10\lambda+5)+\lambda-1]}\\&\in\langle b^{t(\lambda^3+10\lambda+5)-(\lambda+3)}c^4\rangle.\end{aligned}$$

因此, $N_5^{\alpha_5}=N_5$ 且 $N_5\trianglelefteq\langle R(G),\alpha_5\rangle$. □

3.4 $\mathbf{Dip_5}$ 的交换的弧传递 K-覆盖: $K=\mathbb{Z}_m$ 或 $\mathbb{Z}_m\times\mathbb{Z}_{p^e}\times\mathbb{Z}_p$

设 $m,e\geqslant1$ 是两个正整数, $p\geqslant5$ 是一个奇素数使得 $(m,p)=1$. 本节中, 我们给出了 Dip_5 的连通弧传递的 K-覆盖的完全分类, 其中 $K=\mathbb{Z}_m$ 或 $\mathbb{Z}_m\times\mathbb{Z}_{p^e}\times\mathbb{Z}_p$. 这一结果说明 3.3 节给出的无限类图都是 Haar 图, 并且在第 3.7 节中将会被用于分类 $2p$ 阶连通五度对称图的弧传递循环覆盖.

设 $\Gamma=\mathrm{Dip}_5\times_\phi K$ 是 Dip_5 的一个连通的弧传递 K-覆盖, 其中 ϕ 是 Dip_5 弧集合上的电压分配, $\pi:\Gamma\mapsto\mathrm{Dip}_5$ 是对应的覆盖射影. 令 F 是保簇自同构群, 则 $F=N_{\mathrm{Aut}(\Gamma)}(K)$. 因为 $\Gamma=\mathrm{Dip}_5\times_\phi K$ 是 Dip_5 的一个连通的弧传递 K-覆盖, 所以 Γ 是 F-弧传递的, 进而 F 的射影 L 在 Dip_5 上也是弧传递的. 因为 $F/K\cong L$, 所以 L 是 $\mathrm{Aut}(\mathrm{Dip}_5)$ 的沿 π 可以被提升的最大的弧传递子群. 标记 Dip_5 沿顶点 u 的 5 条弧分别为 a_1, a_2, a_3, a_4 和 a_5, 见图 3.2. 令弧 a_1 为 Dip_5 的一个生成树 T, 并且我们可假设 Γ 是 T-可约化的, 即 $\phi(a_1)=1$. 设 $\phi(a_2)=a$, $\phi(a_3)=b$, $\phi(a_4)=c$ 和 $\phi(a_5)=d$. 由 Γ 的连通性可知 $K=\langle a,b,c,d\rangle$.

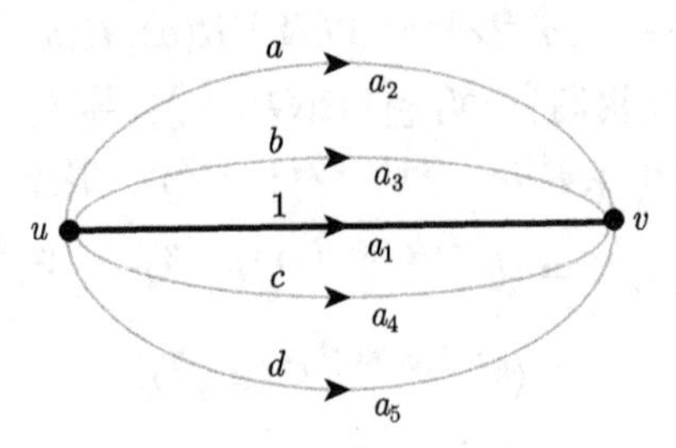

图 3.2 电压分配为 ϕ 的 Dip_5

我们把 Dip_5 的自同构群看作 Dip_5 弧集上的一个置换群. 设

$$\begin{aligned}
\alpha &= (a_1\ a_2\ a_3\ a_4\ a_5)(a_1^{-1}\ a_2^{-1}\ a_3^{-1}\ a_4^{-1}\ a_5^{-1}),\\
\beta &= (a_1\ a_2\ a_4\ a_3)(a_1^{-1}\ a_2^{-1}\ a_4^{-1}\ a_3^{-1}),\\
\delta &= (a_1\ a_2\ a_3)(a_1^{-1}\ a_2^{-1}\ a_3^{-1}),\\
\gamma &= (a_1\ a_1^{-1})(a_2\ a_2^{-1})(a_3\ a_3^{-1})(a_4\ a_4^{-1})(a_5\ a_5^{-1}).
\end{aligned}$$

易知 $\alpha, \beta, \delta, \gamma \in \mathrm{Aut}(\mathrm{Dip}_5)$. Dip_5 中有 4 个从顶点 u 出发的基本闭途, 分别为 $C_1 = a_2a_1^{-1}$, $C_2 = a_3a_1^{-1}$, $C_3 = a_4a_1^{-1}$ 和 $C_4 = a_5a_1^{-1}$, 它们全都是 Dip_5 的基本圈. 所有这些圈和它们上面的电压值被列在表 3.2 中, 其中 $\phi(C_i)$ $(1 \leqslant i \leqslant 4)$ 表示圈 C_i 上的电压值.

表 3.2　基本圈及其在 α, β, β^2, δ 和 γ 下像的电压值

C_i	$\phi(C_i)$	C_i^{α}	$\phi(C_i^{\alpha})$	C_i^{β}	$\phi(C_i^{\beta})$	$C_i^{\beta^2}$	$\phi(C_i^{\beta^2})$
$C_1 = a_2a_1^{-1}$	a	$a_3a_2^{-1}$	ba^{-1}	$a_4a_2^{-1}$	ca^{-1}	$a_3a_4^{-1}$	bc^{-1}
$C_2 = a_3a_1^{-1}$	b	$a_4a_2^{-1}$	ca^{-1}	$a_1a_2^{-1}$	a^{-1}	$a_2a_4^{-1}$	ac^{-1}
$C_3 = a_4a_1^{-1}$	c	$a_5a_2^{-1}$	da^{-1}	$a_3a_2^{-1}$	ba^{-1}	$a_1a_4^{-1}$	c^{-1}
$C_4 = a_5a_1^{-1}$	d	$a_1a_2^{-1}$	a^{-1}	$a_5a_2^{-1}$	da^{-1}	$a_5a_4^{-1}$	dc^{-1}
C_i	$\phi(C_i)$	C_i^{δ}	$\phi(C_i^{\delta})$	C_i^{γ}	$\phi(C_i^{\gamma})$		
$C_1 = a_2a_1^{-1}$	a	$a_3a_2^{-1}$	ba^{-1}	$a_2^{-1}a_1$	a^{-1}		
$C_2 = a_3a_1^{-1}$	b	$a_1a_2^{-1}$	a^{-1}	$a_3^{-1}a_1$	b^{-1}		
$C_3 = a_4a_1^{-1}$	c	$a_4a_2^{-1}$	ca^{-1}	$a_4^{-1}a_1$	c^{-1}		
$C_4 = a_5a_1^{-1}$	d	$a_5a_2^{-1}$	da^{-1}	$a_5^{-1}a_1$	d^{-1}		

明显的, $\mathrm{Aut}(\mathrm{Dip}_5) = S_5 \rtimes \mathbb{Z}_2$, 其中 S_5 固定顶点 u 和 v. 由 L 的弧传递性可知 $10 \mid |L|$. 设 L^* 是 L 中固定顶点 u 和 v 的最大子群. 那么 $|L : L^*| = 2$. 因此, $L^* \leqslant S_5$ 且 L^* 的 Sylow 5-子群也是 $\mathrm{Aut}(\mathrm{Dip}_5)$ 的一个 Sylow 5-子群. 因为 $\mathrm{Aut}(\mathrm{Dip}_5)$ 的 Sylow 5-子群彼此共轭, 所以可假设 $\alpha \in L$, 即 α 提升. 注意到 $\alpha^{\beta} = \alpha^2$, 进而有 $L^* = \langle\alpha\rangle$, $\langle\alpha, \beta^2\rangle$, $\langle\alpha, \beta\rangle$, A_5 或 S_5. 特别地, 如果 β^2 不能提升, 则有 $L^* = \langle\alpha\rangle \cong \mathbb{Z}_5$; 如果 β^2 提升但是 β 和 δ 不能提升, 则 $L^* = \langle\alpha, \beta^2\rangle \cong D_5$; 如果 β 提升但是 δ 不能提升, 则 $L^* \cong \mathbb{Z}_5 \rtimes \mathbb{Z}_4$; 如果 α, β 和 δ 提升, 则 $L^* = S_5$.

定义 Dip_5 4 个基本圈上的电压值集合到 K 的映射 $\bar{\alpha}$ 为 $\phi(C_i)^{\bar{\alpha}} = \phi(C_i^{\alpha})$, $1 \leqslant i \leqslant 4$. 类似地, 我们也可以定义 $\bar{\beta}$, $\bar{\beta}^2$, $\bar{\delta}$ 和 $\bar{\gamma}$. 由表 3.2 可得 $a^{\bar{\gamma}} = a^{-1}$, $b^{\bar{\gamma}} = b^{-1}$, $c^{\bar{\gamma}} = c^{-1}$, 以及 $d^{\bar{\gamma}} = d^{-1}$. 因为 K 是交换群, 所以 $\bar{\gamma}$ 可以扩充成 K 的一个自同构. 根据命题 3.2.1 可知, γ 可沿 π 提升. 这意味着 L 提升当且仅当 L^* 提升. 注意到 $N_{\mathrm{Aut}(\Gamma)}(K)/K \cong L$, 所以我们有命题 3.4.1.

命题 3.4.1　设 Γ 是 Dip_5 的一个连通的弧传递的 K-覆盖, L 为 $\mathrm{Aut}(\mathrm{Dip}_5)$ 的可沿覆盖射影提升的最大的弧传递子群. 设 $A = \mathrm{Aut}(\Gamma)$. 如果 K 是交换群, 那么

可假定 $\langle\alpha,\ \gamma\rangle\leqslant L$. 进一步地,

(1) 如果 β^2 不能提升, 那么 $L=\langle\alpha,\gamma\rangle\cong\mathbb{Z}_5\times\mathbb{Z}_2$ 且 $|N_A(K)|=10|K|$;

(2) 如果 β^2 提升但是 β 和 δ 不能提升, 那么 $L=\langle\alpha,\ \beta^2,\ \gamma\rangle\cong D_5\times\mathbb{Z}_2$ 且 $|N_A(K)|=20|K|$;

(3) 如果 β 提升但是 δ 不能提升, 那么 $L=\langle\alpha,\beta,\gamma\rangle\cong(\mathbb{Z}_5\rtimes\mathbb{Z}_4)\times\mathbb{Z}_2$ 且 $|N_A(K)|=40|K|$;

(4) 如果 β 和 δ 提升, 那么 $L=\langle\alpha,\beta,\delta,\gamma\rangle\cong S_5\times\mathbb{Z}_2$ 且 $|N_A(K)|=240|K|$.

首先我们分类 Dip_5 的连通的弧传递循环覆盖.

引理 3.4.1 设 Γ 是 Dip_5 的一个连通的弧传递 K-覆盖, $K=\mathbb{Z}_m$. 那么, $\Gamma=\mathcal{CD}_m$ (见例 3.3.5).

证明 设 $F=N_{\mathrm{Aut}(\Gamma)}(K)$. 因为 Γ 是 Dip_5 的一个弧传递 K-覆盖, 所以 Γ 是 F-弧传递的. 注意到 $K=\mathbb{Z}_m$ 是交换群, γ 提升. 设 $\widetilde{\gamma}$ 是 γ 的一个提升, $G=\langle K,\widetilde{\gamma}\rangle$. 那么, $G/K\cong\mathbb{Z}_2$, 即 $G=\mathbb{Z}_m\cdot\mathbb{Z}_2$, 而且 G 作用在 $V(\Gamma)$ 上正则. 由 γ 的定义可知, G/K 是 $\mathrm{Aut}(\mathrm{Dip}_5)$ 的中心子群, 进而 $G\lhd F$. 所以, Γ 是 G 上的关于某个满足 $1\notin S$ 和 $S=S^{-1}$ 的集合 S 的凯莱图. 因为 Γ 连通, 所以 $G=\langle S\rangle$; 又因为 Γ 的度数为 5, 所以 S 包含一个二阶元. 因为 Γ 是 F-弧传递的且 $G\lhd F$, 所以 $\mathrm{Aut}(G,S)$ 在 S 上面传递, 进而 S 包含 5 个二阶元. 因为 K 至多有一个二阶元, 所以存在某个二阶元 $g\in S$ 使得 $G=K\rtimes\langle g\rangle=\mathbb{Z}_m\rtimes\mathbb{Z}_2$.

假设 S 包含一个二阶元 a 使得 $a\in K$. 那么 a 是 K 唯一的一个二阶元, 而且 $\langle a\rangle\rtimes\langle g\rangle$ 是 G 的一个 4 阶交换子群. 特别地, $a\in Z(G)$, 即 G 的中心. 因为 $\mathrm{Aut}(G,S)$ 作用在 S 上传递, 所以 $S\subset Z(G)$; 又因为 $\langle S\rangle=G$, 所以 G 是交换群, 进而 $G=\mathbb{Z}_m\times\mathbb{Z}_2$. 这是不可能的, 因为 $G=\mathbb{Z}_m\times\mathbb{Z}_2$ 最多有 3 个二阶元, 而 $S\subset G$ 却包含 5 个二阶元. 因此, S 中的每个元素都可以表示成 gx 的形式, 其中 $x\in K$. 我们不妨假设 $S=\{g,ga_1,ga_2,ga_3,ga_4\}$. 因为 $\langle S\rangle=G$, 所以 $\langle a_1,a_2,a_3,a_4\rangle=K$; 又因为对于每个 $1\leqslant i\leqslant 4$, ga_i 的阶均为 2, 所以 $a_i^g=a_i^{-1}$. 从而, 对于任意的 $x\in K$ 都有 $x^g=x^{-1}$, 即 $G\cong D_m$. 根据文献 [142] 中的命题 2.2, 我们有 $\Gamma\cong\mathcal{CD}_m$. □

在本节的剩余部分, 我们总是假定 $K=\langle x\rangle\times\langle y\rangle\times\langle z\rangle=\mathbb{Z}_m\times\mathbb{Z}_{p^e}\times\mathbb{Z}_p$ 以及 Γ 是 Dip_5 的一个连通的弧传递 K-覆盖, 其中 $m,\ e\geqslant 1$ 是两个正整数, $p\geqslant 5$ 是满足 $(m,p)=1$ 的奇素数.

因为 α 提升, 所以由命题 3.2.1 可知 $\bar{\alpha}$ 可扩充为 K 的一个自同构, 记为 α^*. 根据表 2.1, 我们有:

$$a^{\alpha^*}=ba^{-1},b^{\alpha^*}=ca^{-1},c^{\alpha^*}=da^{-1},d^{\alpha^*}=a^{-1} \tag{3.4}$$

注意到 $K=\langle a,b,c,d\rangle$ 是交换群. 对于任意的 $k\in K$, $o(k)$ 表示 k 在群 K 中的阶. 由方程 (3.4) 可知 $a^{\alpha^*}=ba^{-1}$, 所以 $o(ba^{-1})=o(a^{\alpha^*})=o(a)$, 这导致 $o(b)\mid o(a)$. 类似地, 因为 $d^{\alpha^*}=a^{-1}$ 和 $c^{\alpha^*}=da^{-1}$, 所以有 $o(d)=o(a)$ 和 $o(c)\mid o(a)$. 又因为 $K=\langle a,b,c,d\rangle$, 所以对于任意的 $x\in K$ 都有 $o(x)\mid o(a)$. 进而, $o(a)=mp^e$ 且 $|K:\langle a\rangle|=p$.

假设 $b\in\langle a\rangle$, 即 $b=a^i$. 由方程 (3.4) 可得 $a^{\alpha^*}=ba^{-1}=a^{i-1}\in\langle a\rangle$ 以及 $ca^{-1}=b^{\alpha^*}=(a^i)^{\alpha^*}=a^{i(i-1)}\in\langle a\rangle$. 从而, $c\in\langle a\rangle$. 类似地, 由 $d=a\cdot c^{\alpha^*}$ 可得 $d\in\langle a\rangle$. 因为 $K=\langle a,b,c,d\rangle$, 所以 $K=\langle a\rangle\cong\mathbb{Z}_{mp^e}$, 矛盾. 从而 $b\notin\langle a\rangle$. 又因为 $|K:\langle a\rangle|=p$, 所以有

$$o(a)=mp^e,\ p\mid o(b),\ K=\langle a,b\rangle. \tag{3.5}$$

注意到 $K=\langle x\rangle\times\langle y\rangle\times\langle z\rangle=\mathbb{Z}_m\times\mathbb{Z}_{p^e}\times\mathbb{Z}_p$, 其中 $e\geqslant 1$, $(m,p)=1$. 下面分别对 $e\geqslant 2$ 和 $e=1$ 两种情况进行讨论, 得到引理 3.4.2 和 3.4.3.

引理 3.4.2　*设 $e\geqslant 2$, 有 $5\mid(p-1)$, $\Gamma\cong\mathcal{CGD}^i_{mp^e\times p}$, $1\leqslant i\leqslant 3$, 以及 $|N_{\mathrm{Aut}(\Gamma)}(K)|=10|K|$.*

证明　由式 (3.5) 可知 $(m,p)=1$, $o(a)=mp^e$, $p\mid o(b)$ 和 $K=\langle a,b\rangle=\langle x,y,z\rangle=\mathbb{Z}_m\times\mathbb{Z}_{p^e}\times\mathbb{Z}_p$. 这时, K 有一个自同构把 xy 映到 a, 根据命题 3.2.2, 不妨假定

$$a=xy.$$

因为 $K=\langle a,b\rangle$, 所以存在 $r+1\in\mathbb{Z}_m$, $\lambda+1\in\mathbb{Z}_{p^e}$ 和 $0\neq\iota\in\mathbb{Z}_p$ 使得 $b=x^{r+1}y^{\lambda+1}z^{\iota}$. 进一步地, 存在 K 的一个自同构固定 x 和 y 不动且把 z 映到 z^{ι}. 再次根据命题 3.2.2, 可令

$$b=x^{r+1}y^{\lambda+1}z.$$

设 $c=x^iy^jz^s$ 和 $d=x^ky^{\ell}z^t$, 其中 $i,k\in\mathbb{Z}_m$, $j,\ell\in\mathbb{Z}_{p^e}$ 以及 $s,t\in\mathbb{Z}_p$.

注意到 $\langle x\rangle=\mathbb{Z}_m$ 和 $\langle y,z\rangle=\mathbb{Z}_{p^e}\times\mathbb{Z}_p$ 都是 K 的特征子群. 由式 (3.4) 可得 $a^{\alpha^*}=ba^{-1}$, 即 $(xy)^{\alpha^*}=x^ry^{\lambda}z$. 这迫使 $x^{\alpha^*}=x^r$ 且 $y^{\alpha^*}=y^{\lambda}z$. 因为 $(x^{r+1}y^{\lambda+1}z)^{\alpha^*}=b^{\alpha^*}=ca^{-1}=x^{i-1}y^{j-1}z^s$, 所以

$$z^{\alpha^*}=(x^{-r-1})^{\alpha^*}\cdot(y^{-\lambda-1})^{\alpha^*}\cdot(x^{r+1}y^{\lambda+1}z)^{\alpha^*}=x^{-r^2-r-1+i}y^{-\lambda^2-\lambda-1+j}z^{s-\lambda-1},$$

进而有 $z^{\alpha^*}=y^{-\lambda^2-\lambda-1+j}z^{s-\lambda-1}$ 和

$$-r^2-r-1+i=0\ (\mathrm{mod}\ m), \tag{3.6}$$

$$-\lambda^2-\lambda-1+j=0\ (\mathrm{mod}\ p^{e-1}).\tag{3.7}$$

类似地, 通过考虑 c 和 d 在 α^* 下的像, 我们有

$$x^{k-1}y^{\ell-1}z^t=da^{-1}=c^{\alpha^*}=(x^iy^jz^s)^{\alpha^*}=x^{ir}y^{\lambda j+s(-\lambda^2-\lambda-1+j)}z^{j+s(s-\lambda-1)},$$
$$x^{-1}y^{-1}=a^{-1}=d^{\alpha^*}=(x^ky^\ell z^t)^{\alpha^*}=x^{kr}y^{\lambda\ell+t(-\lambda^2-\lambda-1+j)}z^{\ell+t(s-\lambda-1)}.$$

通过比较上述两个等式中 x, y 和 z 的次数可得方程 (3.8)~(3.13):

$$ir=k-1\ (\mathrm{mod}\ m);\tag{3.8}$$
$$kr=-1\ (\mathrm{mod}\ m);\tag{3.9}$$
$$\lambda j+s(-\lambda^2-\lambda-1+j)=\ell-1\ (\mathrm{mod}\ p^e);\tag{3.10}$$
$$\lambda\ell+t(-\lambda^2-\lambda-1+j)=-1\ (\mathrm{mod}\ p^e);\tag{3.11}$$
$$j+s(s-\lambda-1)=t\ (\mathrm{mod}\ p);\tag{3.12}$$
$$\ell+t(s-\lambda-1)=0\ (\mathrm{mod}\ p).\tag{3.13}$$

由方程 (3.6) 可得 $i=r^2+r+1\ (\mathrm{mod}\ m)$; 由方程 (3.8) 和 (3.9) 可得 $k=r^3+r^2+r+1\ (\mathrm{mod}\ m)$ 和 $r^4+r^3+r^2+r+1=0\ (\mathrm{mod}\ m)$. 根据命题 3.3.1, 要么 $(r,m)\in\{(0,1),(1,5)\}$, 要么 $m=5^tp_1^{e_1}p_2^{e_2}\cdots p_\iota^{e_\iota}$ 且 r 是 $\mathbb{Z}_m^*$ 中的一个 5 阶元, 其中 $t\leqslant 1$, $e_i\geqslant 1$, $\iota\geqslant 1$, p_i $(1\leqslant i\leqslant\iota)$ 是满足 $5\mid(p_i-1)$ 的互不相同的素数.

注意 $e\geqslant 2$. 由方程 (3.7) 可得 $j=\lambda^2+\lambda+1\ (\mathrm{mod}\ p^{e-1})$; 由方程 (3.10) 和 (3.11) 可得 $\ell=\lambda^3+\lambda^2+\lambda+1\ (\mathrm{mod}\ p^{e-1})$ 和 $\lambda^4+\lambda^3+\lambda^2+\lambda+1=0\ (\mathrm{mod}\ p^{e-1})$. 从而 $\lambda^5=1\ (\mathrm{mod}\ p^{e-1})$. 由命题 3.3.1 知, 或者 $(\lambda,p^{e-1})=(1,5)$, 或者 $5\mid(p-1)$ 且 λ 是 $\mathbb{Z}_{p^{e-1}}^*$ 中的一个 5 阶元. 这迫使 $\lambda\neq 0$ 且 $\ell^{-1}=(-\lambda^4)^{-1}=-\lambda$. 进一步地, 我们可假设 $j=\lambda^2+\lambda+1+s_1p^{e-1}\ (\mathrm{mod}\ p^e)$, $\ell=\lambda^3+\lambda^2+\lambda+1+s_2p^{e-1}\ (\mathrm{mod}\ p^e)$ 以及 $\lambda^4+\lambda^3+\lambda^2+\lambda+1=\iota p^{e-1}\ (\mathrm{mod}\ p^e)$, 其中 s_1, s_2, $\iota\in\mathbb{Z}_p$. 在下文证明中, 除特殊说明外, 所有的方程都是在 $\mathbb{Z}_p$ 中考虑的. 因为 $p\mid p^{e-1}$, 所以下述方程在 $\mathbb{Z}_p$ 中也成立:

$$j=\lambda^2+\lambda+1,\ \ell=\lambda^3+\lambda^2+\lambda+1,\ \lambda^4+\lambda^3+\lambda^2+\lambda+1=0,\ \ell^{-1}=-\lambda.$$

由 $s\times$ 式 (3.13) $-t\times$ 式 (3.12) 可得 $s=\ell^{-1}(jt-t^2)=-\lambda(jt-t^2)$, 再由方程 (3.13) 可得

$$\lambda t^3-(\lambda^3+\lambda^2+\lambda)t^2-(\lambda+1)t+(\lambda^3+\lambda^2+\lambda+1)=0.$$

结合 $\lambda^4+\lambda^3+\lambda^2+\lambda+1=0$ 和 $\lambda\neq 0$, 我们有

$$(t-1)(t-\lambda)(t-\lambda^2)=0,$$

即 $t=1$, λ 或 λ^2. 注意到 $j=\lambda^2+\lambda+1$ 和 $s=-\lambda(jt-t^2)$. 因此, $(t,s)=(1,\lambda^4+\lambda+1)$, $(\lambda,\lambda^3+\lambda+1)$ 或 $(\lambda^2,\lambda^2+\lambda+1)$.

因为 $j=\lambda^2+\lambda+1+s_1p^{e-1} \pmod{p^e}$ 和 $\ell=\lambda^3+\lambda^2+\lambda+1+s_2p^{e-1} \pmod{p^e}$, 所以根据方程 (3.10) 和 (3.11), 可得:

$$\begin{cases} (\lambda+s)s_1p^{e-1}=s_2p^{e-1} \pmod{p^e} \\ ts_1p^{e-1}+\lambda s_2p^{e-1}=-(\lambda^4+\lambda^3+\lambda^2+\lambda+1) \pmod{p^e} \end{cases} \tag{3.14}$$

上文中我们已经证明 $(\lambda,p^{e-1})=(1,5)$ 或 $5\mid(p-1)$. 假设 $p^{e-1}=5$. 那么 $p=5$, $e=2$, $(\lambda,s,t)=(1,3,1)$. 由方程 (3.14) 可得 $5s_2=20s_1 \pmod{5^2}$ 和 $5^2s_1+5=0 \pmod{5^2}$, 矛盾. 因此, $5\mid(p-1)$. 再次根据方程 (3.14) 可知, $-(t+\lambda^2+\lambda s)s_1p^{e-1}=\iota p^{e-1} \pmod{p^e}$, 其中 $\iota p^{e-1}=\lambda^4+\lambda^3+\lambda^2+\lambda+1$. 进一步地,

$$\begin{cases} (t+\lambda^2+\lambda s)s_1=-\iota \\ (t+\lambda^2+\lambda s)s_2=-\iota(\lambda+s) \end{cases} \tag{3.15}$$

因为 $(t,s)=(1,\lambda^4+\lambda+1)$, $(\lambda,\lambda^3+\lambda+1)$ 或 $(\lambda^2,\lambda^2+\lambda+1)$, 所以 $t+\lambda^2+\lambda s=2\lambda^2+\lambda+2$, $\lambda^4+2\lambda^2+2\lambda$ 或 $\lambda^3+3\lambda^2+\lambda$; 又因为 $(2\lambda^2+\lambda+2)(\lambda^4+2\lambda^2+2\lambda)=6(\lambda^4+\lambda^3+\lambda^2+\lambda)+1=-5$ 且 $(\lambda^3+3\lambda^2+\lambda)(\lambda^4-2\lambda^3+\lambda^2)=\lambda^4+\lambda^3+\lambda^2+\lambda-4=-5$, 所以 $(t+\lambda^2+\lambda s)^{-1}=-5^{-1}(\lambda^4+2\lambda^2+2\lambda)$, $-5^{-1}(2\lambda^2+\lambda+2)$ 或 $-5^{-1}(\lambda^4-2\lambda^3+\lambda^2)$. 由方程 (3.15) 可得 $(s_1,s_2)=(5^{-1}\iota(\lambda^4+2\lambda^2+2\lambda),5^{-1}\iota(-3\lambda^4+\lambda^3+2\lambda^2))$, $(5^{-1}\iota(2\lambda^2+\lambda+2),5^{-1}\iota(-3\lambda^4+2\lambda^3+\lambda))$ 或 $(5^{-1}\iota(\lambda^4-2\lambda^3+\lambda^2),5^{-1}\iota(-2\lambda^4+\lambda^2+\lambda))$. 进而有

$$\begin{aligned} c&=x^{r^2+r+1}y^{\lambda^2+\lambda+1+5^{-1}(\lambda^4+2\lambda^2+2\lambda)\iota p^{e-1}}z^{\lambda^4+\lambda+1}, \\ d&=x^{r^3+r^2+r+1}y^{\lambda^3+\lambda^2+\lambda+1+5^{-1}(-3\lambda^4+\lambda^3+2\lambda^2)\iota p^{e-1}}z, \end{aligned}$$

或

$$\begin{aligned} c&=x^{r^2+r+1}y^{\lambda^2+\lambda+1+5^{-1}(2\lambda^2+\lambda+2)\iota p^{e-1}}z^{\lambda^3+\lambda+1}, \\ d&=x^{r^3+r^2+r+1}y^{\lambda^3+\lambda^2+\lambda+1+5^{-1}(-3\lambda^4+2\lambda^3+\lambda)\iota p^{e-1}}z^{\lambda}, \end{aligned}$$

或

$$\begin{aligned} c&=x^{r^2+r+1}y^{\lambda^2+\lambda+1+5^{-1}(\lambda^4-2\lambda^3+\lambda^2)\iota p^{e-1}}z^{\lambda^2+\lambda+1}, \\ d&=x^{r^3+r^2+r+1}y^{\lambda^3+\lambda^2+\lambda+1+5^{-1}(-2\lambda^4+\lambda^2+\lambda)\iota p^{e-1}}z^{\lambda^2}. \end{aligned}$$

注意到电压分配 ϕ 是被 (a,b,c,d) 决定的. 所以, $\phi=\phi_1$, ϕ_2 或 ϕ_3, 其中

$$\phi_1=(1,xy,x^{r+1}y^{\lambda+1}z,x^{r^2+r+1}y^{\lambda^2+\lambda+1+5^{-1}(\lambda^4+2\lambda^2+2\lambda)\iota p^{e-1}}z^{\lambda^4+\lambda+1},$$

$$x^{r^3+r^2+r+1}y^{\lambda^3+\lambda^2+\lambda+1+5^{-1}(-3\lambda^4+\lambda^3+2\lambda^2)\iota p^{e-1}}z),$$

$$\phi_2=(1,xy,x^{r+1}y^{\lambda+1}z,x^{r^2+r+1}y^{\lambda^2+\lambda+1+5^{-1}(2\lambda^2+\lambda+2)\iota p^{e-1}}z^{\lambda^3+\lambda+1},$$
$$x^{r^3+r^2+r+1}y^{\lambda^3+\lambda^2+\lambda+1+5^{-1}(-3\lambda^4+2\lambda^3+\lambda)\iota p^{e-1}}z^{\lambda}),$$
$$\phi_3=(1,xy,x^{r+1}y^{\lambda+1}z,x^{r^2+r+1}y^{\lambda^2+\lambda+1+5^{-1}(\lambda^4-2\lambda^3+\lambda^2)\iota p^{e-1}}z^{\lambda^2+\lambda+1},$$
$$x^{r^3+r^2+r+1}y^{\lambda^3+\lambda^2+\lambda+1+5^{-1}(-2\lambda^4+\lambda^2+\lambda)\iota p^{e-1}}z^{\lambda^2}).$$

显然由 $x^5=1\ (\mathrm{mod}\ p^e)$ 可推出 $x^5=1\ (\mathrm{mod}\ p^{e-1})$, 所以存在 $f\in\mathbb{Z}_p$ 使得 $\lambda_1=\lambda+fp^{e-1}$ 是 $\mathbb{Z}_{p^e}^*$ 中的一个 5 阶元. 那么, $\lambda_1^4+\lambda_1^3+\lambda_1^2+\lambda_1+1=0\ (\mathrm{mod}\ p^e)$, 即 $(\lambda+fp^{e-1})^4+(\lambda+fp^{e-1})^3+(\lambda+fp^{e-1})^2+(\lambda+fp^{e-1})+1=(4\lambda^3+3\lambda^2+2\lambda+1)fp^{e-1}+(\lambda^4+\lambda^3+\lambda^2+\lambda+1)=0$. 因此, $\iota p^{e-1}=\lambda^4+\lambda^3+\lambda^2+\lambda+1=-(4\lambda^3+3\lambda^2+2\lambda+1)fp^{e-1}\ (\mathrm{mod}\ p^e)$ 以及

$$\phi_1=(1,xy,x^{r+1}y^{\lambda+1}z,x^{r^2+r+1}y^{\lambda^2+\lambda+1+5^{-1}(\lambda^4+2\lambda^2+2\lambda)\iota p^{e-1}}z^{\lambda^4+\lambda+1},$$
$$x^{r^3+r^2+r+1}y^{\lambda^3+\lambda^2+\lambda+1+5^{-1}(-3\lambda^4+\lambda^3+2\lambda^2)\iota p^{e-1}}z),$$
$$=(1,xy,x^{r+1}y^{\lambda+1}z,x^{r^2+r+1}y^{\lambda^2+\lambda+1}y^{(-\lambda^4+\lambda)fp^{e-1}}z^{\lambda^4+\lambda+1},$$
$$x^{r^3+r^2+r+1}y^{\lambda^3+\lambda^2+\lambda+1}y^{(3\lambda^2+2\lambda)fp^{e-1}}z).$$

设

$$\phi_1'=(1,xy,x^{r+1}y^{\lambda_1+1}z,x^{r^2+r+1}y^{\lambda_1^2+\lambda_1+1}z^{\lambda_1^4+\lambda_1+1},x^{r^3+r^2+r+1}y^{\lambda_1^3+\lambda_1^2+\lambda_1+1}z),$$
$$=(1,xy,x^{r+1}y^{\lambda+1}y^{fp^{e-1}}z,x^{r^2+r+1}y^{\lambda^2+\lambda+1}y^{(2\lambda+1)fp^{e-1}}z^{\lambda^4+\lambda+1},$$
$$x^{r^3+r^2+r+1}y^{\lambda^3+\lambda^2+\lambda+1}y^{(3\lambda^2+2\lambda+1)fp^{e-1}}z),$$

且设 φ 是 K 的由 $x\mapsto x$, $y\mapsto y$ 和 $z\mapsto y^{fp^{e-1}}z$ 诱导出的自同构. 易知 $(\phi_1)^{\varphi}=\phi_1'$, 然后根据命题 3.2.2, 得 $\Gamma=\mathrm{Dip}_5\times_{\phi_1}K\cong\mathrm{Dip}_5\times_{\phi_1'}K$. 所以, 我们可假设 λ 是 $\mathbb{Z}_{p^e}^*$ 中的一个 5 阶元, 进而有

$$\phi_1=(1,xy,x^{r+1}y^{\lambda+1}z,x^{r^2+r+1}y^{\lambda^2+\lambda+1}z^{\lambda^4+\lambda+1},x^{r^3+r^2+r+1}y^{\lambda^3+\lambda^2+\lambda+1}z).$$

类似地, 我们也可假设

$$\phi_2=(1,xy,x^{r+1}y^{\lambda+1}z,x^{r^2+r+1}y^{\lambda^2+\lambda+1}z^{\lambda^3+\lambda+1},x^{r^3+r^2+r+1}y^{\lambda^3+\lambda^2+\lambda+1}z^{\lambda}),$$
$$\phi_3=(1,xy,x^{r+1}y^{\lambda+1}z,x^{r^2+r+1}y^{\lambda^2+\lambda+1}z^{\lambda^2+\lambda+1},x^{r^3+r^2+r+1}y^{\lambda^3+\lambda^2+\lambda+1}z^{\lambda^2}).$$

由表 3.2 可知对于 ϕ_1 (或 ϕ_2, ϕ_3), $\bar{\alpha}$ 可以扩充为 K 的由 $x\mapsto x^r$, $y\mapsto y^{\lambda}z$ 和 $z\mapsto z^{\lambda^4}$ (或 $z\mapsto z^{\lambda^3}$, $z\mapsto z^{\lambda^2}$) 诱导出的自同构. 假设 $\bar{\beta}^2$ 可扩充为 K 的

一个自同构, 记为 $(\beta^2)^*$. 对于 ϕ_1, 由表 3.2 得 $a^{(\beta^2)^*} = (xy)^{(\beta^2)^*} = bc^{-1} = x^{-r^2}y^{-\lambda^2}z^{-\lambda^4-\lambda}$ 和 $b^{(\beta^2)^*} = (x^{r+1}y^{\lambda+1}z)^{(\beta^2)^*} = ac^{-1} = x^{-r^2-r}y^{-\lambda^2-\lambda}z^{-\lambda^4-\lambda-1}$. 因为 $\langle y,z\rangle = \mathbb{Z}_{p^e}\times\mathbb{Z}_p$ 是 K 的特征子群, 所以 $y^{(\beta^2)^*} = y^{-\lambda^2}z^{-\lambda^4-\lambda}$ 以及 $z^{(\beta^2)^*} = y^{\lambda^3-\lambda}z^{\lambda^2}$, 迫使 $\lambda^3-\lambda = 0\ (p^{e-1})$, 即有 $\lambda = 0, 1$ 或 -1. 因为 $\lambda^4+\lambda^3+\lambda^2+\lambda+1 = 0 \pmod{p^{e-1}}$, 所以 $p^{e-1} = 1$ 或 5, 这与 $5 \mid (p-1)$ 矛盾. 因此, 对 ϕ_1 来说 $\bar{\beta}^2$ 不能扩充为 K 的自同构. 类似地, 对 ϕ_2 和 ϕ_3 来说 $\bar{\beta}^2$ 也不能扩充为 K 的自同构. 根据命题 3.2.1, α 提升但是 β^2 不能提升, 再根据命题 3.4.1(1), 可得 $|N_{\mathrm{Aut}(\Gamma)}(K)| = 10|K|$.

设 $\psi : (1, x^iy^jz^k) \mapsto a^ib^jc^k, (2, x^iy^jz^k) \mapsto ha^ib^jc^k$, $i\in\mathbb{Z}_m$, $j\in\mathbb{Z}_{p^e}$, $k\in\mathbb{Z}_p$, 是 $\Gamma = \mathrm{Dip}_5 \times_{\phi_i} K$ 到 $\mathcal{CGD}^i_{mp^e\times p}$ (见例 3.3.9) 的一个映射, 其中 $1 \leqslant i \leqslant 3$. 易知 ψ 是 $\mathrm{Dip}_5 \times_{\phi_i} K$ 到 $\mathcal{CGD}^i_{mp^e\times p}$ 的同构映射. 从而, $\Gamma \cong \mathcal{CGD}^i_{mp^e\times p}$. □

引理 3.4.3　设 $e = 1$, 即 $K \cong \mathbb{Z}_m\times\mathbb{Z}_p\times\mathbb{Z}_p$, 那么下述结论之一成立.

(1) $p = 5$ 或 $5 \mid (p\pm1)$, $\Gamma \cong \mathcal{CGD}^4_{mp\times p}$ (见例 3.3.10). 此外, 当 $m \neq 1$, 5 时, $|N_{\mathrm{Aut}(\Gamma)}(K)| = 10|K|$; 当 $m = 5$ 时, $|N_{\mathrm{Aut}(\Gamma)}(K)| = 20|K|$; 当 $m = 1$ 且 $p \neq 5$ 时, $|N_{\mathrm{Aut}(\Gamma)}(K)| = 20|K|$; 当 $m = 1$ 且 $p = 5$ 时, $|N_{\mathrm{Aut}(\Gamma)}(K)| = 40|K|$.

(2) $5 \mid (p-1)$, $\Gamma \cong \mathcal{CGD}^5_{mp\times p}$ (见例 3.3.11), 且 $|N_{\mathrm{Aut}(\Gamma)}(K)| = 10|K|$.

证明　注意到 $(m,p) = 1$. 由式 (3.5) 可知 $o(a) = mp$, $p \mid o(b)$ 和 $K = \langle a,b\rangle = \langle x,y,z\rangle = \mathbb{Z}_m\times\mathbb{Z}_p\times\mathbb{Z}_p$. 这时, K 有一个自同构把 xy 映到 a, 根据命题 3.2.2, 可假设

$$a = xy.$$

因为 $K = \langle a,b\rangle$, 所以存在 $r+1\in\mathbb{Z}_m$, $\iota,\lambda\in\mathbb{Z}_p$ 和 $\iota\neq 0$ 使得 $b = x^{r+1}y^{\lambda}z^{\iota}$. 进一步地, 因为 K 有一个自同构固定 x, y 且把 z 映到 $y^{\lambda}z^{\iota}$, 再次根据命题 3.2.2, 可令

$$b = x^{r+1}z.$$

设

$$c = x^iy^jz^s,$$
$$d = x^ky^{\ell}z^t,$$

其中 $i,k\in\mathbb{Z}_m$, $j,\ell,s,t\in\mathbb{Z}_p$.

由方程 (3.4) 可得 $a^{\alpha^*} = ba^{-1}$, 即 $(xy)^{\alpha^*} = x^ry^{-1}z$. 因为 $\langle x\rangle$ 和 $\langle y,z\rangle$ 都是 K 的特征子群, 所以有 $x^{\alpha^*} = x^r$ 和 $y^{\alpha^*} = y^{-1}z$. 再次根据方程 (3.4), 因为 $(x^{r+1}z)^{\alpha^*} = b^{\alpha^*} = ca^{-1} = x^{i-1}y^{j-1}z^s$, 所以 $z^{\alpha^*} = (x^{-r-1})^{\alpha^*}\cdot b^{\alpha^*} = x^{-r^2-r-1+i}y^{j-1}z^s$, 从而有 $z^{\alpha^*} = y^{j-1}z^s$ 和

$$-r^2-r-1+i = 0 \pmod m. \tag{3.16}$$

注意到

$$x^{k-1}y^{\ell-1}z^t = da^{-1} = c^{\alpha^*} = (x^iy^jz^s)^{\alpha^*} = (x^r)^i(y^{-1}z)^j(y^{j-1}z^s)^s$$
$$= x^{ri}y^{-j+s(j-1)}z^{j+s^2},$$
$$x^{-1}y^{-1} = a^{-1} = d^{\alpha^*} = (x^ky^\ell z^t)^{\alpha^*} = (x^r)^k(y^{-1}z)^\ell(y^{j-1}z^s)^t = x^{rk}y^{-\ell+(j-1)t}z^{st+\ell}.$$

通过考虑上述方程中 x, y 和 z 的次数, 我们可得方程 (3.17)~(3.22). 除特殊说明外, 下文中所有方程都是在 $\mathbb{Z}_p$ 中进行的.

$$k-1 = ri \pmod m; \tag{3.17}$$

$$\ell - 1 = -j + s(j-1); \tag{3.18}$$

$$t = j + s^2; \tag{3.19}$$

$$-1 = rk \pmod m; \tag{3.20}$$

$$-1 = -\ell + (j-1)t; \tag{3.21}$$

$$0 = st + \ell. \tag{3.22}$$

由方程 (3.16) 可得 $i = r^2 + r + 1 \pmod m$, 再由方程 (3.17) 和 (3.20) 可得 $k = r^3 + r^2 + r + 1 \pmod m$ 和 $r^4 + r^3 + r^2 + r + 1 = 0 \pmod m$. 根据命题 3.3.1, 要么 $(r, m) \in \{(0,1), (1,5)\}$, 要么 r 是 $\mathbb{Z}_m^*$ 中的一个 5 阶元且 $m = 5^t p_1^{e_1} p_2^{e_2} \cdots p_f^{e_f}$, 其中 $t \leqslant 1$, $f \geqslant 1$, $e_\iota \geqslant 1$, p_ι $(1 \leqslant \iota \leqslant f)$ 为满足 $5 \mid (p_\iota - 1)$ 的互不相同的素数.

由方程 (3.19) 可得 $t = j + s^2$, 再由方程 (3.18), (3.21) 和 (3.22) 可得 $\ell = 1 - j + s(j-1)$, $\ell = 1 + (j-1)t = 1 + (j-1)(j+s^2)$ 和 $\ell = -st = -sj - s^3$. 从而,

$$j^2 + (s^2 - s)j - (s^2 - s) = 0; \tag{3.23}$$

$$(2s-1)j + s^3 - s + 1 = 0. \tag{3.24}$$

由方程 (3.23) 可得 $(2s-1)^2j^2 + (2s-1)^2(s^2-s)j - (2s-1)^2(s^2-s) = 0$, 又因为 $(2s-1)j = -(s^3 - s + 1)$, 所以有 $s^6 - 3s^5 + 5s^4 - 5s^3 + 2s - 1 = 0$, 即 $(s^2 - s - 1) \cdot (s^4 - 2s^3 + 4s^2 - 3s + 1) = 0$. 从而, $s^2 - s - 1 = 0$ 或者 $s^4 - 2s^3 + 4s^2 - 3s + 1 = 0$.

情形 1: $s^2 - s - 1 = 0$.

在这种情形下, 我们有 $(2s-1)^2 = 5$, 所以 $s = 2^{-1}(1 + \lambda)$, 其中 $\lambda^2 = 5$. 由引理 3.3.5(1) 知 $(\lambda, p) = (0, 5)$ 或 $5 \mid (p \pm 1)$. 由方程 (3.23) 和 (3.24) 得 $j^2 + j - 1 = 0$ 和 $(2s-1)j + (s+2) = 0$.

对于 $(\lambda,p)=(0,5)$, 根据 $j^2+j-1=0$ 可知 $j=2=-2^{-1}(1+\lambda)$. 对于 $5\mid(p\pm1)$, 有 $\lambda\neq0$, 且因为 $2s-1=\lambda$ 和 $(2s-1)j+(s+2)=0$, 所以 $j=-(2s-1)^{-1}(s+2)=-\lambda^{-1}\cdot2^{-1}(\lambda+5)=-2^{-1}(1+\lambda)$ (注意到 $5=\lambda^2$). 从而, 根据方程 (3.19) 和 (3.22), 我们有 $t=j+s^2=1$ 和 $\ell=-st=-2^{-1}(1+\lambda)$. 上文已经证明 $i=r^2+r+1 \pmod m$ 和 $k=i^3+i^2+i+1 \pmod m$, 所以

$$\begin{aligned}c&=x^{r^2+r+1}y^{-2^{-1}(1+\lambda)}z^{2^{-1}(1+\lambda)},\\ d&=x^{r^3+r^2+r+1}y^{-2^{-1}(1+\lambda)}z.\end{aligned}$$

现在, $\Gamma\cong\mathrm{Dip}_5\times_\phi K$, 其中

$$\phi=(1,xy,x^{r+1}z,x^{r^2+r+1}y^{-2^{-1}(1+\lambda)}z^{2^{-1}(1+\lambda)},x^{r^3+r^2+r+1}y^{-2^{-1}(1+\lambda)}z).$$

设 $\eta:(1,x^iy^jz^k)\mapsto a^ib^jc^k,(2,x^iy^jz^k)\mapsto ha^ib^jz^k,i\in\mathbb{Z}_m,i,k\in\mathbb{Z}_p$, 是 $\mathrm{Dip}_5\times_\phi K$ 到凯莱图 $\mathcal{CGD}^4_{mp\times p}$ (见例 3.3.10) 的一个映射. 易知 η 是 $\mathrm{Dip}_5\times_\phi K$ 到 $\mathcal{CGD}^4_{mp\times p}$ 的一个同构映射, 从而 $\Gamma\cong\mathcal{CGD}^4_{mp\times p}$.

根据表 3.2, 易知 $\bar{\alpha}$ 可扩充为 K 的一个由 $x\mapsto x^r$, $y\mapsto y^{-1}z$ 和 $z\mapsto y^{-2^{-1}(3+\lambda)}z^{2^{-1}(1+\lambda)}$ 诱导出的自同构. 假定 $\bar{\beta}^2$ 可以诱导出 K 的一个自同构, 记为 $(\beta^2)^*$. 根据表 3.2, 我们可得

$$\begin{aligned}a^{(\beta^2)^*}&=(xy)^{(\beta^2)^*}=bc^{-1}=x^{-r^2}y^{2^{-1}(\lambda+1)}z^{2^{-1}(1-\lambda)},\\ b^{(\beta^2)^*}&=(x^{r+1}z)^{(\beta^2)^*}=ac^{-1}=x^{-r^2-r}y^{2^{-1}(3+\lambda)}z^{-2^{-1}(1+\lambda)}.\end{aligned}$$

注意到 $\langle x\rangle$ 和 $\langle y,z\rangle$ 都是 K 的特征子群, 所以有 $x^{(\beta^2)^*}=x^{-r^2}$ 和 $(x^{r+1})^{(\beta^2)^*}=x^{-r^2-r}$. 从而, $x^{-r^2-r}=(x^{-r^2})^{r+1}=x^{-r^3-r^2} \pmod m$ 和 $r^2+r=r^3+r^2 \pmod m$. 因此, $r^3=r \pmod m$ 和 $r^4=r\cdot r^3=r^2 \pmod m$. 因为 $r^4+r^3+r^2+r+1=0 \pmod m$, 所以 $2r^2+2r+1=0$ 以及 $2r=2r^3=2r^2\cdot r=(-2r-1)\cdot r=-2r^2-r=r+1$, 这迫使 $r=1 \pmod m$ 和 $5=0 \pmod m$, 即 $m=5$ 或 1. 这也说明如果 $m\neq1,5$, 那么 $\bar{\beta}^2$ 不能扩充为 K 的自同构, 即 β^2 不能提升 (见命题 3.2.1), 然后根据命题 3.4.1 (1), 得 $|N_{\mathrm{Aut}(\Gamma)}(K)|=10|K|$.

设 $m=5$ 或 1, 那么 $r=1$ 或 0. 根据表 2.1, $\bar{\beta}^2$ 可扩充为 K 的一个由 $x\mapsto x^{-1}$, $y\mapsto y^{2^{-1}(1+\lambda)}z^{2^{-1}(1-\lambda)}$ 和 $z\mapsto y^{2^{-1}(3+\lambda)}z^{-2^{-1}(1+\lambda)}$ 诱导出的自同构. 上文中我们证明了 $\lambda^2=5$. 对于 $m=5$, 或 $m=1$ 且 $p\neq5$, 我们有 $5\mid(p\pm1)$, 且 $\bar{\beta}$ 和 $\bar{\delta}$ 都不能扩充为 K 的自同构 (否则, 由表 2.1 可分别得 $5=\lambda^2=25$ 或 9, 即 $p=5$ 或 2, 矛盾). 因此, 根据命题 3.4.1(2), $|N_{\mathrm{Aut}(\Gamma)}(K)|=20|K|$. 对于 $m=1$ 且 $p=5$, 由表 2.1 知 $\bar{\beta}$ 可扩充为 K 的由 $x\mapsto x$, $y\mapsto yz^3$ 和 $z\mapsto y^{-1}$ 诱导出的自同构,

$\bar{\delta}$ 不可以扩充为 K 的自同构 (否则, 可得 $\lambda^2=9$ 和 $p=2$, 矛盾). 因此, 根据命题 3.4.1(3), $|N_{\mathrm{Aut}(\Gamma)}(K)|=40|K|$.

情形 2: $s^4-2s^3+4s^2-3s+1=0$.

由情形 1, 我们不妨假设 $s^2-s-1\neq 0$. 如果 $p=5$, 那么由 $s^4-2s^3+4s^2-3s+1=0$ 可推出 $s=3$, 进而 $s^2-s-1=0$, 矛盾. 因此, $p\neq 5$.

设 t 是 $x^4-2x^3+4x^2-3x+1=0$ 的一个根. 易知 $2t-1$ 是方程 $x^4+10x^2+5=0$ 的一个根. 反之, 如果 λ 是方程 $x^4+10x^2+5=0$ 的根, 那么 $2^{-1}(1+\lambda)$ 是方程 $x^4-2x^3+4x^2-3x+1=0$ 的根. 因为 $s^4-2s^3+4s^2-3s+1=0$, 所以 $s=2^{-1}(1+\lambda)$, 其中 $\lambda^4+10\lambda^2+5=0$. 因为 $p\neq 5$ 是一个奇素数, 所以由引理 3.3.5 (2) 可知 $5\mid(p-1)$. 特别地, $\lambda\neq 0,\ \pm 1$.

因为 $s^4-2s^3+4s^2-3s+1=0$, 所以 $(2s-1)(8s^3-12s^2+26s-11)=-5$; 又因为 $p\neq 5$, 所以 $(2s-1)^{-1}=-5^{-1}(8s^3-12s^2+26s-11)$. 注意到 $s^4=2s^3-4s^2+3s-1$, 所以 $s^5=-5s^2+5s-2$, $s^6=-5s^3+5s^2-2s$. 由方程 (3.24) 可得

$$\begin{aligned} j&=-(2s-1)^{-1}(s^3-s+1)=5^{-1}(8s^3-12s^2+26s-11)(s^3-s+1)\\ &=s^3-2s^2+3s-1=8^{-1}(\lambda^3-\lambda^2+7\lambda+1), \end{aligned}$$

再由方程 (3.19) 和 (3.22) 可得

$$\begin{aligned} t&=j+s^2=s^3-s^2+3s-1=8^{-1}(\lambda^3+\lambda^2+11\lambda+3),\\ \ell&=-st=-s^3+s^2-2s+1=-8^{-1}(\lambda^3+\lambda^2+7\lambda-1). \end{aligned}$$

因此,

$$\begin{aligned} \phi=(&1,xy,x^{r+1}z,x^{r^2+r+1}y^{8^{-1}(\lambda^3-\lambda^2+7\lambda+1)}z^{2^{-1}(1+\lambda)},\\ &x^{r^3+r^2+r+1}y^{-8^{-1}(\lambda^3+\lambda^2+7\lambda-1)}z^{8^{-1}(\lambda^3+\lambda^2+11\lambda+3)}). \end{aligned}$$

设 $\eta:(1,x^iy^jz^k)\mapsto a^ib^jc^k,(2,x^iy^jz^k)\mapsto ha^ib^jz^k,i\in\mathbb{Z}_m,i,k\in\mathbb{Z}_p$, 是 $\mathrm{Dip}_5\times_\phi K$ 到凯莱图 $\mathcal{CGD}^5_{mp\times p}$ (见例 3.3.11) 的一个映射. 可知 η 是 $\mathrm{Dip}_5\times_\phi K$ 到 $\mathcal{CGD}^5_{mp\times p}$ 的一个同构映射, 从而 $\Gamma\cong\mathcal{CGD}^5_{mp\times p}$.

上文中我们证明了 $\lambda\neq 0,\ \pm 1$, $\lambda^4=-10\lambda^2-5$, $\lambda^5=-10\lambda^3-5\lambda$ 和 $\lambda^6=95\lambda^2+50$. 根据表 2.1, 易证 $\bar{\alpha}$ 可以扩充为 K 的由 $x\mapsto x^r$, $y\mapsto y^{-1}z$ 和 $z\mapsto y^{-8^{-1}(\lambda^3-\lambda^2+7\lambda-7)}z^{2^{-1}(1+\lambda)}$ 诱导出的自同构. 假设 $\bar{\beta}^2$ 可以扩充为 K 的一个自同构, 将其记为 $(\bar{\beta}^2)^*$. 根据表 3.2, 我们有

$$\begin{aligned} a^{(\bar{\beta}^2)^*}&=(xy)^{(\bar{\beta}^2)^*}=bc^{-1}=x^{-r^2}y^{-8^{-1}(\lambda^3-\lambda^2+7\lambda+1)}z^{2^{-1}(1-\lambda)},\\ b^{(\bar{\beta}^2)^*}&=(x^{r+1}z)^{(\bar{\beta}^2)^*}=ac^{-1}=x^{-r^2-r}y^{-8^{-1}(\lambda^3-\lambda^2+7\lambda-7)}z^{-2^{-1}(1+\lambda)}. \end{aligned}$$

注意到 $\langle x\rangle$ 和 $\langle y,z\rangle$ 都是 K 的特征子群. 因此, 我们有

$$
\begin{aligned}
y^{(\bar{\beta^2})^*} &= y^{-8^{-1}(\lambda^3-\lambda^2+7\lambda+1)}z^{2^{-1}(1-\lambda)},\\
z^{(\bar{\beta^2})^*} &= y^{-8^{-1}(\lambda^3-\lambda^2+7\lambda-7)}z^{-2^{-1}(1+\lambda)}.
\end{aligned}
$$

因为 $c^{(\bar{\beta^2})^*}=c^{-1}$, 所以

$$
\begin{aligned}
\left(y^{8^{-1}(\lambda^3-\lambda^2+7\lambda+1)}z^{2^{-1}(1+\lambda)}\right)^{(\bar{\beta^2})^*} &= y^{-8^{-1}(\lambda^3-3\lambda^2+3\lambda-9)}z^{8^{-1}(\lambda^3-\lambda^2-\lambda+1)}\\
&= y^{-8^{-1}(\lambda^3-\lambda^2+7\lambda+1)}z^{-2^{-1}(1+\lambda)}.
\end{aligned}
$$

通过考虑上述方程中 z 的次数, 可得 $8^{-1}(\lambda^3-\lambda^2-\lambda+1)=-2^{-1}(1+\lambda)$, 进而 $\lambda^3-\lambda^2+3\lambda+5=0$. 因此, $\lambda^3=\lambda^2-3\lambda-5$ 以及 $\lambda^4=\lambda\cdot\lambda^3=-2\lambda^2-8\lambda-5$. 因为 $\lambda^4=-10\lambda^2-5$, 所以 $8(\lambda^2-\lambda)=0$; 又因为 p 是一个奇素数, 所以 $\lambda=0$ 或 1, 矛盾. 从而, $\bar{\beta^2}$ 不能扩充为 K 的自同构. 根据命题 3.2.1, α 提升但 β^2 不能提升, 再根据命题 3.4.1 (1), 我们有 $|N_{\mathrm{Aut}(\Gamma)}(K)|=10|K|$. □

3.5 Dip$_5$ 的非交换的弧传递 K-覆盖: $|K|=p^3$

本节中, 我们继续考虑 Dip$_5$ 的弧传递覆盖, 它们是两类非交换的弧传递 K-覆盖, 其中 K 是如下两类 p^3 阶非交换群:

$$
\begin{aligned}
&G_1(p)=\langle x,y\mid x^p=y^p=z^p=[x,z]=[y,z]=1,z=[x,y]\rangle;\\
&G_2(p)=\langle x,y\mid x^{p^2}=y^p=1,[x,y]=x^p\rangle.
\end{aligned}
$$

作为应用, 我们将在 3.6 节给出 $2p^3$ 阶五度连通对称图的完全分类, 并决定它们的全自同构群.

设 $\Gamma=\mathrm{Dip}_5\times_\phi K$ 是 Dip$_5$ 的一个连通的弧传递的 K-覆盖, $\mathcal{P}:\Gamma\mapsto\mathrm{Dip}_5$ 为相应的覆盖射影, 其中 $K\cong G_1(p)$ 或 $G_2(p)$. 类似于 3.4 节, 我们标记 Dip$_5$ 沿顶点 u 的 5 条弧分别为 a_1, a_2, a_3, a_4 和 a_5, 见图 3.2. 令弧 a_1 为 Dip$_5$ 的一个生成树 T, 并且我们可以假设 Γ 是 T-可约化的, 即 $\phi(a_1)=1$. 设 $\phi(a_2)=a$, $\phi(a_3)=b$, $\phi(a_4)=c$ 和 $\phi(a_5)=d$. 由 Γ 的连通性可知 $K=\langle a,b,c,d\rangle$.

我们把 Dip$_5$ 的自同构群看作 Dip$_5$ 弧集上的一个置换群. 设

$$
\begin{aligned}
&\alpha=(a_1\ a_2\ a_3\ a_4\ a_5)(a_1^{-1}\ a_2^{-1}\ a_3^{-1}\ a_4^{-1}\ a_5^{-1}),\\
&\beta=(a_1\ a_2\ a_4\ a_3)(a_1^{-1}\ a_2^{-1}\ a_4^{-1}\ a_3^{-1}),\\
&\delta=(a_1\ a_2\ a_3)(a_1^{-1}\ a_2^{-1}\ a_3^{-1}),
\end{aligned}
$$

$$\gamma_1 = (a_1\ a_1^{-1})(a_2\ a_2^{-1})(a_3\ a_3^{-1})(a_4\ a_4^{-1})(a_5\ a_5^{-1}),$$
$$\gamma_2 = \gamma_1\beta = (a_1\ a_2^{-1}\ a_4\ a_3^{-1})(a_2\ a_4^{-1}\ a_3\ a_1^{-1})(a_5\ a_5^{-1}),$$
$$\gamma_3 = \gamma_1\beta^2 = (a_1\ a_4^{-1})(a_2\ a_3^{-1})(a_3\ a_2^{-1})(a_4\ a_1^{-1})(a_5\ a_5^{-1}).$$

易知 α, β, δ, γ_1, γ_2, $\gamma_3 \in \mathrm{Aut}(\mathrm{Dip}_5)$, 且 $\mathrm{Aut}(\mathrm{Dip}_5) = \langle\alpha,\beta,\delta,\gamma_1\rangle \cong S_5 \times \mathbb{Z}_2$, 其中 S_5 固定顶点 u 和 v. Dip_5 中有 4 个从顶点 u 出发的基本闭途, 分别为 $C_1 = a_2a_1^{-1}$, $C_2 = a_3a_1^{-1}$, $C_3 = a_4a_1^{-1}$ 和 $C_4 = a_5a_1^{-1}$, 它们全都是 Dip_5 的基本圈. 所有这些圈以及它们的电压值被列在表 3.3 中, 其中 $\phi(C_i)$ $(1 \leqslant i \leqslant 4)$ 表示圈 C_i 上的电压值.

表 3.3　基本圈及其在 α, β, β^2, δ, γ_1, γ_2 和 γ_3 下像的电压值

C_i	$\phi(C_i)$	C_i^α	$\phi(C_i^\alpha)$	C_i^β	$\phi(C_i^\beta)$	$C_i^{\beta^2}$	$\phi(C_i^{\beta^2})$	C_i^δ	$\phi(C_i^\delta)$
C_1	a	$a_3a_2^{-1}$	ba^{-1}	$a_4a_2^{-1}$	ca^{-1}	$a_3a_4^{-1}$	bc^{-1}	$a_3a_2^{-1}$	ba^{-1}
C_2	b	$a_4a_2^{-1}$	ca^{-1}	$a_1a_2^{-1}$	a^{-1}	$a_2a_4^{-1}$	ac^{-1}	$a_1a_2^{-1}$	a^{-1}
C_3	c	$a_5a_2^{-1}$	da^{-1}	$a_3a_2^{-1}$	ba^{-1}	$a_1a_4^{-1}$	c^{-1}	$a_4a_2^{-1}$	ca^{-1}
C_4	d	$a_1a_2^{-1}$	a^{-1}	$a_5a_2^{-1}$	da^{-1}	$a_5a_4^{-1}$	dc^{-1}	$a_5a_2^{-1}$	da^{-1}
C_i	$\phi(C_i)$	$C_i^{\gamma_1}$	$\phi(C_i^{\gamma_1})$	$C_i^{\gamma_2}$	$\phi(C_i^{\gamma_2})$	$C_i^{\gamma_3}$	$\phi(C_i^{\gamma_3})$		
C_1	a	$a_2^{-1}a_1$	a^{-1}	$a_4^{-1}a_2$	$c^{-1}a$	$a_3^{-1}a_4$	$b^{-1}c$		
C_2	b	$a_3^{-1}a_1$	b^{-1}	$a_1^{-1}a_2$	a	$a_2^{-1}a_4$	$a^{-1}c$		
C_3	c	$a_4^{-1}a_1$	c^{-1}	$a_3^{-1}a_2$	$b^{-1}a$	$a_1^{-1}a_4$	c		
C_4	d	$a_5^{-1}a_1$	d^{-1}	$a_5^{-1}a_2$	$d^{-1}a$	$a_5^{-1}a_4$	$d^{-1}c$		

引理 3.5.1　*设 M 是 $\mathrm{Aut}(\mathrm{Dip}_5)$ 中可沿 $\mathcal{P}$ 提升的极小弧传递子群. 那么, M 在 $\mathrm{Aut}(\mathrm{Dip}_5)$ 中与 $\langle\alpha,\gamma_1\rangle$, $\langle\alpha,\gamma_2\rangle$ 或 $\langle\alpha,\gamma_3\rangle$ 共轭.*

证明　由 M 的弧传递性可知 $10 \mid |M|$. 设 M^* 是 M 中固定 u 和 v 的最大子群. 那么 $|M : M^*| = 2$ 且 $5 \mid |M^*|$. 因为 $A := \mathrm{Aut}(\mathrm{Dip}_5) = \langle\alpha,\beta,\delta,\gamma_1\rangle \cong S_5 \times \mathbb{Z}_2$ 的 Sylow 5-子群阶为 5, 所以我们不妨假设 $\alpha \in M^* \leqslant M$. 为了证明引理成立, 我们只需要证明 $M = \langle\alpha,\gamma_1\rangle$, $\langle\alpha,\gamma_2\rangle$ 或 $\langle\alpha,\gamma_3\rangle$ 即可.

假设 M 不可解. 易知 A 有唯一的一个不可解单子群, 即 $A_5 = \langle\alpha,\delta\rangle$. 由 M 的不可解性可知 $A_5 \leqslant M$. 注意到 A_5 固定点 u 和 v. 因为 $\mathbb{Z}_2 \times \mathbb{Z}_2 \cong A/A_5 = \langle\gamma_1A_5, \beta A_5\rangle$, 由 M 的极小性和弧传递性可知 $M = \langle A_5,\gamma_1\rangle = A_5 \times \langle\gamma_1\rangle$ 或 $M = \langle A_5,\gamma_1\beta\rangle = \langle A_5,\gamma_2\rangle \cong S_5$. 这两种情形都不可能发生, 因为前者中包含了一个弧传递子群 $\langle\alpha\rangle \times \langle\gamma_1\rangle$, 而且 $\alpha^{\gamma_2} = \alpha^2$, 后者中也包含了一个弧传递子群 $\langle\alpha,\gamma_2\rangle \cong \mathbb{Z}_5 \rtimes \mathbb{Z}_4$. 因此, M 是可解群. 又因为 $|M : M^*| = 2$, 所以 M^* 也是可解群.

显然, M^* 在 Dip_5 的边集合上可诱导出一个传递的忠实作用. 这说明子群 $\langle\alpha\rangle$ 是 M^* 唯一的极小正规子群, 从而 $M \leqslant N_A(\langle\alpha\rangle)$. 因为 $A = \langle\alpha,\beta,\delta,\gamma_1\rangle \cong S_5 \times$

$\mathbb{Z}_2$, 所以 $|N_A(\langle\alpha\rangle)| = 40$, 且易知 $N_A(\langle\alpha\rangle) = \langle\alpha, \gamma_1, \beta\rangle$. 进一步地, $N_A(\langle\alpha\rangle)/\langle\alpha\rangle = \langle\gamma_1\langle\alpha\rangle\rangle \times \langle\beta\langle\alpha\rangle\rangle \cong \mathbb{Z}_2 \times \mathbb{Z}_4$. 由 M 的传递性和极小性可知 $M/\langle\alpha\rangle = \langle\gamma_1\beta^i\langle\alpha\rangle\rangle$, 即 $M = \langle\alpha, \gamma_1\rangle$, $\langle\alpha, \gamma_2\rangle$ 或 $\langle\alpha, \gamma_3\rangle$. □

定义 Dip_5 的 4 个基本圈上的电压值集合到 K 的映射 $\bar{\alpha}$ 为

$$\phi(C_i)^{\bar{\alpha}} = \phi(C_i^{\alpha}),\ 1 \leqslant i \leqslant 4.$$

类似地, 我们也可以定义 $\bar{\beta}$, $\bar{\beta^2}$, $\bar{\delta}$, $\bar{\gamma_1}$, $\bar{\gamma_2}$ 和 $\bar{\gamma_3}$. 由引理 3.5.1 可知 α 提升, γ_1, γ_2 和 γ_3 之一提升.

记 α^* 为 α 的一个提升. 类似地, 如果 β, β^2, δ, γ_1, γ_2 或 γ_3 提升, 我们也可以分别定义 β^*, $(\beta^2)^*$, δ^*, γ_1^*, γ_2^* 和 γ_3^*. 设 $A = \mathrm{Aut}(\Gamma)$, F 是保簇自同构群. 则 $F = N_A(K)$. 因为 $\Gamma = \mathrm{Dip}_5 \times_{\phi} K$ 是 Dip_5 的一个连通的弧传递的 K-覆盖, 所以 Γ 是 F-弧传递的, 从而射影 L 在 Dip_5 上也是弧传递的. 因为 $F/K \cong L$, 所以 L 是 Dip_5 的沿 $\mathcal{P}$ 提升的最大弧传递子群. 令 L^* 为 L 中固定 u 和 v 的最大子群. 那么, $L^* \leqslant S_5$. 根据命题 3.4.1 可知, $|L^*| = 5$ 当且仅当 $\beta^2 \notin L^*$, $|L^*| = 10$ 当且仅当 $\beta^2 \in L^*$, $\beta \notin L^*$ 且 $\delta \notin L^*$.

由表 3.3 可得

$$\begin{aligned} a^{\alpha^*} &= ba^{-1}, \\ b^{\alpha^*} &= ca^{-1}, \\ c^{\alpha^*} &= da^{-1}, \\ d^{\alpha^*} &= a^{-1}. \end{aligned} \tag{3.25}$$

如果 $o(a) = 1$, 那么 $o(b) = o(c) = o(d) = 1$, 从而 $K = \langle a, b, c, d\rangle = 1$, 矛盾. 因此, $o(a) \neq 1$. 因为 $d^{\alpha^*} = a^{-1}$, 所以 $o(a) = o(d)$. 同样地, 可得 $o(b) \neq 1$, $o(c) \neq 1$. 此外, $b \notin \langle a\rangle$. 否则, 存在某个正整数 k 使得 $b = a^k$. 由方程 (3.25) 可知

$$ca^{-1} = b^{\alpha^*} = (a^k)^{\alpha^*} = (ba^{-1})^k \in \langle a\rangle$$

以及

$$da^{-1} = c^{\alpha^*} \in \langle a\rangle,$$

从而 $c \in \langle a\rangle$ 和 $d \in \langle a\rangle$. 因此, $K = \langle a\rangle$, 这与 $K \cong G_1(p)$ 或 $G_2(p)$ 矛盾. 因此, $|\langle a, b\rangle| = p^2$ 或 p^3.

假设 $|\langle a, b\rangle| = p^2$. 那么, $[a, b] = 1$. 因为 $b \notin \langle a\rangle$ 以及 $a^{\alpha^*} = ba^{-1}$, 所以 $o(d) = o(a) = o(b) = p$. 因为 $\langle a, d\rangle^{\alpha^*} = \langle ba^{-1}, a^{-1}\rangle = \langle a, b\rangle$ 以及 $\langle c, d\rangle^{\alpha^*} = \langle da^{-1}, a^{-1}\rangle = \langle d, a\rangle$, 所以 $|\langle a, d\rangle| = |\langle c, d\rangle| = p^2$. 从而, $[a, d] = [c, d] = 1$. 如果 $|\langle a, c\rangle| = p^3$, 那么 $d \in Z(K)$. 所以, $[b, d] = 1$. 又因为 $\langle b, d\rangle^{\alpha^*} = \langle ca^{-1}, a^{-1}\rangle = \langle a, c\rangle$, 所以 $[a, c] = 1$, 与 K 是非交换群矛盾. 因此, $|\langle a, c\rangle| \leqslant p^2$ 且 $[a, c] = 1$. 这意味着 $a \in$

$Z(K)$. 根据方程 (3.25), $[a,c]=[a,b]=1$ 可推出 $[b,d]=[b,c]=1$; $[b,c]=1$ 可推出 $[c,d]=1$. 从而, K 是交换群, 矛盾. 因此, $|\langle a,b\rangle|=p^3$ 且 $K=\langle a,b\rangle$. 于是, 我们得出引理 3.5.2.

引理 3.5.2 $o(a)=o(d)\neq 1$, $o(b)\neq 1$, $o(c)\neq 1$ 且 $K=\langle a,b\rangle$.

下面, 我们分类 Dip_5 的连通的弧传递的 $G_1(p)$-覆盖和 $G_2(p)$-覆盖.

引理 3.5.3 设 p 是一个奇素数, Γ 是 Dip_5 的一个连通的弧传递的 K-覆盖, 其中 $K=G_1(p)=\langle x,y \mid x^p=y^p=z^p=[x,z]=[y,z]=1,[x,y]=z\rangle$. 则下述结论之一成立.

(1) $\Gamma\cong\mathcal{CGD}_{5^3}$, $\mathrm{Aut}(\Gamma)\cong\mathrm{Dih}(\mathbb{Z}_p^3)\rtimes S_5$;

(2) $\Gamma\cong\mathcal{CN}_{2p^3}^1$, $5\mid(p\pm 1)$, $\mathrm{Aut}(\mathcal{CN}_{2p^3}^1)\cong(G_1(p)\rtimes\mathbb{Z}_2)\rtimes D_5$;

(3) $\Gamma\cong\mathcal{CN}_{2p^3}^2$, $5\mid(p-1)$, $\mathrm{Aut}(\mathcal{CN}_{2p^3}^2)\cong(G_1(p)\rtimes\mathbb{Z}_2)\rtimes\mathbb{Z}_5$.

证明 由引理 3.5.2 可知 $K=\langle a,b\rangle$ 且 $o(a)=o(b)=p$. 设 $A=\mathrm{Aut}(\Gamma)$.

因为 $[x,y]=z\in Z(K)$, 所以对任意的正整数 i, j, k, 有

$$y^jx^i=z^{-ij}x^iy^j,$$

$$(x^iy^j)^k=x^{ik}y^{jk}z^{-2^{-1}ijk(k-1)},$$

其中 2^{-1} 是 2 在 $\mathbb{Z}_p^*$ 中的逆. 注意到 $\langle[a,b]\rangle=K'=Z(K)$, 且 a, b, $[a,b]$ 之间的关系与 x, y, z 之间的关系相同. 这说明映射 $a\mapsto x, b\mapsto y$ 可诱导出 K 的一个自同构. 因此, 可假设

$$a=x,\ b=y,\ c=x^iy^jz^k,\ d=x^my^nz^\ell,$$

其中 i, j, k, m, n, $\ell\in\mathbb{Z}_p$. 由方程 (3.25) 可得

$$\begin{aligned}x^{\alpha^*}&=a^{\alpha^*}=ba^{-1}=x^{-1}yz,\\ y^{\alpha^*}&=b^{\alpha^*}=ca^{-1}=x^{i-1}y^jz^{k+j},\\ z^{\alpha^*}&=[x,y]^{\alpha^*}=z^{1-i-j}.\end{aligned}$$

注意到

$$\begin{aligned}x^{m-1}y^nz^{\ell+n}&=da^{-1}=c^{\alpha^*}=(x^iy^jz^k)^{\alpha^*}=(x^{-1}yz)^i(x^{i-1}y^jz^{k+j})^j(z^{1-i-j})^k,\\ x^{-1}&=a^{-1}=d^{\alpha^*}=(x^my^nz^\ell)^{\alpha^*}=(x^{-1}yz)^m(x^{i-1}y^jz^{k+j})^n(z^{1-i-j})^\ell.\end{aligned}$$

因此, 我们有

$$x^{m-1}y^nz^{\ell+n}=x^{-i+(i-1)j}y^{i+j^2}z^{(k+j)j+k(1-i-j)+i-ij(i-1)+2^{-1}i(i-1)-2^{-1}j^2(i-1)(j-1)},$$

$$x^{-1}=x^{-m+n(i-1)}y^{m+nj}z^{(k+j)n+\ell(1-i-j)+m-nm(i-1)+2^{-1}m(m-1)-2^{-1}jn(i-1)(n-1)}.$$

通过考虑上述方程中 x, y 和 z 的次数, 可得下述方程:

$$-i+(i-1)j=m-1; \tag{3.26}$$

$$i+j^2=n; \tag{3.27}$$

$$-m+n(i-1)=-1; \tag{3.28}$$

$$m+nj=0; \tag{3.29}$$

$$k(1-i)+j^2+i-ij(i-1)+2^{-1}i(i-1)-2^{-1}j^2(i-1)(j-1)=\ell+n; \tag{3.30}$$

$$(k+j)n+\ell(1-i-j)+m+2^{-1}m(m-1)-2^{-1}n(i-1)(jn-j+2m)=0. \tag{3.31}$$

上述方程以及下文证明中出现的所有方程, 都是在 $\mathbb{Z}_p$ 中进行的, 为了表述方便我们在描述所有方程时, 均省略了符号 “mod p”.

由方程 (3.26) 和 (3.27) 可得 $m=-i+(i-1)j+1$ 以及 $n=i+j^2$; 由方程 (3.28) 和 (3.29) 可得

$$i^2+(j^2-j)i-(j^2-j)=0, \tag{3.32}$$

$$(2j-1)i+(j^3-j+1)=0. \tag{3.33}$$

根据方程 (3.32), 我们有 $(2j-1)^2i^2+(2j-1)^2(j^2-j)i-(2j-1)^2(j^2-j)=0$. 因为 $(2j-1)i=-j^3+j-1$, 所以 $j^6-3j^5+5j^4-5j^3+2j-1=0$, 即 $(j^2-j-1)\cdot(j^4-2j^3+4j^2-3j+1)=0$. 于是, $j^2-j-1=0$ 或 $j^4-2j^3+4j^2-3j+1=0$.

情形 1: $j^2-j-1=0$.

在这种情形中, 我们有 $(2j-1)^2=5$, 进而 $j=2^{-1}(1+\lambda)$, 其中 $\lambda^2=5$. 根据引理 3.3.5 (1), 我们有 $5\mid(p\pm1)$ 或者 $(\lambda,p)=(0,5)$. 由方程 (3.32) 和 (3.33) 可得 $i^2+i-1=0$ 及 $(2j-1)i+(j+2)=0$.

假定 $p=5$. 易知 $(i,j,m,n)=(2,3,2,1)$, 再由方程 (3.30) 可得 $k+\ell=1$. 利用 MAGMA[45] 计算可知: 对于 $k=0$ 或 4, Γ 不是弧传递的; 对于 $k=1,2$ 或 3, Γ 同构于 $\mathcal{CGD}_{5^3}$. 根据例 3.3.7, 我们有 $A\cong \mathrm{Dih}(\mathbb{Z}_p^3)\rtimes S_5$.

下面, 我们假定 $p\neq5$. 那么由 $(2j-1)i+(j+2)=0$ 可推出 $i=-2^{-1}(1+\lambda)$. 根据方程 (3.26) 和 (3.27), 我们有 $m=-2^{-1}(1+\lambda)$ 以及 $n=1$; 再根据方程 (3.30) 和 (3.31), 可推出 $(3+\lambda)k-(3+\lambda)=2\ell$ 以及 $k+\ell=2^{-1}(2+\lambda)$. 这说明 $k=4^{-1}(3+\lambda)$ 以及 $\ell=4^{-1}(1+\lambda)$. 因此,

$$a=x,\ b=y,\ c=x^{-2^{-1}(1+\lambda)}y^{2^{-1}(1+\lambda)}z^{4^{-1}(3+\lambda)},\ d=x^{-2^{-1}(1+\lambda)}yz^{4^{-1}(1+\lambda)}.$$

注意到方程 $x^2=5$ 在 $\mathbb{Z}_p$ 中恰好有两个根, 记为 $\pm\lambda$. 因此, 电压分配 ϕ 为

$$\phi_1=(x,y,x^{-2^{-1}(1+\lambda)}y^{2^{-1}(1+\lambda)}z^{4^{-1}(3+\lambda)},x^{-2^{-1}(1+\lambda)}yz^{4^{-1}(1+\lambda)});$$
$$\phi_2=(x,y,x^{-2^{-1}(1-\lambda)}y^{2^{-1}(1-\lambda)}z^{4^{-1}(3-\lambda)},x^{-2^{-1}(1-\lambda)}yz^{4^{-1}(1-\lambda)}).$$

现在, 我们证明 $\mathrm{Dip}_5\times_{\phi_1}K\cong\mathrm{Dip}_5\times_{\phi_2}K$. 易知, 映射

$$x\mapsto x^{-2^{-1}(3-\lambda)}y^{2^{-1}(1-\lambda)}z^{4^{-1}(5-3\lambda)},\ y\mapsto x^{-1},\ z\mapsto z^{2^{-1}(1-\lambda)}$$

可诱导出 K 的一个自同构, 记为 η, 且对于任意的 $1\leqslant i\leqslant 4$ 都有 $(\phi_1(C_i))^\eta=\phi_2(C_i^\beta)$. 根据命题 3.2.2, $\mathrm{Dip}_5\times_{\phi_1}K\cong\mathrm{Dip}_5\times_{\phi_2}K$. 进一步地, 设

$$\psi:(1,x^iy^jz^k)\mapsto(a^ib^jc^k)^{-1},(2,x^iy^jz^k)\mapsto(a^ib^jc^kd)^{-1},i,\ j,\ k\in\mathbb{Z}_p,$$

是 $\Gamma=\mathrm{Dip}_5\times_\phi K$ 到凯莱图 $\mathcal{CN}_{2p^3}^1$ (见例 3.3.3) 的一个映射. 易验证 ψ 是 $\Gamma=\mathrm{Dip}_5\times_{\phi_1}K$ 到 $\mathcal{CN}_{2p^3}^1$ 的一个同构映射. 因此, $\Gamma\cong\mathcal{CN}_{2p^3}^1$ 且与 λ 的取值无关.

由表 3.3 可知 $\bar{\alpha}$ 可扩充为 K 的由

$$x\mapsto x^{-1}yz,\ y\mapsto x^{-2^{-1}(3+\lambda)}y^{2^{-1}(1+\lambda)}z^{4^{-1}(3\lambda+5)},\ z\mapsto z$$

诱导出的自同构, $\bar{\beta}^2$ 可扩充为 K 的由

$$x\mapsto x^{2^{-1}(1+\lambda)}y^{2^{-1}(1-\lambda)}z^{4^{-1}(1-\lambda)},\ y\mapsto x^{2^{-1}(3+\lambda)}y^{-2^{-1}(1+\lambda)}z^{4^{-1}(3+\lambda)},\ z\mapsto z^{-1}$$

诱导出的自同构, 而 $\bar{\beta}$ 和 $\bar{\delta}$ 不能扩充为 K 的自同构. 而且, $\bar{\gamma_1}$ 可扩充为 K 的一个由

$$x\mapsto x^{-1},\ y\mapsto y^{-1},\ z\mapsto z$$

诱导出的自同构. 因此, $|L^*|=10$, 进而 $|N_A(K)|=20p^3$. 根据命题 3.2.6 可知: 当 $p>11$ 且 $5\mid(p\pm1)$ 时有 $|A|=20p^3$; 当 $p=11$ 时, 通过 MAGMA[45] 计算也可得 $|A|=20p^3$. 因此, 由例 3.3.3 得 $A\cong(G_1(p)\rtimes\mathbb{Z}_2)\rtimes D_5$.

情形 2: $j^4-2j^3+4j^2-3j+1=0$.

根据引理 3.4.3 证明过程中的情形 2, 此时 $5\mid(p-1)$, $j=2^{-1}(1+r)$, 其中 $r^4+10r^2+5=0$. 因为 $j^4-2j^3+4j^2-3j+1=0$ 且 $p\neq5$, 所以 $j\neq1$ 并且 $(2j-1)(8j^3-12j^2+26j-11)=-5$. 于是,

$$(2j-1)^{-1}=-5^{-1}(8j^3-12j^2+26j-11).$$

因为 $j^4=2j^3-4j^2+3j-1$, 所以

$$j^5=-5j^2+5j-2,\ j^6=-5j^3+5j^2-2j.$$

由方程 (3.33) 可得

$$i=-(2j-1)^{-1}(j^3-j+1)=5^{-1}(8j^3-12j^2+26j-11)(j^3-j+1)=j^3-2j^2+3j-1;$$

由方程 (3.27) 和 (3.29) 可得

$$n=j^3-j^2+3j-1,\ m=-j^3+j^2-2j+1.$$

假设 γ_2 提升. 根据命题 3.2.1, $\bar{\gamma_2}$ 可扩充为 K 的一个自同构, 记为 γ_2^*; 再根据表 3.3,

$$x^{\gamma_2^*}=a^{\gamma_2^*}=c^{-1}a=x^{1-i}y^{-j}z^{j(1-i)-k},$$
$$y^{\gamma_2^*}=b^{\gamma_2^*}=a=x.$$

因此,

$$z^{\gamma_2^*}=[x,y]^{\gamma_2^*}=z^j.$$

因为

$$xy^{-1}z=b^{-1}a=c^{\gamma_2^*}=(x^iy^jz^k)^{\gamma_2^*}=(x^{1-i}y^{-j}z^{j(1-i)-k})^ix^j(z^j)^k,$$

所以

$$xy^{-1}z=x^{i(1-i)+j}y^{-ij}z^t,$$

其中 $t\in\mathbb{Z}_p$. 通过考虑上述方程中 y 的次数, 可得 $-1=-ij=-(j^3-2j^2+3j-1)j$, 即

$$j^4-2j^3+3j^2-j-1=0.$$

又因为 $j^4-2j^3+4j^2-3j+1=0$, 所以

$$j^2=2j-2,\quad j^3=2j-4,\quad j^4=-4.$$

从而, $j=3$. 又因为 $j^2=2j-2$, 所以 $9=4$, 矛盾.

假设 γ_3 提升. 则 $\bar{\gamma_3}$ 可被扩充为 K 的一个自同构, 记为 γ_3^*. 由表 3.3 可得

$$x^{\gamma_3^*}=a^{\gamma_3^*}=b^{-1}c=x^iy^{j-1}z^{k+i},$$
$$y^{\gamma_3^*}=b^{\gamma_3^*}=a^{-1}c=x^{i-1}y^jz^k.$$

因此,

$$z^{\gamma_3^*}=[x,y]^{\gamma_3^*}=z^{i+j-1}.$$

因为

$$c = c^{\gamma_3^*} = (x^i y^j z^k)^{\gamma_3^*} = (x^i y^{j-1} z^{k+i})^i (x^{i-1} y^j z^k)^j (z^{i+j-1})^k,$$

所以

$$x^i y^j z^k = x^{i^2+j(i-1)} y^{i(j-1)+j^2} z^s,$$

其中 $s \in \mathbb{Z}_p$. 通过考虑上述方程中 y 的次数, 得 $j = i(j-1)+j^2$, 即 $(j-1)(j+i) = 0$. 因为 $i = j^3 - 2j^2 + 3j - 1$ 且 $j \neq 1$, 所以 $0 = j + ij + j^3 - 2j^2 + 3j - 1$. 这可推出

$$j^3 = 2j^2 - 4j + 1, \quad j^4 = -7j + 2.$$

因为 $j^4 - 2j^3 + 4j^2 - 3j + 1 = 0$, 所以 $j = 1/2$ 以及 $5 = 0$, 矛盾.

由引理 3.5.1 可知 γ_1 提升. 则 $\bar{\gamma_1}$ 可扩充为 K 的一个自同构 γ_1^*. 由表 3.3 得

$$x^{\gamma_1^*} = a^{\gamma_1^*} = a^{-1} = x^{-1},$$

$$y^{\gamma_1^*} = b^{\gamma_1^*} = b^{-1} = y^{-1}.$$

因此,

$$z^{\gamma_1^*} = [x, y]^{\gamma_1^*} = z.$$

注意到

$$x^{-i} y^{-j} z^{-k-ij} = c^{-1} = c^{\gamma_1^*} = (x^i y^j z^k)^{\gamma_1^*} = x^{-i} y^{-j} z^k,$$
$$x^{-m} y^{-n} z^{-\ell-mn} = d^{-1} = d^{\gamma_1^*} = (x^m y^n z^\ell)^{\gamma_1^*} = x^{-m} y^{-n} z^\ell.$$

通过考虑上述方程中 z 的次数, 得 $k = -k - ij$ 和 $\ell = -\ell - mn$. 上文已经证明 $j^4 = 2j^3 - 4j^2 + 3j - 1$, $j^5 = -5j^2 + 5j - 2$ 以及 $j^6 = -5j^3 + 5j^2 - 2j$. 因此,

$$k = 2^{-1}(j^2 - 2j + 1), \quad \ell = 2^{-1}(-j^2 + j - 1),$$

其中 2^{-1} 为 2 在 $\mathbb{Z}_p^*$ 中的逆. 现在, 我们有

$$c = x^{j^3-2j^2+3j-1} y^j z^{2^{-1}(j^2-2j+1)},$$
$$d = x^{-j^3+j^2-2j+1} y^{j^3-j^2+3j-1} z^{2^{-1}(-j^2+j-1)}.$$

所以,

$$\phi = (x, y, x^{j^3-2j^2+3j-1} y^j z^{2^{-1}(j^2-2j+1)}, x^{-j^3+j^2-2j+1} y^{j^3-j^2+3j-1} z^{2^{-1}(-j^2+j-1)}),$$

即

$$(x, y, x^{8^{-1}(r^3-r^2+7r+1)}y^{2^{-1}(r+1)}z^{8^{-1}(r-1)^2},$$
$$x^{-8^{-1}(r^3+r^2+7r-1)}y^{8^{-1}(r^3+r^2+11r+3)}z^{-8^{-1}(r^2+3)}).$$

易证

$$\psi : (1, x^i y^j z^k) \mapsto (a^i b^j c^k)^{-1},\ (2, x^i y^j z^k) \mapsto (a^i b^j c^k d)^{-1},\ i, j, k \in \mathbb{Z}_p$$

是 $\Gamma = \mathrm{Dip} \times_\phi K$ 到 $\mathcal{CN}^2_{2p^3}$ (见例 3.3.4) 的一个同构映射. 所以, $\Gamma \cong \mathcal{CN}^2_{2p^3}$. 根据引理 3.3.2 可知 Γ 与 r 的取值无关.

由表 3.3 可知 $\bar{\alpha}$ 可以扩充为 K 的一个由

$$x \mapsto x^{-1}yz,\ y \mapsto x^{8^{-1}(r^3-r^2+7r-7)}y^{2^{-1}(r+1)}z^{8^{-1}(r^2+2r+5)},\ z \mapsto z^{-8^{-1}(r^3-r^2+11r-3)}$$

诱导出的自同构, 而 $\bar{\beta}^2$ 不能扩充为 K 的自同构. 此外, $\bar{\gamma}_1$ 可扩充为 K 的由

$$x \mapsto x^{-1},\ y \mapsto y^{-1},\ z \mapsto z$$

诱导出的自同构. 因此, $|L^*| = 5$, $|N_A(K)| = 10p^3$. 当 $p > 11$ 且 $5 \mid (p-1)$ 时, 由命题 3.2.6 得 $|\mathrm{Aut}(\Gamma)| = 10p^3$; 当 $p = 11$ 时, 通过 MAGMA[45] 计算亦可得 $|\mathrm{Aut}(\Gamma)| = 10p^3$. 根据例 3.3.4, 我们有 $A \cong (G_1(p) \rtimes \mathbb{Z}_2) \rtimes \mathbb{Z}_5$. □

引理 3.5.4　*设 p 是一个奇素数. 则不存在 Dip_5 的连通的弧传递的 $G_2(p)$-覆盖, 其中 $G_2(p) = \langle x, y \mid x^{p^2} = y^p = 1, [x, y] = x^p\rangle$.*

证明　假设 $\Gamma = \mathrm{Dip}_5 \times_\phi K$ 是 Dip_5 的一个连通的弧传递的 K-覆盖, 其中 $K = G_2(p)$. 由引理 3.5.2 可知 $K = \langle a, b\rangle$.

易知 $\langle x^p\rangle = K' = Z(K)$. 因为 $[x, y] = x^p \in Z(K)$, 所以对于任意的正整数 i, j, k, 都有

$$y^j x^i = x^{-ijp} x^i y^j,$$
$$(x^i y^j)^k = x^{ik} y^{jk} x^{-2^{-1}ijk(k-1)p}.$$

进一步地, $\langle x^p, y\rangle$ 包含了 K 的所有的 p 阶元且 $\langle x^p, y\rangle \cong \mathbb{Z}_p^2$.

假设 $o(a) = o(d) = p$, 即 a, $d \in \langle x^p, y\rangle \cong \mathbb{Z}_p^2$. 根据引理 3.5.2 可知, 因为 $c^{\alpha^*} = da^{-1}$ 以及 $b^{\alpha^*} = ca^{-1}$, 所以 $o(c) = o(b) = p$, 这与 K 不能由两个 p 阶元生成矛盾. 因此, $o(a) = p^2$.

易知 $[x^i y^j, x^{rp} y^k] = [x^i, y^k] = x^{ikp} = (x^i y^j)^{kp}$, 从而 $(x^i y^j)^{x^{rp} y^k} = (x^i y^j)^{1+kp}$. 这意味着 K 的每个自同构都可以写成如下形式:

$$x \mapsto x^i y^j,\ y \mapsto x^{rp} y,\ i \in \mathbb{Z}^*_{p^2},\ j,\ r \in \mathbb{Z}_p.$$

另外, 因为 x^iy^j 和 $x^{rp}y$ 与 x 和 y 具有相同的关系, 所以上述映射确实可以诱导出 K 的一个自同构. 进一步地, 我们可假设

$$a = x,\ b = x^iy^j,\ c = x^my^n,\ d = x^ky^\ell.$$

因为 $K = G_2(p) = \langle a, b\rangle$, 所以 $j \neq 0$, 否则 $K = \langle x, x^i\rangle = \langle x\rangle$. 由方程 (3.25) 可得

$$a^{\alpha^*} = x^{\alpha^*} = ba^{-1} = x^{i-1+jp}y^j.$$

假设 $y^{\alpha^*} = x^{sp}y$, 其中 $s \in \mathbb{Z}_p$.

因为 $o(a) = p^2$, 所以 $Z(K) = \langle a^p\rangle$. 再次根据方程 (3.25), 我们有 $ca^{-1} = b^{\alpha^*} = (x^iy^j)^{\alpha^*}$, 即

$$x^{m-1+np}y^n = (x^{i-1+jp}y^j)^i(x^{sp}y)^j = x^{i(i-1)+ijp-2^{-1}(i-1)ji(i-1)p+jsp}y^{ij+j}.$$

类似地, 因为 $da^{-1} = c^{\alpha^*} = (x^my^n)^{\alpha^*}$ 和 $a^{-1} = d^{\alpha^*} = (x^ky^\ell)^{\alpha^*}$, 所以

$$x^{k-1+\ell p}y^\ell = (x^{i-1+jp}y^j)^m(x^{sp}y)^n = x^{m(i-1)+mjp-2^{-1}(i-1)jm(m-1)p+nsp}y^{mj+n};$$

$$x^{-1} = (x^{i-1+jp}y^j)^k(x^{sp}y)^\ell = x^{k(i-1)+kjp-2^{-1}(i-1)jk(k-1)p+\ell sp}y^{kj+\ell}.$$

通过考虑上述方程中 x 和 y 的次数, 我们有方程 (3.34)~(3.39). 在下文证明中出现的所有方程, 除非特殊说明外, 都是在 $\mathbb{Z}_p$ 中进行的.

$$i(i-1) + ijp - 2^{-1}(i-1)ji(i-1)p + jsp = m - 1 + np \pmod{p^2}; \tag{3.34}$$

$$ij + j = n; \tag{3.35}$$

$$mi - m + mjp - 2^{-1}(ij - j)(m^2 - m)p + nsp = k - 1 + \ell p \pmod{p^2}; \tag{3.36}$$

$$mj + n = \ell; \tag{3.37}$$

$$k(i-1) + kjp - 2^{-1}(i-1)jk(k-1)p + \ell sp = -1 \pmod{p^2}; \tag{3.38}$$

$$kj + \ell = 0. \tag{3.39}$$

由方程 (3.34) 和 (3.36) 可得

$$m = i^2 - i + 1,\ k = m(i-1) + 1 = i^3 - 2i^2 + 2i;$$

再由方程 (3.38) 可得

$$(i^3 - 2i^2 + 2i)(i-1) + 1 = i^4 - 3i^3 + 4i^2 - 2i + 1 = 0.$$

分别由方程 (3.35)、(3.37) 和 (3.39) 推出

$$n=(i+1)j,$$
$$\ell=(i^2+2)j,$$
$$(i^3-i^2+2i+2)j=0.$$

因为 $j\neq 0$, 所以 $i^3-i^2+2i+2=0$; 又因为 $i^4-3i^3+4i^2-2i+1=0$, 所以 $5=0$. 这说明 $p=5$ 且 $i=2$. 于是, $m=3$, $k=4$, $n=3j$ 以及 $\ell=j$.

假定, $i=2+\ell_1 p \pmod{p^2}$, $m=3+\ell_2 p \pmod{p^2}$ 和 $k=4+\ell_3 p \pmod{p^2}$. 根据方程 (3.34)、(3.36) 和 (3.38), 我们有

$$\ell_2 p=3\ell_1 p+jsp-2jp \pmod{p^2}, \tag{3.40}$$

$$\ell_3 p=\ell_2 p+3\ell_1 p+3jsp-jp \pmod{p^2}, \tag{3.41}$$

$$\ell_3 p+4\ell_1 p=2jp-jsp-5 \pmod{p^2}. \tag{3.42}$$

由方程 (3.40) 和 (3.41) 推出 $\ell_3 p=6\ell_1 p+4jsp-3jp \pmod{p^2}$; 再由方程 (3.42) 推出 $10\ell_1 p+5jsp-5jp=-5 \pmod{p^2}$. 因为 $p=5$, 所以 $0=-5 \pmod{5^2}$, 矛盾.□

众所周知, 在同构的意义下, p^3 阶群有五类, 其中三类为交换群, 即

$$\mathbb{Z}_{p^3},\ \mathbb{Z}_p^3,\ \mathbb{Z}_{p^2}\times\mathbb{Z}_p,\ G_1(p),\ G_2(p).$$

Dip_5 的弧传递的 $\mathbb{Z}_p^3$-覆盖在文献 [108] 中被完全决定, $\mathbb{Z}_{p^3}$-覆盖和 $\mathbb{Z}_{p^2}\times\mathbb{Z}_p$-覆盖在本书引理 3.4.1 和引理 3.4.2 中被决定. 结合本节引理 3.5.3 和 3.5.4, 我们可得 Dip_5 的弧传递的 K-覆盖的完全分类, 其中 $|K|=p^3$.

定理 3.5.1　设 p 是素数, Γ 是 Dip_5 的连通弧传递的 K-覆盖, 其中 $|K|=p^3$. 那么, $\Gamma\cong\mathcal{CD}_{p^3}$, $\mathcal{CGD}_{p^3}$, $\mathcal{CGD}^i_{p^2\times p}$ $(1\leqslant i\leqslant 3)$, $\mathcal{CN}^1_{2p^3}$ 或 $\mathcal{CN}^2_{2p^3}$.

3.6　二倍素数方幂阶五度对称图

本节主要介绍与 $2p^n$ 阶五度对称图分类有关的工作, 其中 p 是素数, n 是正整数. Cheng 和 Oxley 在文献 [78] 中给出了二倍素数阶连通对称图的完全分类, 由此可得如下定理.

定理 3.6.1　设 Γ 是一个连通的 $2p$ 阶五度对称图, 其中 p 是素数. 那么, $p=3$, 5 或 $5\mid(p-1)$, $\Gamma\cong K_6$, 即 6 阶完全图或 $\mathcal{CD}_p$. 特别地, $\mathrm{Aut}(K_6)\cong S_6$, $\mathrm{Aut}(\mathcal{CD}_5)\cong(S_5\times S_5)\rtimes\mathbb{Z}_2$, $\mathrm{Aut}(\mathcal{CD}_{11})\cong\mathrm{PGL}(2,11)$ 以及 $\mathrm{Aut}(\mathcal{CD}_p)\cong D_p\rtimes\mathbb{Z}_5$ $(p\geqslant 31)$.

定理 3.6.1 中提到的图 $\mathcal{CD}_p$ 见例 3.3.5, 其中 $\mathcal{CD}_5 \cong K_{5,5}$, 即 10 阶完全二部图.

设 Γ 是一个对称图, $N \trianglelefteq \mathrm{Aut}(\Gamma)$. 如果 Γ 和商图 Γ_N 的度数相同, 则称图 Γ 为 Γ_N 的*正规覆盖*, Γ_N 为 Γ 的一个*正规商*. 这时, N 作用在 $V(\Gamma)$ 上半正则. 冯衍全等人在文献 [108] 中给出了 $2p^n$ 阶五度对称图的刻画, 其中 $n \geqslant 2$, 并给出了 $2p^2$ 阶五度对称图的完全分类. 下述两个定理中涉及的图请见 3.3.3 节.

定理 3.6.2 设 Γ 是一个连通的 $2p^n$ 阶五度对称图, 其中 p 是素数, $n \geqslant 2$ 是整数. 那么 Γ 是图 K_6, FQ_4, $\mathcal{CD}_p$ ($p=5$ 或 $5 \mid (p-1)$), $\mathcal{CGD}^1_{p^2}$ ($p=5$ 或 $5 \mid (p-1)$), $\mathcal{CGD}^2_{p^2}$ ($5 \mid (p \pm 1)$), $\mathcal{CGD}_{p^3}$ ($p=5$ 或 $5 \mid (p-1)$), 或 $\mathcal{CGD}_{p^4}$ 的正规覆盖.

定理 3.6.3 设 Γ 是一个连通的 $2p^2$ 阶五度对称图, 其中 p 是素数. 那么 $\Gamma \cong \mathcal{CD}_{p^2}$ ($5 \mid (p-1)$), $\mathcal{CGD}^1_{p^2}$ ($p=5$ 或 $5 \mid (p-1)$) 或 $\mathcal{CGD}^2_{p^2}$ ($5 \mid (p \pm 1)$).

下文讨论 $2p^3$ 阶五度对称图的分类. 设 Γ 是一个 $2p^3$ 阶连通五度对称图. 根据命题 3.2.6, 当 $p > 11$ 时, Γ 是 Dip_5 的一个弧传递 K-覆盖, 其中 K 是一个 p^3 阶群. 下面证明当 $3 \leqslant p \leqslant 11$ 时, Γ 也是 Dip_5 的弧传递 K-覆盖, 只是这时 $\mathrm{Aut}(\Gamma)$ 的 Sylow p-子群有可能不正规.

引理 3.6.1 设 p 是一个奇素数, Γ 是一个 $2p^3$ 阶连通五度对称图. 则 Γ 是 Dip_5 的弧传递 K-覆盖, 其中覆盖变换群 K 的阶为 p^3.

证明 设 $A = \mathrm{Aut}(\Gamma)$. 首先断言 A 有一个正规的半正则子群, 阶为 p^3 或 p^2.

设 N 是 A 的一个极小正规子群. 由命题 3.2.5 得 $N \cong \mathbb{Z}_p^m$, 其中 m 是一个正整数. 因为 $N \lhd A$, 所以 $N_v \lhd A_v$, $v \in V(\Gamma)$, 进而有 $N_v = 1$ 或 $5 \mid |N_v|$. 对于后一种情形, N 在 $V(\Gamma)$ 上至少有两个轨道.

假设 $5 \mid |N_v|$. 那么 $p = 5$ 且 N_v 作用在顶点 v 的邻域上是传递的. 设 v_1 是 v 的一个邻点. 因为 N 至少有两个轨道, 所以包含 v 和 v_1 的轨道 v^N 和 v_1^N 不同; 又因为 N 是交换群, 所以 N_v 固定 v^N 中的每个顶点, 且 N_v 在 v_1^N 上每个轨道的长都为 5. 于是, Γ 包含一个子图同构于 $K_{5,5}$. 由 Γ 的连通性可知 $\Gamma \cong K_{5,5}$, 这与 $|\Gamma| = 2p^3$ 矛盾.

现在, 我们有 $N_v = 1$, 即 N 是半正则子群. 从而, $m = 1$, 2 或 3. 对于 $m = 2$ 或 3, 断言成立. 令 $m = 1$. 则根据命题 3.2.3, Γ_N 是一个 $2p^2$ 阶连通的五度 A/N-弧传递图. 设 M/N 是 A/N 的一个极小正规子群. 类似于上段中的证明, 可证 M/N 是 A/N 的一个 p 阶或 p^2 阶半正则子群. 因此, M 是 A 的正规的半正则子群, 阶为 p^2 或 p^3. 断言得证.

设 A 有一个 p^3 阶正规的半正则子群, 记为 K. 那么 $\Gamma_K \cong \mathrm{Dip}_5$, 此时引理得证. 根据上述断言, 我们不妨假定 A 有一个 p^2 阶正规的半正则子群, 将

其记为 M. 根据命题 3.2.3 可知, Γ_M 是一个 $2p$ 阶连通的五度 A/M-弧传递图. 如果 A/M 有一个 p 阶正规的半正则子群, 记为 P/M, 则 P 是 A 的一个 p^3 阶正规的半正则子群, 引理得证. 因此, 根据命题 3.6.1, 我们可假设 $p=3$, $\Gamma_M\cong K_6$, 或 $p=5$, $\Gamma_M\cong K_{5,5}$, 或 $p=11$, $\Gamma_M\cong \mathcal{CD}_{11}$, 其中 $\mathrm{Aut}(K_6)\cong S_6$, $\mathrm{Aut}(K_{5,5})\cong(S_5\times S_5)\rtimes\mathbb{Z}_2$ 以及 $\mathrm{Aut}(\mathcal{CD}_{11})\cong \mathrm{PGL}(2,11)$.

为了证明引理成立, 我们只需要得到一个矛盾或者证明 A 有一个 p^3 阶的半正则子群 K 满足 $M\leqslant K$ 且 Γ 是 $N_A(K)$-弧传递的.

首先, 令 $p=3$ 和 $\Gamma_M\cong K_6$. 那么 $\mathrm{Aut}(\Gamma_M)\cong S_6$. 注意到作用在 K_6 上的弧传递的置换群都是 2-传递的, 且根据文献 [48] 的第 4 页, S_6 的每个极小 2-传递子群都与 A_5 同构. 因为 A/M 作用在 $\Gamma_M\cong K_6$ 上弧传递, 所以 A/M 包含一个弧传递子群 B/M 使得 $B/M\cong A_5$. 其中, B 的 Sylow 3-子群的阶为 3^3 且 B 作用在 Γ 上弧传递. 设 $C=C_B(M)$. 因为 $M\cong\mathbb{Z}_3^2$ 或 $\mathbb{Z}_{3^2}$ 是交换群, 所以有 $M\leqslant C$ 以及 $C/M\lhd B/M\cong A_5$. 因此, $C=M$ 或 $C=B$. 对于前者, $A_5\cong B/M=B/C\lesssim \mathrm{Aut}(M)\cong \mathrm{GL}(2,3)$ 或 $\mathbb{Z}_6$, 矛盾. 对于后者, $M\leqslant Z(B)$. 由 $B/M\cong A_5$ 可推出 $(B/M)'=B'M/M=B/M$, 即 $B=B'M$. 如果 $M\leqslant B'$, 那么 $B=B'$, 即 B 是 A_5 的一个覆盖群, 这与 $\mathrm{Mult}(A_5)\cong\mathbb{Z}_2$ 矛盾. 因此, $M\nleqslant B'$. 因为 B 的每个 Sylow 3-子群都包含 M 且阶为 3^3, 所以 B' 的 Sylow 3-子群的阶要么为 3, 要么为 3^2. 从而, B' 作用在 $V(\Gamma)$ 上至少有 3 个轨道. 由命题 3.2.3 可知, B' 半正则, 从而 $|B'|\mid 2\cdot 3^3$, 即 B' 可解. 因为 B/B' 是交换群, 所以 B 是可解群, 矛盾.

其次, 令 $p=5$, $\Gamma_M\cong K_{5,5}$. 则 $\mathrm{Aut}(K_{5,5})\cong(S_5\times S_5)\rtimes\mathbb{Z}_2$. 通过 MAGMA[45] 计算可知 $\mathrm{Aut}(K_{5,5})$ 的每个极小弧传递子群都同构于 $\mathbb{Z}_5^2\rtimes\mathbb{Z}_2$, $\mathbb{Z}_5^2\rtimes\mathbb{Z}_4$ 或 $\mathbb{Z}_5^2\rtimes\mathbb{Z}_8$. 取 A/M 的一个极小弧传递子群 B/M. 那么, $B/M\cong\mathbb{Z}_5^2\rtimes\mathbb{Z}_2$, $\mathbb{Z}_5^2\rtimes\mathbb{Z}_4$ 或 $\mathbb{Z}_5^2\rtimes\mathbb{Z}_8$. 设 P 是 B 的一个 Sylow 5-子群. 则有 $|P|=5^4$ 且 $P\lhd B$. 因为 $M\cong\mathbb{Z}_{5^2}$ 或 $\mathbb{Z}_5^2$, 所以 $\mathrm{Aut}(M)$ 的 Sylow 5-子群同构于 $\mathbb{Z}_5$; 又因为 $B/C_B(M)\leqslant\mathrm{Aut}(M)$, 所以 $5^3\mid |C_B(M)|$.

假设 $5^4\nmid |C_B(M)|$. 那么, $C_B(M)$ 有一个正规的 Sylow 5-子群阶为 5^3, 记为 P_1. 因为 $|M|=5^2$ 且 $|P_1|=5^3$, 所以 $M\leqslant Z(P_1)$ 且 P_1 是交换群. 如果 P_1 不半正则, 那么类似于第三段的证明可得 $\Gamma\cong K_{5,5}$, 矛盾. 因此, P_1 是半正则子群. 又因为 P_1 是 $C_B(M)$ 的特征子群, 所以 $P_1\lhd B$. 取 $K=P_1$. 则有 $B=N_B(K)$ 且 Γ 是 $N_B(K)$-弧传递的, 得证.

假设 $5^4\mid |C_B(M)|$. 因为 $P\lhd B$, 所以 P 也是 $C_B(M)$ 的一个 Sylow 5-子群. 显然, $M\leqslant Z(P)$ 且 P 作用在 Γ 上边传递但不点传递. 设 $\{u,w\}$ 是 Γ 的一条边. 根据 P 的边传递性以及 Γ 的连通性, 我们可得 $P=\langle P_u,P_w\rangle=\langle a,b\rangle$, 其中 $P_u=\langle a\rangle$,

$P_w = \langle b \rangle$ 以及 $o(a) = o(b) = 5$. 因为 P/M 是交换群, 所以 $P' \leqslant M \leqslant Z(P)$, 从而 $c = [a,b] \in Z(P)$. 这说明对于任意的正整数 i, j, 都有 $a^ib^j = b^ja^ic^{ij}$. 取 $i=5$ 和 $j=1$, 则有 $c^5=1$. 因此 $P = \langle a,b \rangle = \{a^ib^jc^k \mid i,j,k \in \mathbb{Z}_5\}$ 的阶最多为 5^3, 矛盾.

最后, 令 $p=11$, $\Gamma_M \cong \mathcal{CD}_{11}$. 那么, $\mathrm{Aut}(\mathcal{CD}_{11}) \cong \mathrm{PGL}(2,11)$. 设 L/M 是 A/M 的一个极小弧传递子群, K 是 L 的一个 Sylow p-子群. 则有 $M \leqslant K \leqslant L$, 而且 L 作用在 Γ 上弧传递. 进一步地, K 是一个 11^3 阶的半正则子群. 注意到 $10 \cdot 11 \mid |L/M|$, 且在 $\mathrm{PGL}(2,11)$ 中, 阶被 $10 \cdot 11$ 整除的极大子群同构于 $\mathrm{PSL}(2,11)$ 或 $\mathbb{Z}_{11} \rtimes \mathbb{Z}_{10}$. 因为 $\mathrm{PSL}(2,11)$ 作用在 $V(\Gamma_M)$ 上不传递, 所以由 L/M 的极小性可推得 $L/M \cong \mathbb{Z}_{11} \rtimes \mathbb{Z}_{10}$. 于是, $K \lhd L$ 而且 Γ 是 $N_A(K)$-弧传递的, 得证. □

根据引理 3.6.1, 当 p 是奇素数时, $2p^3$ 阶连通的五度对称图都是 Dip_5 的弧传递的 K-覆盖, 其中 K 是 p^3 阶群. 而 Dip_5 的弧传递的 K-覆盖已经被分类, 见定理 3.5.1. 于是, 我们可得 $2p^3$ 阶连通五度对称图的完全分类.

定理 3.6.4 设 Γ 是一个 $2p^3$ 阶连通的五度对称图, 其中 p 是一个素数. 则 Γ 同构于表 3.4 中的某个图.

表 3.4 $2p^3$ 阶连通五度对称图

Γ	$\mathrm{Aut}(\Gamma)$	p 满足的条件	注
FQ_4	$\mathbb{Z}_2^4 \rtimes S_5$	$p=2$	例 3.3.1
$\mathcal{CD}_{p^3}$	$D_{p^3} \rtimes \mathbb{Z}_5$	$5 \mid (p-1)$	例 3.3.5
$\mathcal{CGD}_{p^3}$	$\mathrm{Dih}(\mathbb{Z}_p^3) \rtimes S_5$	$p=5$	例 3.3.7
	$\mathrm{Dih}(\mathbb{Z}_p^3) \rtimes \mathbb{Z}_5$	$5 \mid (p-1)$	
$\mathcal{CGD}^i_{p^2 \times p}$ $(i=1,2,3)$	$\mathrm{Dih}(\mathbb{Z}_p^2 \times \mathbb{Z}_p) \rtimes \mathbb{Z}_5$	$5 \mid (p-1)$	例 3.3.9
$\mathcal{CN}^1_{2p^3}$	$(G_1(p) \rtimes \mathbb{Z}_2) \rtimes D_5$	$5 \mid (p \pm 1)$	例 3.3.3
$\mathcal{CN}^2_{2p^3}$	$(G_1(p) \rtimes \mathbb{Z}_2) \rtimes \mathbb{Z}_5$	$5 \mid (p-1)$	例 3.3.4

证明 当 $p=2$ 时, $|V(\Gamma)|=16$ 且由例 3.3.1 知 $\Gamma \cong FQ_4$. 当 $p \geqslant 3$ 时, 根据引理 3.6.1, Γ 是 Dip_5 的一个弧传递的 K-覆盖, 其中 K 是一个 p^3 阶群, 从而根据定理 3.5.1, 定理得证. □

3.7 二倍素数阶连通五度对称图的弧传递循环覆盖

3.7.1 分类定理

本节中, 我们给出了 $2p$ 阶连通五度对称图的弧传递 $\mathbb{Z}_n$-覆盖的完全分类, 其中 $n \geqslant 2$ 是一个正整数, p 是一个素数. 记 $K_{6,6}-6K_2$ 为 12 阶的完全二部图去掉一个完美匹配, $\mathbf{I}_{12}$ 为正二十面体. 潘江敏等人在文献 [101] 中给出了完全图 K_6 的边传递循环覆盖的分类, 根据文献 [101] 的第 40 页第 20 行可知, 这种覆盖图的阶为 12, 然后再根据文献 [106] 的定理 4.1 可知, 覆盖图同构于 $K_{6,6}-6K_2$ 或 $\mathbf{I}_{12}$. 定理 3.7.1 给出了 $2p$ 阶连通五度对称图的弧传递 $\mathbb{Z}_n$-覆盖的完全分类, 其中无限类图的定义可见例 3.3.5、3.3.9~3.3.11.

定理 3.7.1　设 Γ 是一个 $2p$ 阶连通的五度对称图, $\widetilde{\Gamma}$ 是 Γ 的一个连通的弧传递 $\mathbb{Z}_n$-覆盖, 其中 p 是一个素数, $n\geqslant 2$. 那么, $\widetilde{\Gamma}\cong K_{6,6}-6K_2$, $\mathbf{I}_{12}$, $\mathcal{CD}_{np}$, 或 $\mathcal{CGD}^i_{mp^e\times p}$, 其中 $1\leqslant i\leqslant 5$, $n=mp^e$, $(m,p)=1$ 以及 $e\geqslant 1$.

证明　由定理 3.6.1 可知 $\Gamma\cong K_6$ (此时 $p=3$), 或 $K_{5,5}$ (此时 $p=5$), 或 $\mathcal{CD}_p$ (此时 $5\mid(p-1)$). 如果 $\Gamma\cong K_6$, 那么根据文献 [101] 中的定理 1.1 (也可见文献 [21] 中定理 3.6 的证明过程), 我们有 $\widetilde{\Gamma}\cong K_{6,6}-6K_2$ 或 $\mathbf{I}_{12}$. 下文始终假定 $p\geqslant 5$.

设 $K=\mathbb{Z}_n$, $F=N_{\mathrm{Aut}(\widetilde{\Gamma})}(K)$. 因为 $\widetilde{\Gamma}$ 是 Γ 的一个弧传递的 K-覆盖, 所以 F 作用在 $\widetilde{\Gamma}$ 上是弧传递的, F/K 作用在 $\widetilde{\Gamma}_K=\Gamma$ 上也是弧传递的. 令 B/K 为 F/K 的一个极小弧传递子群. 对于 $p>11$, 由定理 3.6.1 可得 $B/K\cong D_p\rtimes\mathbb{Z}_5$; 对于 $p=11$ 或 5, 通过 MAGMA[45] 可分别得 $B/K\cong D_{11}\rtimes\mathbb{Z}_5$ 或者 $B/K\cong\mathbb{Z}_5^2\rtimes\mathbb{Z}_2$, $\mathbb{Z}_5^2\rtimes\mathbb{Z}_4$ 或 $\mathbb{Z}_5^2\rtimes\mathbb{Z}_8$. 此外, B/K 的每个极小正规子群同构于 $\mathbb{Z}_p$ 或者 $\mathbb{Z}_5^2$, 特别地, 对于后者有 $p=5$ 且 $B/K\cong\mathbb{Z}_5^2\rtimes\mathbb{Z}_8$. 显然, B 作用在 $\widetilde{\Gamma}$ 上弧传递且 B/K 是非交换群.

设 $C=C_B(K)$. 因为 K 是交换群, 所以 $K\leqslant Z(C)\leqslant C$, 其中 $Z(C)$ 是 C 的中心. 假定 $K=C$. 那么 $B/K=B/C\lesssim\mathrm{Aut}(K)\cong\mathbb{Z}_n^*$, 从而 B/K 是交换群, 矛盾. 因此, $K<C$ 且 $1\neq C/K\trianglelefteq B/K$. 这也说明了 C/K 包含 B/K 的一个极小正规子群, 记为 L/K. 那么, $L\trianglelefteq B$, $L\leqslant C\trianglelefteq B$, 而且要么 $L/K\cong\mathbb{Z}_p$, 要么 $L/K\cong\mathbb{Z}_5^2$. 对于后者, 我们有 $p=5$ 和 $B/K\cong\mathbb{Z}_5^2\rtimes\mathbb{Z}_8$.

显然, L 和 L/K 分别在 $V(\widetilde{\Gamma})$ 和 $V(\widetilde{\Gamma}_K)$ 上有两个轨道, $\widetilde{\Gamma}$ 和 $\widetilde{\Gamma}_K$ 均为二部图, 它们的两个部分别为 L 和 L/K 的两个轨道. 因为 $K\leqslant Z(C)$ 和 $L\leqslant C$, 所以 $K\leqslant Z(L)$.

首先假定 $L/K\cong\mathbb{Z}_p$. 因为 $K\leqslant Z(L)$, 所以 L 是交换群. 于是, $L\cong\mathbb{Z}_{np}$ 或 $\mathbb{Z}_n\times\mathbb{Z}_p$ 且 $p\mid n$. 对于后者, 我们有 $L\cong\mathbb{Z}_m\times\mathbb{Z}_{p^e}\times\mathbb{Z}_p$, 其中 $n=mp^e$, $(m,p)=1$ 和 $e\geqslant 1$. 因为 L/K 作用在 $V(\widetilde{\Gamma}_K)$ 上半正则, 所以 L 作用在 $V(\widetilde{\Gamma})$ 上半正则; 又因为 $L\lhd B$, 所以 $\widetilde{\Gamma}$ 是 Dip_5 的一个弧传递的 $\mathbb{Z}_{np}$-覆盖或 $\mathbb{Z}_m\times\mathbb{Z}_{p^e}\times\mathbb{Z}_p$-覆盖. 根据引理 3.4.1~3.4.3, 我们有 $\widetilde{\Gamma}\cong\mathcal{CD}_{np}$ 或 $\mathcal{CGD}^i_{mp^e\times p}$ $(1\leqslant i\leqslant 5)$, 得证.

现在, 我们假定 $L/K \cong \mathbb{Z}_5^2$. 此时, $p=5$, $B/K \cong \mathbb{Z}_5^2 \rtimes \mathbb{Z}_8$ 且 $(B/K)_{v^K} \cong F_{20}$, 其中 $v \in V(\widetilde{\Gamma})$, v^K 是 K 在 $V(\widetilde{\Gamma})$ 上包含点 v 的轨道. 因为 K 作用在 $V(\widetilde{\Gamma})$ 上半正则, 所以 $B_v \cong B_v/B_v \cap K \cong B_vK/K = (B/K)_{v^K} \cong F_{20}$. 因为 $K \leqslant Z(L)$ 且 $K = \mathbb{Z}_n$, 所以 $L = H \times P$, 其中 P 和 H 分别是 L 的 Sylow 5-子群和 Hall 5′-子群. 注意到 $H \leqslant K$ 是交换群, 但是 P 有可能不是. 因为 L/K 的点稳定子群阶为 5, 所以 $L_v = P_v \cong \mathbb{Z}_5$. 又因为 P 是 L 的特征子群而 $L \trianglelefteq B$, 所以 $P \trianglelefteq B$. 根据命题 3.2.3 可知, P 在 $V(\widetilde{\Gamma})$ 上至多有两个轨道. 又因为 L 在 $V(\widetilde{\Gamma})$ 上恰好有两个轨道, 所以 P 和 L 的轨道相同. 这也说明 $K = PL_v = PP_v = P$, 导致 $H=1$ 且 K 是一个 5-群.

假设 $|K| = 5^t$, 其中 $t \geqslant 2$. 那么 K 有一个子群 N 使得 $|K/N| = 25$. 因为 K 是循环群, 所以 N 是 K 的特征子群; 又因为 $K \trianglelefteq B$, 所以 $N \trianglelefteq B$. 根据命题 3.2.3, $\widetilde{\Gamma}_N$ 是一个 250 阶连通的五度 B/N-弧传递图且 $B/N \leqslant \mathrm{Aut}(\widetilde{\Gamma}_N)$. 因为 $B/K \cong \mathbb{Z}_5^2 \rtimes \mathbb{Z}_8$ 以及 $|K/N| = 5^{t-2}$, 其中 $t-2 \geqslant 0$, 所以 B/N 的所有 Sylow 2-子群同构于 $\mathbb{Z}_8$ 且 $|B/N| = 8 \cdot 5^4$. 特别地, $(B/N)_\alpha$ 的 Sylow 2-子群是循环的, 这里 $\alpha \in V(\Gamma_N)$. 又因为 $|(B/N)_\alpha| = |B/N|/|V(\Gamma_N)| = 20$, 所以由命题 3.2.4 可得 $(B/N)_\alpha \cong F_{20}$. 根据例 3.3.7, 我们有 $\Gamma_N \cong \mathcal{CGD}_{5^3}$. 然而, 根据 MAGMA[45] 可知, $\mathrm{Aut}(\mathcal{CGD}_{5^3})$ 没有阶为 $8 \cdot 5^4$ 且 Sylow 2-子群同构于 $\mathbb{Z}_8$ 的弧传递子群, 矛盾.

因为 $K \neq 1$, 所以 $|K| = 5$ 且 $|V(\widetilde{\Gamma})| = 10|K| = 50$; 又因为 $B_v \cong F_{20}$, 所以由例 3.3.10 可得 $\widetilde{\Gamma} \cong \mathcal{CGD}_{5\times5}^4$, 得证. □

3.7.2 覆盖图的自同构群

设 Γ 是 $2p$ 阶五度连通对称图的弧传递 $\mathbb{Z}_n$-覆盖, 其中 $n \geqslant 2$ 是一个整数, p 是一个素数. 本节中, 我们旨在决定 Γ 的全自同构群. 据定理 3.7.1, 我们有 $\Gamma \cong K_{6,6} - 6K_2$, $\mathbf{I}_{12}$, $\mathcal{CD}_{np}$ (见例 3.3.5), 或 $\mathcal{CGD}^i_{mp^e\times p}$ (见例 3.3.9~3.3.11), 其中 $1 \leqslant i \leqslant 5$. 特别地, 对于图 $\mathcal{CGD}^i_{mp^e\times p}$, 我们有 $mp^e = n$, m 满足:

$$m = 5^t p_1^{e_1} p_2^{e_2} \cdots p_s^{e_s} \quad \text{s.t.} \quad t \leqslant 1,\, s \geqslant 0,\, e_j \geqslant 1,\, 5 \mid (p_j - 1),\, 0 \leqslant j \leqslant s, \qquad (3.43)$$

其中 m, p, e 满足表 3.5 第二列中列出的条件. 由方程 (3.43) 知 m 是奇数. 根据文献 [114] 中的命题 3.2, 有 $\mathrm{Aut}(K_{6,6} - 6K_2) = S_6 \times \mathbb{Z}_2$, $\mathrm{Aut}(\mathbf{I}_{12}) = A_5 \times \mathbb{Z}_2$; 根据例 3.3.5, 有 $\mathrm{Aut}(\mathcal{CD}_{np}) = D_{np} \rtimes \mathbb{Z}_5$. 因此, 我们只需决定 $\mathcal{CGD}^i_{mp^e\times p}$, $1 \leqslant i \leqslant 5$, 的全自同构群. 这几类图是 Dip_5 的连通的弧传递 $\mathbb{Z}_{mp} \times \mathbb{Z}_p$-覆盖, 而且除了 $\mathcal{CGD}^4_{mp\times p}$, $5 \mid (p+1)$, 其他图都是 $2p$ 阶五度连通对称图的弧传递循环覆盖.

定理 3.7.2 $\mathrm{Aut}(\mathcal{CGD}^i_{mp^e\times p})$, $1 \leqslant i \leqslant 5$, 同构于表 3.5 中列出的群.

表 3.5　$\mathcal{CGD}^i_{mp^e\times p}$ $(1\leqslant i\leqslant 5)$ 的全自同构群

Γ	条件: $(m,p)=1$, m: 方程 (3.43)	$\mathrm{Aut}(\Gamma)$
$\mathcal{CGD}^i_{mp^e\times p}$ $(i=1,2,3)$	$5\mid(p-1)$, $e\geqslant 2$	$\mathrm{Dih}(\mathbb{Z}_{mp^e}\times\mathbb{Z}_p)\rtimes\mathbb{Z}_5$
$\mathcal{CGD}^4_{mp\times p}$	$m\neq 1,5$, $p=5$ 或 $5\mid(p\pm 1)$	$\mathrm{Dih}(\mathbb{Z}_{mp}\times\mathbb{Z}_p)\rtimes\mathbb{Z}_5$
	$m=1$ 或 5, $5\mid(p\pm 1)$	$\mathrm{Dih}(\mathbb{Z}_{mp}\times\mathbb{Z}_p)\rtimes D_5$
	$m=1$, $p=5$	$(\mathrm{Dih}(\mathbb{Z}_5^2)\times F_{20})\cdot\mathbb{Z}_2^2$
$\mathcal{CGD}^5_{mp\times p}$	$5\mid(p-1)$	$\mathrm{Dih}(\mathbb{Z}_{mp}\times\mathbb{Z}_p)\rtimes\mathbb{Z}_5$

证明　设 $\Gamma=\mathcal{CGD}^i_{mp^e\times p}$ $(1\leqslant i\leqslant 5)$, $A=\mathrm{Aut}(\Gamma)$. 对于 $(m,p)=(1,5)$, 我们有 $\Gamma=\mathcal{CGD}^4_{5\times 5}$, 通过 MAGMA[45] 计算可得 $\mathrm{Aut}(\Gamma)\cong(\mathrm{Dih}(\mathbb{Z}_5^2)\rtimes F_{20}).\mathbb{Z}_2^2$. 在下文中, 假定 $(m,p)\neq(1,5)$. 由例 3.3.9~3.3.11 可知, A 有一个弧传递子群 F, 满足对于 $\mathcal{CGD}^i_{mp^e\times p}$ $(i=1,2,3)$, $F\cong\mathrm{Dih}(\mathbb{Z}_{mp^e}\times\mathbb{Z}_p)\rtimes\mathbb{Z}_5$; 对于 $\mathcal{CGD}^4_{mp\times p}$, $m\neq 1,5$ 以及 $p=5$ 或 $5\mid(p\pm 1)$, $F\cong\mathrm{Dih}(\mathbb{Z}_{mp}\times\mathbb{Z}_p)\rtimes\mathbb{Z}_5$; 对于 $\mathcal{CGD}^4_{mp\times p}$, $m=1$ 或 5 以及 $5\mid(p\pm 1)$, $F\cong\mathrm{Dih}(\mathbb{Z}_{mp}\times\mathbb{Z}_p)\rtimes D_5$; 对于 $\mathcal{CGD}^5_{mp\times p}$, $5\mid(p-1)$, $F\cong\mathrm{Dih}(\mathbb{Z}_{mp}\times\mathbb{Z}_p)\rtimes\mathbb{Z}_5$. 注意到 $F_v=\mathbb{Z}_5$ 或 D_5, 其中 $v\in V(\Gamma)$. 进一步地, F 有一个正规的半正则子群 $K=\mathbb{Z}_{mp^e}\times\mathbb{Z}_p$, 作用在 $V(\Gamma)$ 上有两个轨道. 因此, Γ 是 Dip_5 的弧传递 K-覆盖. 根据引理 3.4.2 和 3.4.3, 我们有 $|N_A(K)|=|F|$, 从而 $N_A(K)=F$. 注意到 $|F|=10|K|$ 或 $20|K|$, 即有 $|F|=10mp^{e+1}$ 或 $20mp^{e+1}$, 其中 $p=5$ 或 $5\mid(p\pm 1)$. 由方程 (3.43) 知 m 和 $|K|$ 都是奇数. 特别地, $|V(\Gamma)|=2|K|=2mp^{e+1}$ 是一个奇数的二倍.

显然, $K=\mathbb{Z}_{mp^e}\times\mathbb{Z}_p$ 有一个 Hall $5'$-子群, 记为 H. 因为 $K\trianglelefteq F$, 所以 $H\trianglelefteq F$. 如果 $H\neq K$, 那么 $5\mid mp^{e+1}$ 且 H 作用在 $V(\Gamma)$ 上至少有 3 个轨道. 对于 $p\neq 5$, 我们有 $5\mid m$, 又因为 $5^2\nmid m$ [见方程 (3.43)], 所以 $|K:H|=5$. 对于 $p=5$, 由表 3.5 知 $\Gamma=\mathcal{CGD}^4_{mp\times p}$, 其中 $(m,5)=1$, 以及 $K=\mathbb{Z}_m\times\mathbb{Z}_p\times\mathbb{Z}_p$. 这说明 $|K:H|=5^2$. 根据命题 3.2.3, Γ_H 是一个连通的五度 F/H-弧传递图, 其阶为 $2\cdot 5$ 或 $2\cdot 5^2$. 因为 $|(F/H)_\alpha|=|F/H|/|V(\Gamma_H)|=|F/H|/2|K/H|=|F/K|/2=5$ 或 10, 这里 $\alpha\in V(\Gamma_H)$, 根据命题 3.2.4, 有 $(F/H)_\alpha\cong\mathbb{Z}_5$ 或 D_5. 由定理 3.6.1 和例 3.3.10 得 $\Gamma_H\cong K_{5,5}$ 或 $\Gamma_H\cong\mathcal{CGD}^4_{5\times 5}$. 因为 $|F|=10|K|$ 或 $20|K|$ 且 $|K|$ 是一个奇数, 所以 H 是 F 的特征 Hall $\{2,5\}'$-子群. 因此, 我们有如下断言.

断言: H 是 F 的特征 Hall $\{2,5\}'$-子群, 而且 $H=K$, 或 $|K:H|=5$ 且 $\Gamma_H\cong K_{5,5}$, 或 $|K:H|=25$ 且 $\Gamma_H\cong\mathcal{CGD}^4_{5\times 5}$.

要证明定理成立, 只需证明 $A=F$. 假设 $A\neq F$. 那么 A 有一个子群 M 使得 F 是 M 的一个极大子群. 因为 F 作用在 Γ 上弧传递, 所以 M 也是弧传递的; 又因为 $N_A(K)=F$, 所以 $K\ntrianglelefteq M$.

由图 $\mathcal{CGD}^i_{mp^e\times p}$ $(1\leqslant i\leqslant 5)$ 的定义 (见例 3.3.9~3.3.11) 可知, 对于 $1\leqslant i\leqslant 3$, Γ 有一个 6-圈 $(1,h,a^{-r-1}b^{-\lambda-1}c^{-1},ha^{-r}b^{-\lambda}c^{-1},a^{-r}b^{-\lambda}c^{-1},hab,1)$, 对于 $4\leqslant i\leqslant 5$, Γ 也有一个 6-圈 $(1,h,a^{-r-1}c^{-1},ha^{-r}bc^{-1},a^{-r}bc^{-1},hab,1)$. 假设 Γ 是 $(M,4)$-弧传递的. 那么 Γ 的每个 4-弧都位于一个 6-圈中, 进而 Γ 的直径最多为 3. 这意味着 $|V(\Gamma)|=2mp^{e+1}\leqslant 1+5+5\times 4+5\times 4\times 4=106$, 即 $mp^{e+1}\leqslant 53$. 因为 $p=5$ 或 $5\mid(p\pm 1)$ 且 $e+1\geqslant 2$ (见表 3.5 的第二列), 所以 $p=5$ 且 $m\leqslant 2$. 又因为 m 是奇数, 所以 $(m,p)=(1,5)$, 与假设矛盾. 于是, M 作用在 Γ 上最多是 3-弧传递的. 由命题 3.2.4 可得 $|M_v|\in\{5,10,20,40,60,80,120,720,1\,440,2\,880\}$.

因为 $M\neq F$ 以及 $|F_v|=5$ 或 10, 所以 $|M:F|=|M_v:F_v|=2$, 4, 6, 8, 12, 16, 24, 72, 144, 288 或 576. 令 $[M:F]$ 表示 F 在 M 中的右陪集集合. 考虑 M 在 $[M:F]$ 上的右乘作用. 设 F_M 是作用的核, 即 M 中包含 F 的最大的正规子群. 因为 F/F_M 是 M/F_M 的极大子群且 $(M/F_M)_F=F/F_M$, 即 M/F_M 的关于点 $F\in[M:F]$ 的点稳定子群, 所以 M/F_M 是作用在 $[M:F]$ 上的本原置换群. 从而,

$$|M/F_M|=|[M:F]||F/F_M|,$$
$$|F/F_M|=|M/F_M|/|M:F|.$$

因为 $|M:F|\in\{2,4,6,8,12,16,24,72,144,288,576\}$, 所以由引理 3.2.3 知 $M/F_M\leqslant \mathrm{AGL}(t,2)$, $|M:F|=2^t$, $1\leqslant t\leqslant 4$; 或 $\mathrm{soc}(M/F_M)\cong \mathrm{PSL}(2,q)$, $\mathrm{PSL}(3,3)$ 或 $\mathrm{PSL}(2,r)\times\mathrm{PSL}(2,r)$, $|M:F|$ 分别为 $q+1$, 144 或 $(r+1)^2$, 其中 $q\in\{5,7,11,23,71\}$ 和 $r\in\{11,23\}$.

假设 $M/F_M\leqslant\mathrm{AGL}(2,2)$, $|M:F|=4$. 因为此时 2-群不可能作用在 $[M:F]$ 上本原, 所以 $3\mid |M/F_M|$, 进而 $3\mid |M/F_M|/|[M:F]|=|F/F_M|$. 因为 $|F|=10mp^{e+1}$ 或 $20mp^{e+1}$, 其中 $p=5$ 或 $5\mid(p\pm 1)$, 所以有 $3\mid m$, 这与方程 (3.43) 矛盾. 因此, $M/F_M\nleqslant\mathrm{AGL}(2,2)$. 类似地, 因为 $7\nmid m$, 所以 $M/F_M\nleqslant\mathrm{AGL}(3,2)$, 而且如果 $M/F_M\leqslant\mathrm{AGL}(4,2)$, 那么 M/F_M 是一个 $\{2,5\}$-群. 进一步地, 我们有 $\mathrm{soc}(M/F_M)\ncong\mathrm{PSL}(2,q)$, $q\in\{7,23,71\}$, $\mathrm{PSL}(3,3)$ 或 $\mathrm{PSL}(2,23)\times\mathrm{PSL}(2,23)$; 否则 7, 23, 13 或 23 整除 m. 因此, 有以下 4 种情况:

- $M/F_M\cong\mathbb{Z}_2$ 且 $|M:F|=2$;
- $M/F_M\leqslant\mathrm{AGL}(4,2)$, $|M:F|=2^4$ 以及 M/F_M 是一个 $\{2,5\}$-群;
- $\mathrm{soc}(M/F_M)\cong\mathrm{PSL}(2,q)$ 且 $|M:F|=q+1$ 及 $q\in\{5,11\}$;
- $\mathrm{soc}(M/F_M)\cong\mathrm{PSL}(2,11)\times\mathrm{PSL}(2,11)$ 且 $|M:F|=144$.

下面分情况讨论.

首先, 假定 $M/F_M\cong\mathbb{Z}_2$ 且 $|M:F|=2$. 那么, $F\trianglelefteq M$. 根据断言, 因为 H 是 F 的特征子群, 所以 $H\trianglelefteq M$. 令 $C=C_M(H)$. 因为 K 是交换群, 所以

$H \leqslant K \leqslant C$. 设 P 是 C 的一个 Sylow 5-子群且包含 K 的唯一的 Sylow 5-子群. 因为 H 是 K 的 Hall $5'$-群, 所以 $K \leqslant HP = H \times P$. 显然, HP/H 是 C/H 的 Sylow 5-子群. 上文中, 我们已经证明了 $|F/K| \mid 20$, 而且根据断言有 $|K/H| \mid 25$. 因为 $|M| = 2|F|$, 所以 $|M/H| \mid 2^3 \cdot 5^3$, 且根据 Sylow 定理可知 M/H 有一个正规的 Sylow 5-子群. 特别地, C/H 有一个正规的 Sylow 5-子群, 即 $HP/H \trianglelefteq C/H$. 这说明 $H \times P \trianglelefteq C$. 又因为 $C \trianglelefteq M$ 且 P 在 C 中正规, 所以 $P \trianglelefteq M$. 因为 $(m,p) \neq (1,5)$ 且 $|V(\Gamma)| = 2mp^{e+1}$, 所以 P 在 $V(\Gamma)$ 上至少有 3 个轨道. 根据命题 3.2.3, P 在 $V(\Gamma)$ 上作用半正则. 因此, $|P| \mid |V(\Gamma)|$, 进而 $|P| \mid |K|$. 这时, 我们有 $|HP| = |H||P| \mid |K|$. 因为 $K \leqslant HP$, 所以 $HP = K \trianglelefteq M$, 矛盾.

假设 $M/F_M \leqslant \mathrm{AGL}(4,2)$, $|M:F| = 2^4$ 及 M/F_M 是一个 $\{2,5\}$-群. 那么, M/F_M 有一个 2^4 阶正则的正规子群, 记为 L/F_M. 因此, $L \trianglelefteq M$, $2^4 \mid |L|$ 且 $5 \mid |M:L|$. 如果 L 是半正则的, 那么 $2^4 \mid |V(\Gamma)| = 2mp^{e+1}$, 矛盾. 因此, L 不半正则, 从而 $5 \mid |L_v|$. 根据命题 3.2.3, L 有一个或两个轨道, 即有 $|L| = |V(\Gamma)||L_v|$ 或 $|L| = |V(\Gamma)||L_v|/2$. 因为 $|M| = |V(\Gamma)||M_v|$, 所以 $|M:L| = |M_v:L_v|$ 或 $2|M_v:L_v|$; 又因为 $5^2 \nmid |M_v|$, 所以 $5 \nmid |M:L|$, 矛盾.

假设 $\mathrm{soc}(M/F_M) \cong \mathrm{PSL}(2,5)$, $|M:F| = 6$. 那么, $M/F_M = \mathrm{PSL}(2,5)$ 或 $\mathrm{PGL}(2,5)$, 以及 $|F/F_M| = |M/F_M|/|[M:F]| = 10$ 或 20. 因为 H 是 F 唯一的正规的 Hall $\{2,5\}'$-子群, 所以 $H \leqslant F_M$, 从而 H 是 F_M 特征的子群; 又因为 $F_M \trianglelefteq M$, 所以 $H \trianglelefteq M$. 因为 $M/F_M \cong (M/H)/(F_M/H)$, 所以 M/H 不可解; 又因为 $K \ntrianglelefteq M$, 所以 $H \neq K$. 根据断言, $\Gamma_H \cong K_{5,5}$ 或 $\mathcal{CGD}^4_{5\times 5}$. 如果 $\Gamma_H \cong \mathcal{CGD}^4_{5\times 5}$, 那么 $\mathrm{Aut}(\Gamma_H) \cong (\mathrm{Dih}(\mathbb{Z}_5^2) \times F_{20}).\mathbb{Z}_2^2$ 可解, 这时 M/H 也可解, 矛盾. 如果 $\Gamma_H \cong K_{5,5}$, 易证 $\mathrm{Aut}(K_{5,5}) = (S_5 \times S_5) \rtimes \mathbb{Z}_2$ 且其每个不可解的弧传递子群都包含 $A_5 \times A_5$(也可通过 MAGMA[45] 验证), 从而 $|M/H| \geqslant 2 \times 60^2$. 注意到 F_M 作用在 $V(\Gamma)$ 上半正则, 所以 $|F_M| \mid |K|$. 由断言可知 $|K:H| \mid 5^2$, 从而 $|F_M:H| \mid 5^2$. 因此, $|M/F_M| = |M/H|/|F_M/H| \geqslant 2 \cdot 60^2/5^2 > |\mathrm{PGL}(2,5)|$, 矛盾.

假设 $L/F_M := \mathrm{soc}(M/F_M) \cong \mathrm{PSL}(2,11)$. 此时, $|M:F| = 12$. 进一步地, 我们有 $M/F_M = \mathrm{PSL}(2,11)$ 或 $\mathrm{PGL}(2,11)$, $|F/F_M| = |M/F_M|/|M:F| = 55$ 或 110. 此外, $L \trianglelefteq M$, 而且因为 $|K|$ 是奇数且 $|M:L| \leqslant 2$, 所以 $K \leqslant L$. 因为 $11 \mid |L/F_M|$, 所以 F_M 作用在 $V(\Gamma)$ 上至少有 3 个轨道. 根据命题 3.2.3, F_M 作用在 $V(\Gamma)$ 上半正则, 而且 Γ_{F_M} 是一个 F/F_M-弧传递的五度图. 因此, $|F_M| \mid |V(\Gamma)|$、$|V(\Gamma_{F_M})|$ 是偶数. 因为 $|V(\Gamma_{F_M})| = |V(\Gamma)|/|F_M| = 2|K|/|F_M|$, 所以 $|F_M|$ 是奇数, 而且有 $|F_M| \mid |K|$.

令 $N = H \cap F_M$. 因为 H 是 F 的特征的 Hall $\{2,5\}'$-子群, 所以 N 是 F_M 的

特征的 Hall $5'$-子群, 从而 $N \trianglelefteq M$ (因为 $F_M \trianglelefteq M$). 因此, F_M/N 是一个 5-子群. 由断言可知 $5^3 \nmid |K|$. 又因为 $|F_M| \mid |K|$, 所以 $5^3 \nmid |F_M|$, 即 $|F_M/N| \mid 25$. 从而, F_M/N 是交换群, 推出 $\mathrm{Aut}(F_M/N)$ 是循环群或 $\mathrm{Aut}(F_M/N) \cong \mathrm{GL}(2,5)$. 如果 $F_M/N = C_{L/N}(F_M/N)$, 那么 $\mathrm{PSL}(2,11) \cong L/F_M \cong (L/N)/(F_M/N) \lesssim \mathrm{Aut}(F_M/N)$, 这与 $\mathrm{Aut}(F_M/N)$ 是循环群或 $\mathrm{GL}(2,5)$ 矛盾. 因此, F_M/N 是 $C_{L/N}(F_M/N)$ 的真子群. 注意到 $\mathrm{Mult}(\mathrm{PSL}(2,11)) \cong \mathbb{Z}_2$. 由引理 3.2.2 可得 $L/N = (L/N)' \times F_M/N$, 以及 $(L/N)' \cong \mathrm{PSL}(2,11)$. 因为 $|V(\Gamma_N)| = |V(\Gamma)|/|N| = 2|K|/|N|$ 且 $|K|$ 是奇数, 所以 $(L/N)' \cong \mathrm{PSL}(2,11)$ 作用在 $V(\Gamma_N)$ 上不半正则, 说明对于任意的 $\alpha \in V(\Gamma_N)$ 均有 $5 \mid |(L/N)'_\alpha|$. 根据命题 3.2.3, $(L/N)'$ 在 $V(\Gamma_N)$ 上最多有两个轨道. 从而, 我们有 $|(L/N)|/|(L/N)'| = |V(\Gamma_N)||(L/N)_\alpha|/(|V(\Gamma_N)||(L/N)'_\alpha|) = |(L/N)_\alpha|/|(L/N)'_\alpha|$ 或 $2|(L/N)_\alpha|/|(L/N)'_\alpha|$. 这说明商群 $(L/N)/(L/N)'$ 是一个 $\{2,3\}$-群. 另外, $(L/N)/(L/N)' \cong F_M/N$ 是一个 5-群. 因此, $|F_M/N| = 1$, 即 $L/N = (L/N)' \cong \mathrm{PSL}(2,11)$.

因为 $K \ntrianglelefteq M$ 以及 $N \trianglelefteq M$, 所以 $N \neq K$; 又因为 $K \leqslant C_L(N)$ 以及 $|N|$ 是奇数, 所以由引理 3.2.2 可得 $L = L' \times N$ 而且 $L' \cong \mathrm{PSL}(2,11)$. 注意到 $L' \trianglelefteq M$. 因为 $|V(\Gamma)|$ 等于一个奇数的二倍, 所以 L' 在 $V(\Gamma)$ 上不半正则, 导致 $5 \mid |L'_v|$. 根据命题 3.2.3, L' 至多有两个轨道, 从而 $|\mathrm{PSL}(2,11)| = |L'| = |V(\Gamma)||L'_v|$ 或 $|V(\Gamma)||L'_v|/2$. 因为 $3 \nmid |V(\Gamma)| = 2mp^{e+1}$, 所以 $|V(\Gamma)| = 22$, 与 $e+1 \geqslant 2$ 矛盾.

假设 $L/F_M := \mathrm{soc}(M/F_M) \cong \mathrm{PSL}(2,11) \times \mathrm{PSL}(2,11)$ 且 $|M : F| = 144$. 那么, 存在 $L_1/F_M \trianglelefteq L/F_M$ 使得 $L_1/F_M \cong \mathrm{PSL}(2,11)$ 且 $11 \mid |L : L_1|$. 因为 $11 \mid |L : F_M|$, 所以 F_M 至少有 3 个轨道, 从而 Γ_{F_M} 的阶等于一个奇数的二倍. 这说明 L/F_M 不是半正则的. 根据命题 3.2.3 可知, L/F_M 有一个或两个轨道. 如果 L/F_M 有一个轨道, 那么因为由 $11 \mid |L : L_1|$ 可推出 L_1/F_M 至少有 3 个轨道, 所以 L_1/F_M 作用在 $V(\Gamma_{F_M})$ 上半正则, 从而 $4 \mid |V(\Gamma_{F_M})|$, 矛盾. 如果 L/F_M 有两个轨道, 那么 Γ_{F_M} 是一个二部图而且 L/F_M 作用在 Γ_{F_M} 上边传递. 进一步地, L_1/F_M 固定两个部. 因为 $11 \mid |L : L_1|$, 所以 L_1/F_M 作用在每个部上至少有两个轨道. 根据文献 [14] 中的引理 3.2 可知, L_1/F_M 在 Γ_{F_M} 上半正则. 因为 $L_1/F_M \cong \mathrm{PSL}(2,11)$, 所以 $4 \mid |V(\Gamma_{F_M})|$, 矛盾. □

3.8 本章小结

本章通过考虑 Dip_5 的弧传递覆盖, 给出了几类弧传递的凯莱 Haar 图, 并且介绍了其在分类二倍素数立方阶五度对称图, 以及分类二倍素数阶连通五度对称图的弧传递循环覆盖上的应用. 本章中给出了多类广义二面体群上的凯莱图. 二面体群上弧传递的素数度凯莱图的完全分类在文献 [145] 中被给出, 而对于广义二面体群上的弧传递的凯莱图, 目前为止只有三度的情形被决定, 这项工作是由 Kutnar 和 Marušič 在文献 [146] 中完成的. 因此分类或刻画五度或者一般素数度广义二面体群上的弧传递的凯莱图是一个值得继续研究的问题.

广义二面体群 $\mathrm{Dih}(H)$ 上的凯莱图也是交换群 H 上的一个双凯莱图. 因此, 分类或刻画广义二面体群上的弧传递的凯莱图可以转化为分类交换群上的弧传递的双凯莱图. 关于交换群上的双凯莱图的分类, 周进鑫和冯衍全在文献 [27] 中决定了交换群上的三度点传递双凯莱图, 并且提供了一个分类小度数点传递双凯莱图的方法.

第 4 章　一类三度弧传递的非凯莱 Haar 图

4.1　引　言

确定图的全自同构群是群与图研究中最困难部分, 点稳定子群分类是该方面的一个重要课题. 连通三度对称图的点稳定子群在文献 [86] 中被分类. 通过考虑点稳定子群和边稳定子群的所有可能情况, 连通三度对称图的全自同构群被分成七大类, 可见文献 [147]. 特别地, 对于一个连通三度 $(G, 2)$-正则图, 如果群 G 中存在二阶元可以置换一条边的两个端点, 则称此图为 2^1-型图; 否则称此图为 2^2-型图, 它们对应的群 G 分别称为 2^1-型或 2^2-型自同构群. 在三度对称图的研究中, 2^2-型图极其少见; Conder 在其个人网站主页 [85] 中列出了阶至多为 10 000 的所有三度连通对称图, 其中仅有 9 个图是 2^2-型图, 这 9 个图中最小阶为 448.

尽管许多点传递图都是凯莱图, 但也存在点传递非凯莱图的例子, 比如著名的 Petersen 图和 Coxeter 图 (如图 4.1 所示). 为了记法上的方便, 我们简称点传递非凯莱图为 VNC-图. 已有许多论文从不同角度对 VNC-图进行了研究. 例如, 在对非凯莱数的研究中, 许多 VNC-图被构造, 读者可见文献 [50]、[52]、[148]~[151].

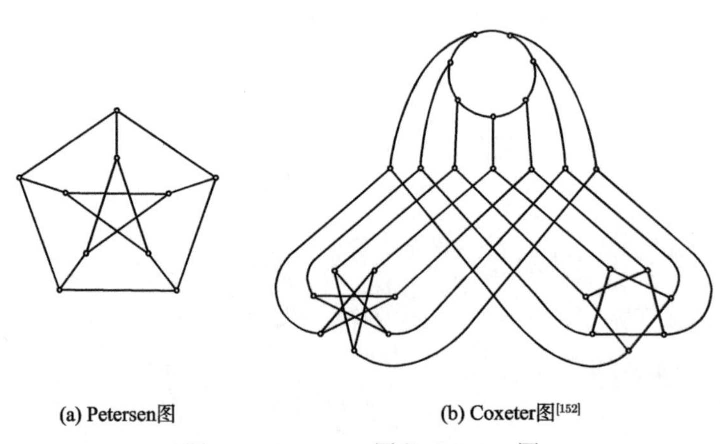

(a) Petersen图　　(b) Coxeter图[152]

图 4.1　Petersen 图和 Coxeter 图

分类小度数 VNC-图问题, 特别是分类三度 VNC-图, 得到了研究者们的广泛关注. 关于这方面的工作, 读者可参见文献 [93]. 2015 年, 冯衍全、李才恒和周进

鑫在文献 [153] 中系统研究了存在可解自同构群的三度对称图, 其中证明了存在可解弧传递自同构群的三度 VNC-图一定是 2^2-型图, 并且此类图一定是 6 阶完全二部图 $K_{3,3}$ 的正则覆盖. 根据 Conder[85] 给出的三度对称图的列表, 此类图中阶最小为 6 174 (列表中其他 8 个 2^2-型图都没有可解的弧传递自同构群). 鉴于 2^2-型图本身极其少见, 我们考虑如下问题.

问题 4.1.1　*是否存在无限多的具有可解弧传递自同构群的三度非凯莱图?*

问题 4.1.1 与 Estélyi 和 Pisanski 在文献 [24] 中提出的一个公开问题有密切联系. 在文献 [24] 中, Estélyi 和 Pisanski 研究了非交换群上的 Haar 图 (本书 2.1 节介绍了该文献中的部分工作), 他们给出了一些非交换群上的 Haar 图, 其中一部分图是非点传递图, 而另一部分图都是凯莱图. 因此, Estélyi 和 Pisanski 提出如下问题.

问题 4.1.2　([24, Problem 2]) *是否存在非交换群上的 Haar 图是 VNC-图?*

后来, Conder 等人在文献 [23] 中对问题 4.1.2 给出了肯定的回答, 并给出了非交换群上的一个无限类 Haar 图, 此类图都是 VNC-图. 需要提出的是, 该无限类中除一个 40 阶的图外, 其他图都不是对称图.

作者和其合作者在文献 [154] 中给出了一类具有可解弧传递自同构群的三度非凯莱的无限类图. 首先, 此无限类图给出了问题 4.1.1 的肯定答案. 其次, 此类图是 $K_{3,3}$ 的非交换正则覆盖, 其全自同构群是 2^2-型. 由于 $\mathrm{Aut}(K_{3,3})$ 的 2^2-型子群中, 有一个三阶子群作用在 $K_{3,3}$ 的两个部上都正则, 因此, 该无限类图也是非交换群上弧传递的非凯莱 Haar 图, 从而肯定回答了问题 4.1.2. 最后, 值得提出的是, 此类图包含一个子类, 它们是 Pappus 图 (如图 4.2 所示) 的弧传递初等交换覆盖, 此子类在文献 [89] 中被遗漏. 本章中, 我们将介绍此类图的构造.

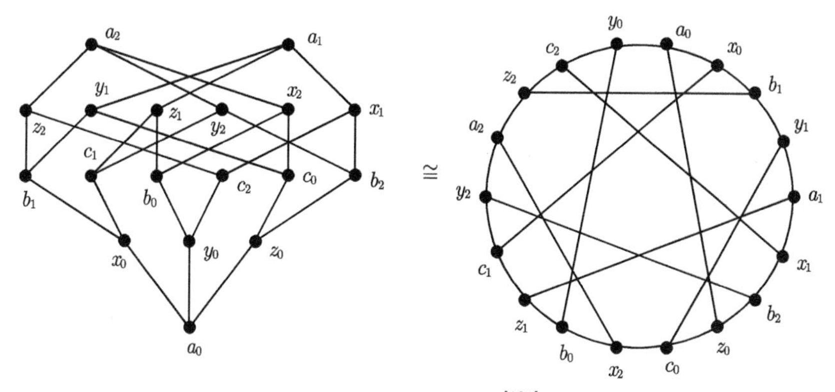

图 4.2　Pappus 图[121]

4.2 图的构造

首先, 我们给出图的构造, 它们都是 $K_{3,3}$ 的正则覆盖.

设 n 是一个正整数, 满足 $n \geqslant 7$ 并且方程 $x^2+x+1=0$ 在 $\mathbb{Z}_n$ 中存在一个解 r. 那么, r 是 $\mathbb{Z}_n^*$ 中的一个三阶元. 由文献 [141] 中的引理 3.3 可知, 上述正整数 n 存在当且仅当

$$n=3^t q_1^{e_1}\cdots q_s^{e_s},\ t\leqslant 1,\ s\geqslant 1,\ e_i\geqslant 1,\ 3\mid(q_i-1),\ 1\leqslant i\leqslant s.$$

特别地, n 是奇数. 令

$$\begin{aligned}K=&\langle a,b,c,h\mid a^n=b^n=c^n=h^3=[a,b]=[a,c]=[b,c]=1,a^h=a^r,\\&b^h=b^r,c^h=c^r\rangle,\end{aligned}$$

则 $K\cong\mathbb{Z}_n^3\rtimes\mathbb{Z}_3$, 且 K 的阶为 $3n^3$ (奇数). 记 $K_{3,3}$ 的顶点集合为

$$V(K_{3,3})=\{u,v,w,x,y,z\},$$

其中顶点 u,v,w 与 $\{x,y,z\}$ 中每个顶点相连, 如图 4.3 所示.

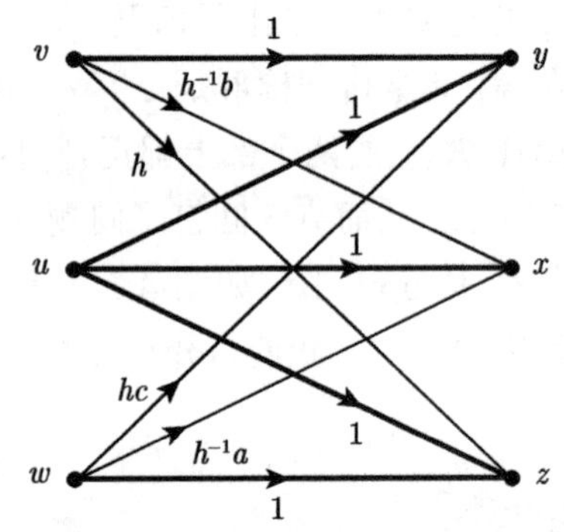

图 4.3　电压分配为 ϕ 的完全二部图 $K_{3,3}$

定义 4.2.1　定义 $K_{3,3}$ 的一个正则 K-覆盖, 记为 $\mathcal{NCG}_{18n^3}$, 其电压分配如图 4.3 所示, 即图 $\mathcal{NCG}_{18n^3}$ 顶点集合为

$$V(\mathcal{NCG}_{18n^3})=V(K_{3,3})\times K,$$

边集合为

$$\begin{aligned}&E(\mathcal{NCG}_{18n^3})\\=&\{\{(u,g),(x,g)\},\{(u,g),(y,g)\},\{(u,g),(z,g)\},\{(v,g),(x,gh^{-1}b)\},\end{aligned}$$

$\{(v,g),(y,g)\},\{(v,g),(z,gh)\},\{(w,g),(x,gh^{-1}a)\},\{(w,g),(y,ghc)\},$

$\{(w,g),(z,g)\} \mid g\in K\}.$

显然, $\mathcal{NCG}_{18n^3}$ 是一个二部图. 下面讨论图 $\mathcal{NCG}_{18n^3}$ 的自同构群. 首先给出与三度对称图有关的两个结论. 命题 4.2.1 源于文献 [147] 中的定理 5.1.

命题 4.2.1　设 Γ 是一个连通的三度 (G,s)-正则图, 则如下结论成立.

(1) 若 G 中存在一个 2^2-型弧传递子群, 则 $s=2$ 或 3;

(2) 若 G 是 2^2-型群, 则 G 没有 1-正则子群.

称一个连通的三度 (G,s)-正则图为 G-basic 图, 如果 Γ 没有非平凡的正规子群作用在 $V(\Gamma)$ 上至少有 3 个轨道. 命题 4.2.2 来源于文献 [153] 中的定理 1.1.

命题4.2.2　设 G 是可解群, Γ 是一个连通的三度 $(G,3)$-正则图. 如果 Γ 是 G-basic 图, 则 $\Gamma\cong K_{3,3}$, 且 $G\cong S_3^2\rtimes\mathbb{Z}_2$.

定理 4.2.1　图 $\mathcal{NCG}_{18n^3}$ 是一个连通的三度弧传递非凯莱图, 其自同构群是可解群且是 2^2-型群.

证明　设 $\mathcal{P}:\mathcal{NCG}_{18n^3}\mapsto K_{3,3}$ 为覆盖射影. 令 $A=\mathrm{Aut}(\mathcal{NCG}_{18n^3})$, $F=N_A(K)$, 则 $L=F/K$ 是 $\mathrm{Aut}(K_{3,3})$ 沿射影 $\mathcal{P}$ 可以被提升的最大子群.

在图 $K_{3,3}$ 中, 从顶点 u 出发, 共有 4 个基本闭途, 分别记为 $uyvz$, $uzwx$, $uyvx$ 和 $uzwy$. 它们分别由 4 个余树弧 $(v,\,z)$, $(w,\,x)$, $(v,\,x)$, $(w,\,y)$ 生成. 因为

$$\langle\phi(v,z),\phi(w,x),\phi(v,x),\phi(w,y)\rangle=\langle h,h^{-1}a,h^{-1}b,hc\rangle=K,$$

所以图 $\mathcal{NCG}_{18n^3}$ 连通.

如下定义 $V(K_{3,3})$ 上的 4 个置换:

$$\alpha_1=(uvw),\ \alpha_2=(xyz),\ \beta=(ux)(vy)(wz),\ \delta=(vywz)(ux).$$

易知, $\mathrm{Aut}(K_{3,3})=\langle\alpha_1,\alpha_2,\beta,\delta\rangle\cong(S_3\times S_3)\rtimes\mathbb{Z}_2$, 并且 $\langle\alpha_1,\alpha_2,\delta\rangle\cong(\mathbb{Z}_3\times\mathbb{Z}_3)\rtimes\mathbb{Z}_4$ 是 2-正则子群. 显然, $\langle\alpha_1,\alpha_2,\delta\rangle$ 中的每个二阶元都固定 $K_{3,3}$ 的两个部, 从而 $\langle\alpha_1,\alpha_2,\delta\rangle$ 是 2^2-型群, 且不包含正则子群. 因为 $\alpha_1^\delta=\alpha_2$, $\alpha_2^\delta=\alpha_1^{-1}$, 所以 $\langle\alpha_1,\alpha_2,\delta\rangle$ 没有 3 阶正规子群.

在 α_1,α_2,β 和 δ 作用下, $K_{3,3}$ 的每条途径都被映到与其等长的途径. 表 4.1 列出了所有这些途径以及它们的电压值, 其中 C 表示 $K_{3,3}$ 的一条从顶点 u 出发的基本闭途, $\phi(C)$ 表示 C 的电压值.

表 4.1　基本闭途及其在 $\alpha_1, \alpha_2, \beta$ 和 δ 下像的电压值

C	$\phi(C)$	C^{α_1}	$\phi(C^{\alpha_1})$	C^{α_2}	$\phi(C^{\alpha_2})$
$uyvz$	h	$vywz$	hc^{-r}	$uzvx$	hb
$uzwx$	$h^{-1}a$	$vzux$	$h^{-1}b^{-r}$	$uxwy$	$h^{-1}a^{-r^2}c$
$uyvx$	$h^{-1}b$	$vywx$	$h^{-1}a^rb^{-r}c^{-r^2}$	$uzvy$	h^{-1}
$uzwy$	hc	$vzuy$	h	$uxwz$	ha^{-r}
C	$\phi(C)$	C^{β}	$\phi(C^{\beta})$	C^{δ}	$\phi(C^{\delta})$
$uyvz$	h	$xvyw$	$h^{-1}ab^{-r^2}c^{-r}$	$xwyv$	$ha^{-r}bc^{r^2}$
$uzwx$	$h^{-1}a$	$xwzu$	ha^{-r}	$xvzu$	$h^{-1}b^{-r^2}$
$uyvx$	$h^{-1}b$	$xvyu$	hb^{-r}	$xwyu$	$h^{-1}a^{-r^2}c$
$uzwy$	hc	$xwzv$	$h^{-1}a^{-r^2}b$	$xvzw$	hab^{-r}

设 $\bar{\alpha_1}$ 为按如下方式定义的映射:

$$\phi(C)^{\bar{\alpha_1}} = \phi(C^{\alpha_1}),$$

其中 C 取遍 $K_{3,3}$ 的从顶点 u 出发的 4 个基本闭途. 类似可定义 $\bar{\alpha_2}$, $\bar{\beta}$ 和 $\bar{\delta}$. 回忆到 $r^2+r+1=0 \pmod n$. 在下文证明中, 下面等式将会被频繁使用:

$$[a,b]=[a,c]=[b,c]=1,\ ah=ha^r,\ bh=hb^r,\ ch=hc^r.$$

根据表 4.1, 容易验证 $\bar{\alpha_1}$, $\bar{\alpha_2}$ 和 $\bar{\delta}$ 可扩充为 K 的 3 个自同构 α_1^*, α_2^*, δ^*, 分别满足:

$$\begin{aligned}
&\alpha_1^*:\ a\mapsto b^{-r}c^{-1}, b\mapsto a^rb^{-r}c^r, c\mapsto c^r, h\mapsto hc^{-r};\\
&\alpha_2^*:\ a\mapsto a^{-r^2}b^{r^2}c, b\mapsto b^{r^2}, c\mapsto a^{-r}b^{-1}, h\mapsto hb;\\
&\delta^*:\ a\mapsto a^{-1}c^r, b\mapsto a^rb^{r^2}c^{-r^2}, c\mapsto a^{-r^2}b^{r^2}c^{-r^2}, h\mapsto ha^{-r}bc^{r^2}.
\end{aligned}$$

因此, 由命题 3.2.1 知 α_1, α_2 和 δ 可被提升.

假设 $\bar{\beta}$ 可扩充为 K 的一个自同构, 记为 β^*. 由表 4.1 得

$$h^{\beta^*}=h^{-1}ab^{-r^2}c^{-r},\ (h^{-1}a)^{\beta^*}=ha^{-r}.$$

因此,

$$a^{\beta^*}=(h\cdot h^{-1}a)^{\beta^*}=h^{\beta^*}\cdot(h^{-1}a)^{\beta^*}=h^{-1}ab^{-r^2}c^{-r}\cdot ha^{-r}=b^{-1}c^{-r^2},$$

$$(a^{\beta^*})^{h^{\beta^*}}=(b^{-1}c^{-r^2})^{h^{-1}ab^{-r^2}c^{-r}}=b^{-r^2}c^{-r}.$$

因为 $a^h=a^r$, 所以

$$(a^{\beta^*})^{h^{\beta^*}}=(a^h)^{\beta^*}=(a^{\beta^*})^r,$$

即

$$b^{-r^2}c^{-r} = (b^{-1}c^{-r^2})^r = b^{-r}c^{-1},$$

通过比较 c 的方幂可推出 $r = 1$. 又因为 $r^2 + r + 1 = 0 \pmod n$, 所以有 $3 = 0 \pmod n$, 这与 $n \geqslant 7$ 矛盾. 从而, $\bar{\beta}$ 不能扩充为 K 的一个自同构.

由命题 3.2.1 知 β 不能被提升. 因为 $\alpha_1, \alpha_2, \delta$ 可以被提升, 且 $|\mathrm{Aut}(K_{3,3}) : \langle\alpha_1, \alpha_2, \delta\rangle| = 2$, 所以 $\mathrm{Aut}(K_{3,3})$ 中可被提升的最大子群为 $L = \langle\alpha_1, \alpha_2, \delta\rangle$. 因为 $F/K = L$ 以及 L 是 2-正则子群, 所以 $\mathcal{NCG}_{18n^3}$ 是 $(F, 2)$-正则图, 其中 F 是可解群.

假设 F 是 2^1-型群, 则 F 中存在一个二阶元 g 置换图 $\mathcal{NCG}_{18n^3}$ 中一条边的两个顶点, 因此 gK 是 F/K 中的一个二阶元, 可置换商图 $(\mathcal{NCG}_{18n^3})_K = K_{3,3}$ 中一条边的两个顶点, 这与 L 是 2^2-型群矛盾. 因此, F 是 2^2-型群.

下文证明 $F = A$, 以及图 $\mathcal{NCG}_{18n^3}$ 是非凯莱图. 首先证明 F 没有正则子群. 假设 F 存在子群 R 作用在 $V(\mathcal{NCG}_{18n^3})$ 上正则, 那么 R 为两倍奇数阶群. 由于 $\mathcal{NCG}_{18n^3}$ 是二部图, R 中存在一个二阶元 g 互换 $\mathcal{NCG}_{18n^3}$ 的两个部. 因为 $F/K \cong \langle\alpha_1, \alpha_2, \delta\rangle \cong (\mathbb{Z}_3 \times \mathbb{Z}_3) \rtimes \mathbb{Z}_4$, 并且 $|K| = 3n^3$ 是奇数, 所以 F 的 Sylow 2-子群同构于 $\mathbb{Z}_4$. 根据命题 1.2.4 可知, F 有一个正规 Hall $2'$-子群, 记为 H. 因为 $|F : H| = 4$ 且 F 是 2^2-型, 所以 H 作用在 $V(\mathcal{NCG}_{18n^3})$ 上恰有两个轨道, 点稳定子群同构于 $\mathbb{Z}_3$. 显然, H 的这两个轨道是 $\mathcal{NCG}_{18n^3}$ 的两个部, 从而 $H\langle g\rangle$ 是 F 的 1-正则子群, 这与命题 4.2.1 (2) 矛盾. 因此, F 没有正则子群.

假设 $A \neq F$. 此时, A 有一个弧传递 2^2-型真子群 F, 则由命题 4.2.1 (1) 可知 A 作用在图上 3-正则. 这说明 $|A : F| = 2$, 进而 $F \trianglelefteq A$. 因为 $A/F \cong \mathbb{Z}_2$, 且 F 是可解群, 所以 A 是可解群.

令 H 是 A 的一个极大正规子群, 满足作用在 $V(\mathcal{NCG}_{18n^3})$ 上至少有 3 个轨道. 根据命题 3.2.3 可知, H 是半正则子群, 商图 $(\mathcal{NCG}_{18n^3})_H$ 是 $(A/H, 3)$-正则的三度图. 由 H 的极大性知 $(\mathcal{NCG}_{18n^3})_H$ 是 A/H-basic 图. 由于 A/H 可解, 根据命题 4.2.2 可得 $(\mathcal{NCG}_{18n^3})_H \cong K_{3,3}$, $A/H \cong S_3^2 \rtimes \mathbb{Z}_2$. 这迫使 $|H| = |V(\mathcal{NCG}_{18n^3})|/6 = |K|$. 因为 $|A : F| = 2$ 以及 $|H/H \cap F| = |HF/F| \mid |A/F|$, 所以 $|H/H \cap F| = 1$ 或 2; 又因为 $|H|$ 是奇数, 所以 $|H/H \cap F| = 1$, 即 $H \leqslant F$.

注意到 $F = N_A(K)$. 因为 $A \neq F$, 所以 K 在 A 中不正规, 进而 $H \neq K$. 因为 $H \trianglelefteq F$, 所以 $H \cap K \trianglelefteq F$, 且 $1 \neq HK/K \trianglelefteq F/K$. 因为 $|K| = |H|$ 是奇数, $L = F/K \cong \mathbb{Z}_3^2 \rtimes \mathbb{Z}_4$, 所以商群 HK/K 是一个非平凡 3-群; 又因为 L 没有 3 阶正规子群, 所以 $HK/K \cong \mathbb{Z}_3^2$. 这可推出

$$|H \cap K| = \frac{|H||K|}{|HK|} = \frac{1}{9}|K|,$$

进而 $|H \cap K| = \frac{1}{54}|V(\mathcal{NCG}_{18n^3})|$. 因为 F 作用在 $\mathcal{NCG}_{18n^3}$ 上 2-正则, 且 $H \cap K \trianglelefteq F$, 所以由命题 3.2.3 得 $(\mathcal{NCG}_{18n^3})_{H\cap K}$ 是阶为 54 的连通三度 $(F/H \cap K, 2)$-正则图. 此外, 由于 F 没有正则子群, 所以 $F/H \cap K$ 作用在 $V((\mathcal{NCG}_{18n^3})_{H\cap K})$ 上也没有正则子群. 然而, 根据文献 [85], 在同构意义下只有一个 54 阶的连通三度对称图 F_{54}, 该图是 2-正则图且其围长为 6, 又由文献 [146] 定理 1.1 可知 F_{54} 是凯莱图. 这意味着 $(\mathcal{NCG}_{18n^3})_{H\cap K} \cong F_{54}$, $F/H \cap K = \mathrm{Aut}((\mathcal{NCG}_{18n^3})_{H\cap K})$, 从而 $F/H \cap K$ 有正则子群, 矛盾.

因此 $A = F$ 是可解 2^2-型群, 没有正则子群. 换言之, $\mathcal{NCG}_{18n^3}$ 是非凯莱图.□

注: 由定理 4.2.1 的证明可知, $K \trianglelefteq \mathrm{Aut}(\mathcal{NCG}_{18n^3})$. 当 $n = p$ 是素数时, 即 $K \cong \mathbb{Z}_p^3 \rtimes \mathbb{Z}_3$, 其中 $3 \mid (p-1)$, 群 K 有一个特征的 Sylow p-子群同构于 $\mathbb{Z}_p^3$, 记为 P. 因此, $P \trianglelefteq \mathrm{Aut}(\mathcal{NCG}_{18p^3})$. 显然, P 作用在 $V(\mathcal{NCG}_{18p^3})$ 上至少有 3 个轨道. 根据命题 3.2.3 可知, $(\mathcal{NCG}_{18p^3})_P$ 是一个 18 阶的连通三度对称图, 再根据文献 [85], 在同构意义下, 只有一个 18 阶的连通三度对称图, 即 Pappus 图. 因此, $\mathcal{NCG}_{18p^3}$ 是 Pappus 图的连通 2-正则 $\mathbb{Z}_p^3$-覆盖, 其中 $3 \mid (p-1)$.

4.3 本章小结

本章中, 我们通过考虑 $K_{3,3}$ 的弧传递非交换覆盖, 给出了一类非交换群上的弧传递非凯莱的无限类 Haar 图, 回答了 Estélyi 和 Pisanski 在文献 [24] 中提出的是否存在非交换群上的点传递非凯莱 Haar 图的问题. 另外, 该无限类图的自同构群是可解群, 这回答了是否存在无限多的具有可解弧传递自同构群的三度非凯莱图的问题. 关于一般素数度具有可解弧传递自同构群的非凯莱图, 读者可参考文献 [155].

第 5 章　一类 Haar 图网络

5.1　引　　言

随着科学技术的飞速发展，需要利用计算机处理的数据越来越多，建造更大规模的超级计算机系统共同平行交换和处理巨大的数据是势在必行的 [156]. 计算机系统中元件之间的连接模式称为该系统的*互连网络*，简称*网络*. 一个计算机系统的互连网络本质上刻画了该系统的结构特征，换言之，系统的互连网络逻辑上指定了该系统中所有元件之间的连接方式.

互连网络可以用图来表示. 图的顶点表示系统中的元件，图的边表示元件之间的物理连线. 这样的图称为*互连网络拓扑结构*，简称为*网络拓扑*. 反之，图也可以看成某个网络的拓扑结构. 从拓扑来讲，图和互连网络等同. 因此，本章不区分图与网络的区别. 实践证明，图论是设计和分析互连网络最基本且强有力的数学工具 [157].

本章中，我们将介绍一类著名的网络，即*超立方体网络*，它们是初等交换群上的 Haar 图. 本章中，我们也不再区分图中边和弧记号的区别，即在图 Γ 中，若顶点 x 和 y 通过边 e 相连，则记为 $e=(x,y)$.

5.1.1　超立方体网络的定义

n-维超立方体网络 Q_n (简称 n-立方体) 是迄今发现的用于构建大型并行或分布系统的最著名、最有效的拓扑结构. 它具有许多优良的性质，对设计大型并行或分布系统非常重要，例如递归结构、正则性、高对称性、强连通性、直径相对较小、度数小等[156-163]. 在 20 世纪 70 年代，超立方体网络就已经被用于超级计算机的设计，目前有许多基于超立方体网络的超级计算机已投入商业使用，关于这方面的历史可见文献 [156] 和 [164].

超立方体网络的定义如下，可见文献 [156].

定义 5.1.1　*设 n 是正整数. 一个 n-维超立方体网络记为 Q_n，是一个含有 2^n 个点的无向简单图，其顶点集是定义在集合 $\{0,1\}$ 上的长为 n 的序列 (这里的 2-元序列称为布尔向量或者 n 比特的 2 元串)，即*

$$V(Q_n)=\{x_nx_{n-1}\cdots x_1|x_i\in\{0,1\},1\leqslant i\leqslant n\},$$

边集为

$$E(Q_n)=\{(x_n\cdots x_{j+1}x_jx_{j-1}\cdots x_1,x_n\cdots x_{j+1}(1-x_j)x_{j-1}\cdots x_1)\mid x_i \in\{0,1\},1\leqslant i,j\leqslant n\}.$$

图 5.1 所示的是 1-4 维超立方体网络. 容易证明 n-维超立方体网络是初等交换 2-群 $\mathbb{Z}_2^n$ 上的凯莱图 (也可见文献 [156] 中的定理 6.1.2). 显然, Q_n 是二部图, 从而也是 $\mathbb{Z}_2^{n-1}$ 上的 Haar 图.

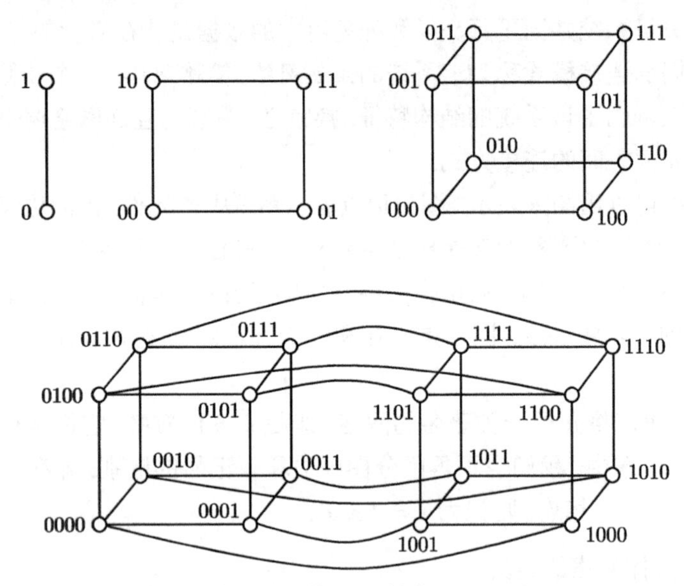

图 5.1 超立方体网络 Q_n, 其中 $n=1, 2, 3, 4$

定理 5.1.1 设 n 是正整数, $\mathbb{Z}_2^n=\langle a_1\rangle\times\cdots\times\langle a_n\rangle$. 则

$$Q_n\cong \mathrm{Cay}(\mathbb{Z}_2^n,\{a_1,\cdots,a_n\}),$$

且当 $n\geqslant 2$ 时,

$$Q_n\cong \mathrm{H}(\mathbb{Z}_2^{n-1},\{1,a_1,\cdots,a_{n-1}\}),$$

其中 1 是 $\mathbb{Z}_2^n$ 的单位元.

5.1.2 超立方体网络的圈嵌入和容错圈嵌入问题

在设计和评估一个互连网络的过程中, 一个核心问题就是判断一些已知的网络能否嵌入这个网络中, 从图的角度看, 这个问题就是所谓的图的嵌入问题. 以下

内容引自文献 [113]、[156]、[165]. 对于图 Γ 和 Γ', 如果存在 $V(\Gamma)$ 到 $V(\Gamma')$ 的一个映射 φ, 使得 Γ 的每条边在 φ 下的像为 Γ' 的一条路, 则称图 Γ 能被嵌入图 Γ' 中. 此时, 分别称 Γ' 和 Γ 为主图和客图. 有两种度量嵌入优劣的参数: 膨胀数 (dilation) 和负载因子 (the load factor). 最好的嵌入是使得膨胀数和负载因子都很小的嵌入. 如果客图 Γ 同构于主图 Γ' 的一个子图, 那么图 Γ 到这个子图的任意映射都可以看作一种特殊类型的嵌入, 我们称之为同构嵌入. 因为同构嵌入的膨胀数和负载因子均为 1, 所以同构嵌入是最重要的嵌入. 图的嵌入主要有两种应用: 从一个网络中移植并行算法开发程序到另一个网络中, 以及把同时进行的进程分配给处理器.

路和圈作为两种最常见的客图, 是并行和分部计算中两种基本的网络, 非常适合用于开发低成本的简单的算法程序. 为了解决各种代数学问题、图论问题以及它们产生的应用问题, 例如图像和信号处理问题, 许多有效的算法被设计, 而设计这些算法最初就是基于路和 (或) 圈设计的 [156-159,165-166]. 因此, 是否能嵌入路和 (或) 圈是网络设计中非常重要的考虑因素之一.

圈嵌入的问题也可以简单地描述为: 在给定的图中, 如何寻找一个给定长的圈. 如果图 Γ 包含任意长从 3 到 $|V(\Gamma)|$ 的圈, 则称图 Γ 是泛圈图; 如果 Γ 包含从 4 到 $|V(\Gamma)|$ 的任意偶数长的圈, 则称 Γ 是偶泛圈图. 泛圈性是度量一个网络是否适合嵌入任意长的圈的重要参数 [156,160,167]. 在一个不均匀的计算系统中, 每条边和每个顶点被分配的计算量和频带宽度也许是不同的 [168]. 因此, 泛圈性被推广到了边泛圈性和点泛圈性 [156,169-171]. 如果图 Γ 的每条边或每个顶点都位于长从 3 到 $|V(\Gamma)|$ 的圈中, 则称 Γ 是边泛圈图或点泛圈图; 如果 Γ 的每条边或每个顶点都位于任意偶数长从 3 到 $|V(\Gamma)|$ 的圈中, 则分别称 Γ 是边偶泛圈图或点偶泛圈图. 一个图是二部图, 如果图的顶点集合可以表示成两个非空的不交集合 X 和 Y 的并, 满足对于任意一条边 e, e 的一个端点在 X 中另一个端点在 Y 中. 显然, 二部图不存在奇数长的圈. 因此, 偶泛圈性、边偶泛圈性和点偶泛圈性实际上分别是泛圈性、边泛圈性和点泛圈性在二部图上的限制.

一个互连网络在被投入使用后, 出现故障是不可避免的, 其中发生故障的元素既有可能是代表服务器的顶点也有可能是代表连接关系的边. 因此, 网络是否具有一定的容错能力是一个非常关键的问题. 近年来, 一些网络的容错圈嵌入问题得到了广泛的关注, 关于这方面的工作, 读者可参考文献 [156]、[158]~[160]、[167]、[172]~[187]. 设 $F = F_v \cup F_e$ 是 Γ 的一个错误集合, 其中 $F_v \subseteq V(\Gamma)$, $F_e \subseteq E(\Gamma)$. 记 $f_v = |F_v|$, $f_e = |F_e|$. 称图 Γ 中一条边或一个顶点是错误的, 如果它包含在 F 中; 否则称图 Γ 是无错的. 在一些文献中, 错误元也被称为是故障元. 注意到一条错

误边既有可能有错误的端点, 也有可能有无错的端点. 称一条边 $e = (x, y)$ 是自由边 (free edge), 如果 e, x, y 均是无错的 (如图 5.2 所示). 一条路或圈是无错的, 如果它既不包含错误顶点也不包含错误边. 我们用 $\Gamma - F$ 表示图 Γ 的一个子图, 它是由 $\{x \mid x \in V(\Gamma), x \notin F\}$ 诱导出的, 而且不包含 F 中的边. 因此, $\Gamma - F$ 中的每条边都是一条自由边. 图 Γ 是容错偶泛圈图、容错边偶泛圈图或容错点偶泛圈图, 如果 $\Gamma - F$ 是偶泛圈、边偶泛圈或点偶泛圈图.

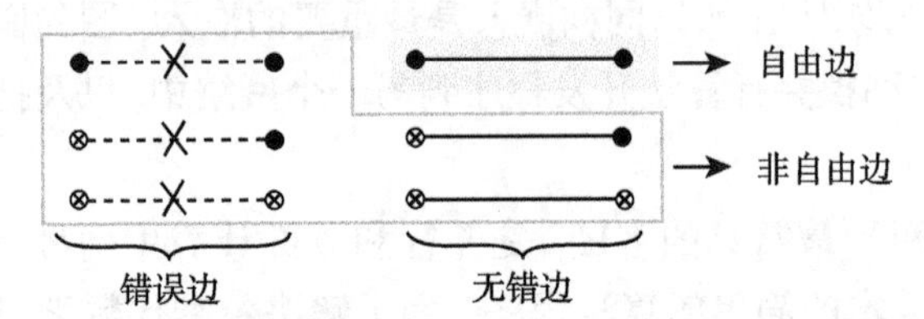

图 5.2 错误边、无错边、自由边、非自由边的图解

在对有错误元素的超立方体网络的研究中, 有一个常见的容错圈嵌入问题: 决定超立方体网络中是否能够嵌入任意可能长的无错圈, 即超立方体网络的容错偶泛圈性, 见文献 [156]、[158]、[165]、[182]、[183]、[188]、[189]. 其中, Q_n 中有可能只有错误顶点, 有可能只有错误边, 也有可能既有错误顶点又有错误边. 另外一个令人关注的容错圈嵌入问题就是超立方体网络的容错边偶泛圈性问题, 见文献 [156]、[167]、[176]、[180]~[184]、[186].

在对超立方体网络的容错圈嵌入研究中, 超立方体网络的容错偶泛圈性问题得到了广泛的关注, 见文献 [158]、[165]、[182]、[188]. 在条件错误模型 (the conditional-fault model) 的假设下, 即

“每一个无错顶点都关联至少两条自由边”,

Yang 等人在文献 [188] 中证明了当 $n \geqslant 3$ 时, 如果 $f_e \leqslant 2n-5$ 且 $f_v = 0$, 那么 Q_n 中存在长从 4 到 2^n 的无错偶圈; Tsai 在文献 [182] 中证明了当 $n \geqslant 5$ 时, 如果 $f_v + f_e \leqslant 2n-4$ 且 $f_e \leqslant n-2$, 则 Q_n 中存在长从 4 到 $2^n - 2f_v$ 的无错偶圈. 后来, Chang 和 Hsieh 在文献 [158] 中推广了上述结果, 他们证明了当 $n \geqslant 5$ 时, 如果 $f_v + f_e \leqslant 2n-4$, $f_e \leqslant 2n-5$ 且每一个无错顶点关联至少两条边, 满足每条边要么是无错的要么是错误的且同时具有一个错误的端点, 那么 Q_n 中仍然存在长从 4 到 $2^n - 2f_v$ 的无错偶圈.

超立方体网络的容错边偶泛圈性问题也得到了一些研究者的关注, 见文献 [160]、[165]、[176]、[177]、[180]~ [184]、[186]. 在条件错误模型的假设下, Tsai[180-181] 证明了当 $n \geqslant 4$ 时, 如果 $f_v \leqslant n-1$ 且 $f_e = 0$, 那么 Q_n 中的每条自由边都位于

长从 6 到 2^n-2f_v 的无错偶圈中. 对于一个只有错误边的 n-维超立方体网络 Q_n, 徐俊明等人 [186] 证明了当 $n\geqslant 4$ 时, 如果 $f_e\leqslant n-1$, 那么 Q_n 中的每条自由边都位于长从 6 到 2^n 的无错偶圈. 后来, Shih 等人 [176] 以及 Tsai 和 Lai[184] 分别独立证明了徐俊明等人提出的上述结论在 $f_e\leqslant 2n-5$ 时仍然成立. 对于同时具有错误顶点和错误边的超立方体网络的边偶泛圈性, Tsai[182] 证明了当 $f_v+f_e\leqslant n-2$ 时, Q_n $(n\geqslant 3)$ 中的每条自由边都位于长从 4 到 2^n-2f_v 的无错偶圈中, 并在文献 [180] 中提出如下猜想: 当 $f_v+f_e\leqslant n-1$ 时, 在条件错误模型的假设下, Q_n $(n\geqslant 4)$ 中的每条自由边都位于长从 6 到 2^n-2f_v 的无错偶圈中. 作者和其合作者在文献 [190]、[191] 中证实了该猜想成立, 并将错误元个数推广至 $f_v+f_e\leqslant 2n-5$. 5.5 节将介绍这两篇文献中的工作.

作为比较, 关于超立方体网络的容错点偶泛圈性的工作, 读者可参考文献 [165]、[181]. 对于其他网络的容错边偶泛圈性或容错点偶泛圈性的工作, 读者可参考文献 [165]、[174]、[175]、[178]、[179]、[185]、[192]、[193]、[194].

5.2　超立方体网络的概念和性质

令 $x=x_nx_{n-1}\cdots x_2x_1$ 为 Q_n 的一个顶点. 对于任意的正整数 $1\leqslant k\leqslant n$, 用 x^k 表示顶点 $x_n\cdots x_{k+1}(1-x_k)x_{k-1}\cdots x_1$. 称 Q_n 中的一条边 (x,y) 为 i-维边, 如果 $y=x^i$. 对于 Q_n 中的任意两个顶点 x 和 y, 它们之间的海明距离 (Hamming distance) 记为 $h(x,y)$, 是指 x 和 y 的字符串中不同位的个数; x 和 y 之间的距离记成 $d_{Q_n}(x,y)$, 是指在 Q_n 中 x 和 y 之间最短路的长度. 显然, $h(x,y)=d_{Q_n}(x,y)$. 首先介绍一个简单易证的命题, 其引自文献 [180] 中的引理 2.2.

命题 5.2.1　设 e 是 Q_n $(n\geqslant 2)$ 中的一条边. 则 Q_n 中存在 $n-1$ 个长为 4 的圈包含边 e.

命题 5.2.2　([183]) 设 X 和 Y 为 Q_n $(n\geqslant 2)$ 的两个部, a, b 为 X 中的两个不同顶点, c, d 为 Y 中的两个不同顶点. 那么, 在 Q_n 中存在两条顶点不交的路 $P[a,c]$ 和 $P[b,d]$ 使得 $V(P[a,c])\cup V(P[b,d])=V(Q_n)$.

根据文献 [163] 中的命题 3.2 和 3.3, 可得下述命题 (亦可见文献 [195] 中的引理 2.1).

命题 5.2.3　设 x 和 y 为 Q_n 中的两个顶点. 则在 Q_n 中存在 n 条互不相交的 (x,y)-路, 其中 $h(x,y)$ 条长为 $h(x,y)$ 且位于一个 h-维的子立方体中, 其余 $n-h(x,y)$ 条长为 $h(x,y)+2$.

下面介绍的几个命题是关于具有错误元素的超立方体网络的无错路或无错圈.

首先回顾前文介绍过的几个符号和定义. 设 $F=F_v\cup F_e$ 为 Q_n 中的一个错误集, 其中 $F_v\subset V(Q_n)$, $F_e\subset E(Q_n)$. 记 $f_v=|F_v|$, $f_e=|F_e|$. 称 F 中的顶点和边分别为错误顶点和错误边, 不在 F 中的顶点和边分别为无错顶点和无错边. 设 $e=(x,y)$ 为 Q_n 中的一条边, 如果 $\{e,\ x,\ y\}\cap F=\varnothing$, 则称 e 是一条自由边. 称 Q_n 中的一条路 (或圈) 为无错路 (或无错圈), 如果它不包含任何错误顶点或错误边. 根据命题 5.2.3 和文献 [195] 中的定理 2.4, 易得下述命题.

命题 5.2.4 在 Q_n $(n\geqslant 2)$ 中, 如果 $f_v+f_e\leqslant n-2$, 那么对于任意两个不同的无错顶点 x 和 y, 存在一条长为 ℓ 的无错 (x,y)-路, 其中 ℓ 为介于 $h(x,y)+2$ 到 2^n-2f_v-1 之间的满足 $2\mid(\ell-h(x,y))$ 的任意正整数. 此外, Q_n 中存在一条长为 $h(x,y)$ 的无错 (x,y)-路, 如果 $h(x,y)>f_v+f_e$.

由命题 5.2.4 可得如下命题, 亦可见文献 [182] 中的定理 1.

命题 5.2.5 在 Q_n $(n\geqslant 3)$ 中, 如果 $f_v+f_e\leqslant n-2$, 那么 Q_n 中的每条自由边都位于一个长为 ℓ 的无错偶圈中, 其中 ℓ 为介于 4 到 2^n-2f_v 之间的任意偶数.

下面介绍 4 个关于超立方体网络的容错圈嵌入的命题.

命题 5.2.6 ([182]) 在 Q_n $(n\geqslant 5)$ 中, 如果 $f_e+f_v\leqslant 2n-4$ 且 $f_e\leqslant n-2$, 那么 Q_n 存在长为 ℓ 的无错偶圈, 其中 ℓ 为在 4 到 2^n-2f_v 之间的任意偶数.

命题 5.2.7 ([158]) 在 Q_n $(n\geqslant 3)$ 中, 如果 $f_e+f_v\leqslant 2n-4$, $1\leqslant f_e\leqslant 2n-5$ 且每个无错顶点都关联至少两条边满足要么是无错边要么是至少有一个端点是错误顶点的错误边, 那么 Q_n 存在长为 ℓ 的无错偶圈, 其中 ℓ 为介于 4 到 2^n-2f_v 之间的任意偶数.

下述命题引自文献 [176] 中的定理 1, 也可见文献 [184] 中的定理 1.

命题 5.2.8 在 Q_n $(n\geqslant 4)$ 中, 如果 $f_e\leqslant 2n-5$, $f_v=0$ 且每个无错顶点都关联至少两条自由边, 那么 Q_n 中的每条自由边都位于一个长为 ℓ 的无错偶圈中, 其中 ℓ 为介于 6 到 2^n 之间的任意偶数.

命题 5.2.9 ([159]) 设 e_1 和 e_2 为 Q_n $(n\geqslant 3)$ 中的两条自由边. 如果 $f_v\leqslant 1$ 且 $f_e=0$, 那么 Q_n 存在一条长为 2^n-2f_v 的无错圈包含 e_1 和 e_2.

在 Q_n 中, 我们称一个无错顶点 u 是 i-可救援点, 如果 u 恰好关联 i 条自由边.

引理 5.2.1 在 Q_n $(n\geqslant 4)$ 中, 如果 $f_v+f_e\leqslant 2n-5$, 那么

(1) Q_n 最多存在两个无错顶点是 2-可救援点;

(2) 如果点 u 和 v 是两个不同的 2-可救援的无错顶点, 则 (u,v) 是一条错误边.

证明 假设 Q_n 中存在 3 个不同的无错顶点为 2-可救援点, 记为 u, v, w. 那么, 它们关联的非自由边数都恰为 $n-2$. 因为 Q_n 是二部图, 所以在 Q_n 中,

由 u, v, w 诱导出的子图不是圈, 从而诱导子图中至多有两条边. 这意味着 u, v, w 总共关联至少 $3(n-2)-2=3n-8$ 条非自由边, 迫使 $2n-5 \geqslant f_v+f_e \geqslant 3n-8$, 即 $n \leqslant 3$, 矛盾. 因此, (1) 成立.

假定 u 和 v 是 Q_n 中的两个不同的 2-可救援的无错顶点. 则 u 和 v 都关联 $n-2$ 条非自由边. 假设 (u,v) 不是错误边, 则 u 和 v 一共关联至少 $n-2+n-2=2n-4$ 条非自由边, 从而 $f_v+f_e \geqslant 2n-4$, 矛盾. 因此, (2) 成立. □

5.3　超立方体网络的划分和无错圈的构造

n-维超立方体网络 Q_n 上的一个划分 (partition) 是指将 Q_n 沿 k 维划分成两个 $(n-1)$-维子立方体, 分别记为 L_k 和 R_k, 其中 $k \in \{1, 2, \cdots, n\}$, 并且用 $Q_n = L_k \odot R_k$ 来表示沿 k 维的划分 (见文献 [196]). 显然, L_k 和 R_k 之间的所有的边均为 k-维边, 我们称之为交叉边. 分别记 F_v^L (或 F_v^R) 和 F_e^L (或 F_e^R) 为 L_k (或 R_k) 中的错误顶点和错误边的集合. 规定 $f_v^L=|F_v^L|$, $f_e^L=|F_e^L|$, $f_v^R=|F_v^R|$, $f_e^R=|F_e^R|$, f_e^c 为错误的交叉边的条数. 那么, 我们有

$$f_v=f_v^L+f_v^R,\ f_e=f_e^L+f_e^R+f_e^c.$$

首先给出至多存在 $2n-5$ 个错误元素的超立方体网络 Q_n $(n \geqslant 4)$ 的一个特殊划分.

引理 5.3.1　设 F 为 n-维超立方体网络 Q_n $(n \geqslant 4)$ 的一个错误集, 满足 $f_v+f_e \leqslant 2n-5$ 和 $f_e \leqslant n-2$. 设 (x,y) 为 Q_n 中的一条 i-维的自由边, 其中 x 和 y 在 Q_n 中均关联至少两条自由边. 则存在 Q_n 的一个划分 $Q_n=L_j \odot R_j$ 使得下述结论成立:

(1) $(x,y) \in E(L_j)$;

(2) x 和 y 在 L_j 中均关联至少两条自由边.

此外, 如果存在一条错误边维数为 $\ell \neq i$, 那么存在某个整数 j 使得 (1) 和 (2) 成立且

(3) $f_v^L+f_e^c \geqslant 1$, $f_e^L+f_e^R \leqslant n-3$;

如果 $f_v \geqslant 3$ 且每条错误边的维数均为 i, 那么存在某个整数 j 使得 (1), (2) 成立且

(4) $f_v^L \geqslant 1$.

证明　因为 x 和 y 在 Q_n 中都关联至少两条自由边, 我们可根据 x, y 关联的自由边的条数分 3 种情形进行讨论.

情形 1: x 和 y 在 Q_n 中都关联至少 3 条自由边.

令 $Q_n = L_j \odot R_j$ 为 Q_n 的一个沿 j 维的划分使得 $(x,y) \in E(L_j)$, 其中 $1 \leqslant j \neq i \leqslant n$. 那么, x 和 y 在 L_j 中关联至少两条自由边, 即 (1)、(2) 成立.

假定存在一条错误边, 其维数为 $\ell \neq i$. 取 $j = \ell$, 则对于划分 $Q_n = L_j \odot R_j$, 我们有 (1) 和 (2) 成立. 进一步地, $f_e^c \geqslant 1$, $f_e^L + f_e^R \leqslant (n-2) - 1 = n-3$, 即 (3) 成立.

假定 $f_v \geqslant 3$〔注意到在情形 1 中, 证明 (4) 成立时不需要假定每条错误边的维数均为 i〕. 不妨令 $x = x_n \cdots x_{i+1} 0 x_{i-1} \cdots x_1$, $y = x_n \cdots x_{i+1} 1 x_{i-1} \cdots x_1$, 其中对于任意的 $k \neq i$, $x_k = 0$ 或 1. 那么存在一个错误顶点 $u = u_n u_{n-1} \cdots u_1$ 使得对某个正整数 $t \neq i$ 有 $u_t = x_t$; 否则, 最多存在两个错误顶点 $(1-x_n)\cdots(1-x_{i+1})0(1-x_{i-1})\cdots(1-x_1)$ 和 $(1-x_n)\cdots(1-x_{i+1})1(1-x_{i-1})\cdots(1-x_1)$, 这与假设 $f_v \geqslant 3$ 矛盾. 这说明 x, y, u 的字符串的第 t-位均为 x_t. 取 $j = t$, 我们得到一个划分 $Q_n = L_j \odot R_j$ 使得 (1)、(2) 和 (4) ($f_v^L \geqslant 1$) 成立.

情形 2: x 和 y 在 Q_n 中都恰好关联两条自由边.

在这种情形中, x 和 y 在 Q_n 中都关联至少 $n-2$ 条非自由边. 因此, 我们有 $2n-5 \geqslant f_v + f_e \geqslant (n-2) + (n-2) = 2n-4$, 与假设 $f_v + f_e \leqslant 2n-5$ 矛盾.

情形 3: x 和 y 中一个在 Q_n 中恰好关联两条自由边, 另一个关联至少 3 条自由边.

不失一般性, 我们可假定 x 在 Q_n 中恰好关联两条自由边, y 关联至少 3 条自由边.

首先证明 (1)、(2) 和 (3) 成立〔注意到在情形 3 中, 证明 (3) 成立不需要假定存在一条错误边维数为 $\ell \neq i$〕. 假定 x 关联一条错误边, 设其维数为 j. 则 $j \neq i$ 且存在一个划分 $Q_n = L_j \odot R_j$ 满足 $(x,y) \in E(L_j)$ 和 x 在 L_j 中关联至少两条自由边. 因为 y 在 Q_n 中关联至少 3 条自由边, 所以 y 在 L_j 中至少关联两条自由边. 进一步地, $f_e^c \geqslant 1$, 从而 $f_e^L + f_e^R \leqslant n-2-1 = n-3$. 因此, (1)、(2) 和 (3) 成立.

假定 x 在 Q_n 中关联的所有边均为无错边. 因为 x 在 Q_n 中恰好关联两条自由边, 所以 x 在 Q_n 中邻接 $n-2$ 个错误顶点. 这说明 $f_v \geqslant n-2$, $f_e^L + f_e^R \leqslant f_e \leqslant 2n-5-(n-2) = n-3$. 令 z 为 x 的一个错误的邻点. 设 (x,z) 的维数为 j. 则 $j \neq i$ 且存在划分 $Q_n = L_j \odot R_j$ 使得 (1) 和 (2) 成立. 因为 x 邻接 $n-2$ 个错误顶点且 $n \geqslant 4$, 所以 $f_v^L \geqslant 1$. 显然, $f_v^L + f_e^c \geqslant 1$, 即 (3) 成立.

最后, 假定每条错误边的维数均为 i, 我们证明 (1)、(2) 和 (4) 成立〔注意到在情形 3 中, 证明 (4) 成立时不需要假定 $f_v \geqslant 3$〕. 显然, 每个顶点都只关联一条 i 维边. 因为 (x,y) 是一条 i 维的自由边且每条错误边的维数都是 i, 所以 x 不与任意一条错误边关联; 又因为 x 恰好关联两条自由边, 所以 x 邻接 $n-2$ 个错误顶点. 令 z 为 x 的一个错误邻点, (x,z) 的维数为 j. 那么存在一个划分 $Q_n = L_j \odot R_j$ 使

得 $(x,y) \in E(L_j)$ 且 $f_v^L \geqslant (n-2)-1 \geqslant 1$ $(n \geqslant 4)$. 此外, x 在 L_j 中关联两条自由边, 且因为 y 在 Q_n 中关联至少 3 条自由边, 所以 y 在 L_j 中也关联至少两条自由边. 因此, (1)、(2) 和 (4) $(f_v^L \geqslant 1)$ 成立. □

引理 5.3.2　*设 F 为 n-维超立方体网络 Q_n $(n \geqslant 4)$ 的一个错误集, 满足 $f_v + f_e \leqslant 2n-5$ 和 $f_e \geqslant n-1$, 且每个无错顶点都关联至少两条自由边. 设 (x,y) 为 Q_n 中一条 i-维的自由边. 如果存在一条错误边, 维数不等于 i, 则存在 Q_n 的一个划分 $Q_n = L_j \odot R_j$ 使得 $f_e^c \geqslant 1$, 且 L_j 与 R_j 中的每个无错顶点分别在 L_j 与 R_j 中关联至少两条自由边. 此外, 要么*

(1) $(x,y) \in E(L_j) \cup E(R_j)$, 即 $j \neq i$; 要么

(2) (x,y) 是一条交叉边, 即 $j = i$, $f_v^L + f_e^L = f_v^R + f_e^R = n-3$, 以及 $f_e^c = 1$. 进一步地, 存在两个无错顶点 $u \in V(L_j)$ 和 $v \in V(R_j)$, 使得 (u,v) 是唯一的错误交叉边, 并且 L_j (或 R_j) 中的每条非自由边都与 u (或 v) 关联.

证明　记 ι 为 Q_n 中 2-可救援的无错顶点的个数. 因为 $f_v + f_e \leqslant 2n-5$, 所以根据引理 5.2.1 可得 $\iota \leqslant 2$. 又因为 Q_n 中的每个无错顶点都关联至少两条自由边, 所以 Q_n 中没有 0-可救援或 1-可救援的无错顶点. 这说明 Q_n 中的一个无错顶点要么是 2-可救援点, 要么关联至少 3 条自由边. 根据 ι 的值分情况讨论.

情形 1: $\iota = 0$.

此时, Q_n 中的每个无错顶点关联至少 3 条自由边. 注意到存在一条错误边, 其维数与边 (x,y) 的维数不同. 对于任意一条 j-维的错误边, 其中 $j \neq i$, 令 $Q_n = L_j \odot R_j$ 是沿 j 维的划分. 那么 $f_e^c \geqslant 1$. 因为每个无错顶点在 Q_n 中关联至少 3 条自由边, 所以 L_j (或 R_j) 中的每个无错顶点在 L_j (或 R_j) 中关联至少两条自由边; 又因为 (x,y) 的维数为 $i \neq j$, 所以 $(x,y) \in E(L_j) \cup E(R_j)$.

情形 2: $\iota = 1$.

此时, Q_n 中只有一个无错顶点恰好关联两条自由边, 记该点为 u, 其他无错顶点关联至少 3 条自由边. 那么, u 恰好与 $n-2$ 条非自由边关联. 因为 $f_e \geqslant n-1$ 且 $f_v + f_e \leqslant 2n-5$, 所以 $f_v \leqslant n-4$. 这意味着 u 至少与两条错误边关联, 显然其中一条错误边的维数为 $j \neq i$. 考虑沿 j-维的划分 $Q_n = L_j \odot R_j$. 那么, $f_e^c \geqslant 1$ 且 $(x,y) \in E(L_j) \cup E(R_j)$. 此外, $u \in L_j$ 或 R_j, 并且在 L_j 或 R_j 中, u 恰好关联两条自由边. 对于 L_j 或 R_j 中任意无错顶点 $w \neq u$, 因为 w 在 Q_n 中关联至少 3 条自由边, 所以 w 在 L_j 或 R_j 中关联至少两条自由边.

情形 3: $\iota = 2$.

在这种情形下, Q_n 中存在两个不同的无错顶点 u 和 v 恰好关联两条自由边, 其余无错顶点均关联至少 3 条自由边. 根据引理 5.2.1 (2) 可知, (u,v) 是一条错误边, 维数记为 j. 考虑沿 j-维的划分 $Q_n = L_j \odot R_j$, 使得 $u \in V(L_j)$, $v \in V(R_j)$. 因为 (u,v) 是一条错误的交叉边, 所以 $f_e^c \geqslant 1$, 并且 u (或 v) 在 L_j (或 R_j) 中恰好关联两条自由边. 换言之, u (或 v) 在 L_j (或 R_j) 中恰好关联 $n-3$ 条非自由边, 说明 $f_v^L + f_e^L \geqslant n-3$ 和 $f_v^R + f_e^R \geqslant n-3$. 因为 $f_v + f_e \leqslant 2n-5$ 且 $f_e^c \geqslant 1$, 所以 $f_v^L + f_e^L = f_v^R + f_e^R = n-3$. 从而, L_j 或 R_j 中的每条非自由边都与 u 或 v 关联 (如图 5.3 所示). 对于 L_j 或 R_j 中的任意点 $w \notin \{u,v\}$, 因为 w 在 Q_n 中关联至少 3 条自由边, 所以 w 在 L_j 或 R_j 中关联至少两条自由边. 显然, 或者 $j \neq i$ 且 $(x,y) \in E(L_j) \cup E(R_j)$, 或者 $j = i$ 且 (x,y) 是一条交叉边. □

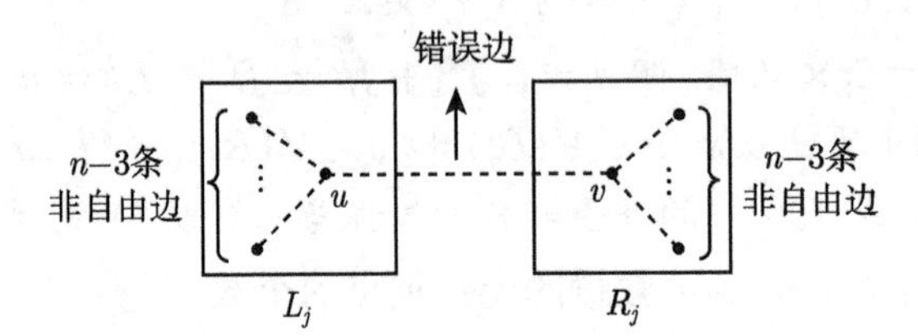

图 5.3　沿 j-维的一个划分 $Q_n = L_j \odot R_j$

最后, 我们介绍一种超立方体网络中无错圈的构造方法. 设超立方体网络中的两条路 $P_1 = (x_1, x_2, \cdots, x_m)$ 和 $P_2 = (y_1, y_2, \cdots, y_n)$, 满足 $x_m = y_1$ 且顶点 x_1, $x_2, \cdots$, x_m, $y_2, \cdots$, y_n 互不相同. 显然, $(x_1, x_2, \cdots, x_m, y_2, \cdots, y_t)$ 是一条路, 我们称之为路 P_1 和 P_2 的串联 (path-concatenation), 记为 $P_1 + P_2$. 设 $P_3 = (x_s, x_{s+1}, \cdots, x_{s+t})$ 是路 P_1 的一条长至少为 1 的子路. 记 $P_1 - P_3$ 为路 $(x_1, x_2, \cdots, x_s) \cup (x_{s+t}, \cdots, x_m)$.

设 $Q_n = L_k \odot R_k$ 是 n-维超立方体网络 Q_n $(n \geqslant 4)$ 的一个划分, (x,y) 为 L_k (或 R_k) 中的一条自由边, 其中 $1 \leqslant k \leqslant n$. 称 Q_n 中的一条路 (或一个圈) 为 (x,y)-无错路 (或 (x,y)-无错圈), 如果这条路 (或圈) 是无错的且包含边 (x,y), 称 L_k (或 R_k) 中的一条无错 (a,b)-路为端点无错路 (end-fault-free path), 如果 (a,a^k) 和 (b,b^k) 均为自由边; 进一步地, 如果这条路包含边 (x,y), 那么称其为 (x,y)-端点无错的 (a,b)-路或 (x,y)-端点无错路.

引理 5.3.3　设 $Q_n = L_k \odot R_k$ 是 n-维超立方体网络 Q_n $(n \geqslant 4)$ 的一个划分, (x,y) 为 L_k 中的一条自由边, 其中 $1 \leqslant k \leqslant n$.

(1) 设 P_L 是 L_k 中一条端点无错的 (a,b)-路. 如果 R_k 中存在一条无错 (a^k, b^k)-路 P_R, 那么 $P_L + (a,a^k) + P_R + (b,b^k)$ 是一个长为 $|P_L| + |P_R| + 2$ 的无错圈包含路 P_L. 如果 $f_v^R + f_e^R \leqslant n-3$, 那么在 Q_n 中存在长从 $|P_L| + h(a,b) + 4$ 到 $|P_L| + 2^{n-1} - 2f_v^R + 1$ 的无错偶圈包含路 P_L. 特别地, 如果 $f_v^R + f_e^R < h(a,b)$, 那么存在

一个长为 $|P_L|+h(a,b)+2$ 的无错偶圈包含 P_L.

(2) 设 C_L 是 L_k 中的一个 (x,y)-无错圈. 如果对于某个正整数 ℓ 有 $|C_L|>2(f_v^R+f_e^R+f_e^c)+\ell$, 那么 C_L 中包含 ℓ 条不同的长为 $|C_L|-1$ 的 (x,y)-端点无错路. 此外, 在 Q_n 中存在长从 $|C_L|+2$ 到 $|C_L|+2\lceil\ell/2\rceil$ 的 (x,y)-无错圈.

(3) 设 $f_v^L\leqslant 1$, $f_e^L=0$. 如果 R_k 中存在一个无错圈 C_R 满足 $|C_R|>2(f_v^L+f_e^L+f_e^c)+1$, 那么 Q_n 中存在两个长分别为 $2^{n-1}-2f_v^L+2$ 和 $2^{n-1}-2f_v^L+|C_R|$ 的 (x,y)-无错圈.

证明　(1) 设 P_L 是 L_k 中一条端点无错的 (a,b)-路, P_R 是 R_k 中一条无错的 (a^k,b^k)-路. 显然, $P_L+(a,a^k)+P_R+(b,b^k)$ 是一个长为 $|P_L|+|P_R|+2$ 的无错圈且包含路 P_L. 假定 $f_v^R+f_e^R\leqslant n-3$. 根据命题 5.2.4 可知, 对于任意的满足 $h(a,b)+2\leqslant\ell\leqslant 2^{n-1}-2f_v^R-1$ 和 $2\mid(\ell-h(a,b))$ 的正整数 ℓ, 在 P_R 中存在一条长为 ℓ 的无错 (b^k,a^k)-路. 因此, $P_L+(b,b^k)+P_R+(a,a^k)$ 是一个长为 $|P_L|+\ell+2$ 的包含 P_L 的无错圈, 即存在长从 $|P_L|+h(a,b)+4$ 到 $|P_L|+2^{n-1}-2f_v^R+1$ 的无错偶圈包含路 P_L. 进一步地, 如果 $f_v^R+f_e^R<h(a,b)$, 由命题 5.2.3 可知在 R_k 中存在一条长为 $h(a,b)$ 的无错 (a^k,b^k)-路, 记为 P_R. 因此, $P_L+(a,a^k)+P_R+(b,b^k)$ 是一个长为 $|P_L|+h(a,b)+2$ 的无错偶圈且包含 P_L.

(2) 设 $P=(c_1,c_2,\cdots,c_n)$ 是 L_k 中的一条无错路, 满足对于任意的 $1\leqslant i\leqslant n-1$, (c_i,c_i^k), (c_i^k,c_{i+1}^k) 和 (c_{i+1},c_{i+1}^k) 中至少有一条边不是自由边. 令 F 表示 Q_n 的错误集, 定义 $f_P=|F\cap\{c_i^k,c_{i+1}^k,(c_i,c_i^k),(c_i^k,c_{i+1}^k),(c_{i+1},c_{i+1}^k)\mid 1\leqslant i\leqslant n-1\}|$. 易知 $f_P\geqslant\lceil|P|/2\rceil$.

注意到 $C_L-(x,y)$ 是一条长为 $|C_L|-1$ 的无错路. 设 (a_1,b_1), (a_2,b_2), $\cdots$, (a_m,b_m) 是路 $C_L-(x,y)$ 上的边, 满足对于每个 $1\leqslant j\leqslant m$, (a_j,a_j^k), (b_j,b_j^k) 和 (a_j^k,b_j^k) 都是自由边. 那么 C_L 包含 m 条不同的长为 $|C_L|-1$ 的 (x,y)-端点无错路, 即 $C_L-(a_i,b_i)$, 其中 $1\leqslant i\leqslant m$. 显然, $C_L-(x,y)-\bigcup_{j=1}^m(a_j,b_j)$ 是 $m+1$ 条顶点不交的路的并, 分别记为 P_1, P_2, $\cdots$, P_{m+1} (注意到这些路的长也许为 0). 对于每个 $1\leqslant i\leqslant m+1$, 定义 $f_{P_i}=f_P$. 如果 $m<\ell$, 那么

$$
\begin{aligned}
f_v^R+f_e^R+f_e^c &\geqslant f_{P_1}+f_{P_2}+\cdots+f_{P_{m+1}}\\
&\geqslant\lceil|P_1|/2\rceil+\lceil|P_2|/2\rceil+\cdots+\lceil|P_{m+1}|/2\rceil\\
&\geqslant\lceil(|C_L|-m-1)/2\rceil\\
&\geqslant(|C_L|-m-1)/2\\
&>(|C_L|-\ell-1)/2,
\end{aligned}
$$

进而 $|C_L| \leqslant 2(f_v^R + f_e^R + f_e^c) + \ell$ 与假设 $|C_L| > 2(f_v^R + f_e^R + f_e^c) + \ell$ 矛盾. 因此, $m \geqslant \ell$. 于是 C_L 中包含 ℓ 条不同的长为 $|C_L| - 1$ 的 (x,y)-端点无错路. 在这 ℓ 条 (x,y)-端点无错路中, 至少有 $s = \lceil \ell/2 \rceil$ 条路的端点是互不相同的, 分别记为 (a_1,b_1)-路, (a_2,b_2)-路, $\cdots$, (a_s,b_s)-路. 对于每个 $1 \leqslant i \leqslant s$, $C_L - \bigcup_{j=1}^{i}(a_j,b_j) + \bigcup_{j=1}^{i}(b_j,b_j^k) + \bigcup_{j=1}^{i}(b_j^k,a_j^k) + \bigcup_{j=1}^{i}(a_j^k,a_j)$ 是一个长为 $|C_L| + 2i$ 的 (x,y)-无错圈〔如图 5.4 (a) 所示〕.

(3) 因为 $|C_R| > 2(f_v^L + f_e^L + f_e^c) + 1$, 类似 (2) 的证明, 在 C_R 中存在一条边 (a,b), 满足 (a,a^k), (b,b^k) 和 (a^k,b^k) 均是自由边且 $\{a^k,b^k\} \neq \{x,y\}$. 因为 $f_v^L \leqslant 1$ 且 $f_e^L = 0$, 根据命题 5.2.9, 存在一个长为 $2^{n-1} - 2f_v^L$ 的包含边 (a^k,b^k) 的 (x,y)-无错圈, 记为 C_L. 因此, $C_L - (a^k,b^k) + (a^k,a) + (a,b) + (b,b^k)$ 和 $C_L - (a^k,b^k) + (a^k,a) + C_R - (a,b) + (b,b^k)$ 是两个 (x,y)-无错圈, 其长分别为 $2^{n-1} - 2f_v^L + 2$ 和 $2^{n-1} - 2f_v^L + |C_R|$〔如图 5.4 (b) 所示〕. □

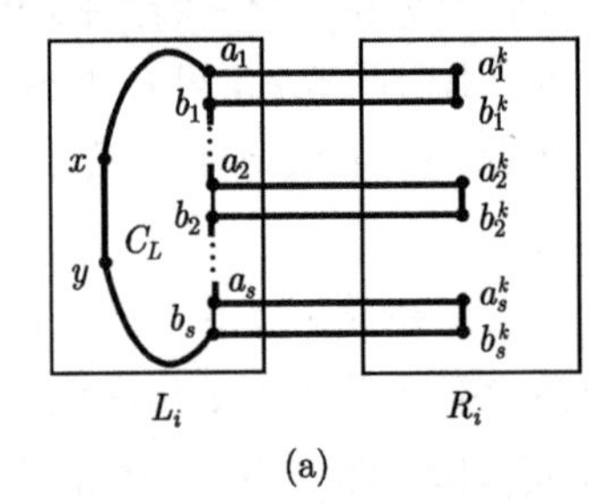

(a)

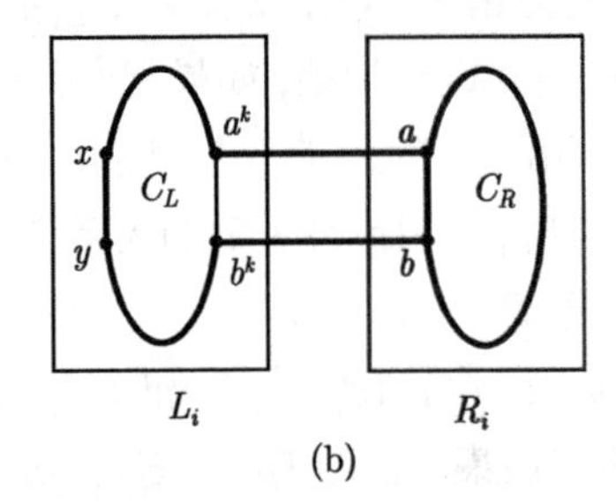

(b)

图 5.4 情形 2 和 3 的图解

5.4 低维超立方体网络的容错圈嵌入

设 F 是 3-维超立方体网络 Q_3 的一个错误集. 易知, 当 $f_v = 1$ 和 $f_e \leqslant 1$ 时, $Q_3 - F$ 同构于图 5.5 中的一个图; 当 $f_v = 2$ 和 $f_e \leqslant 1$ 时, $Q_3 - F$ 同构于图 5.6 中的一个图. 本节主要讨论 4-维超立方体网络的容错圈嵌入问题.

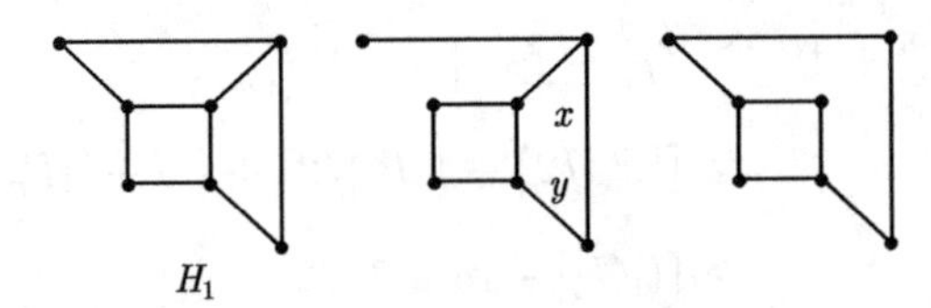

图 5.5 存在一个错误顶点和至多一条错误边时 Q_3 的一些诱导子图

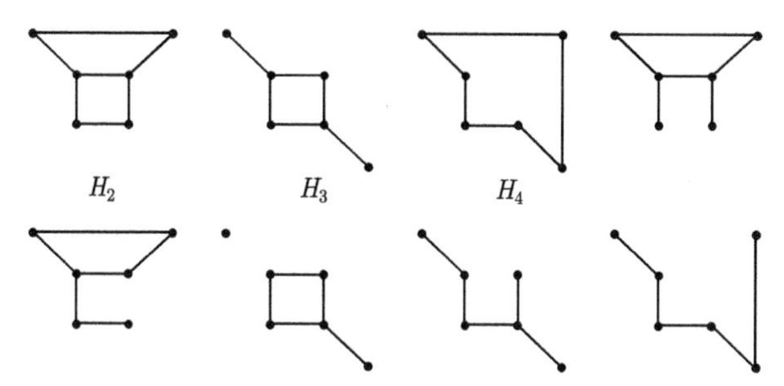

图 5.6　存在两个错误顶点和至多一条错误边时 Q_3 的一些诱导子图

引理 5.4.1　设 (x,y) 是 4-维超立方体网络 Q_4 中的一条自由边, 满足 x, y 在 Q_4 中均关联至少两条自由边. 如果 $f_v+f_e\leqslant 3$ 且 $f_e\leqslant 2$, 那么存在任意偶数长从 6 到 2^4-2f_v 的 (x,y)-无错圈.

证明　如果 $f_v+f_e\leqslant 2=4-2$, 根据命题 5.2.5 可知, 存在偶数长从 6 到 2^4-2f_v 的 (x,y)-无错圈. 因此, 在下文中我们可假定 $f_v+f_e=3$. 设边 (x,y) 的维数为 i.

首先, 假定 $f_e\geqslant 1$ 且每条错误边的维数均为 i. 那么, 存在 Q_4 的一个沿 i-维的划分 $Q_4=L_i\odot R_i$, 满足 $x\in V(L_i)$ 和 $y\in V(R_i)$. 不妨假设 $f_v^L\leqslant f_v^R$. 则有 $f_e^L=f_e^R=0$, $f_e^c\geqslant 1$ 和 $f_v^L\leqslant 1\leqslant f_v^R\leqslant 2$. 从而, $f_v^R=1$ 或 2.

设 $f_v^R=1$. 则 $f_v^R+f_e^R=1$, $f_v^L+f_e^L\leqslant 1$. 因为 $f_e^R=0$, 所以可假定 $R_i-F_v^R-F_e^R=H_1$ (如图 5.5 所示). 如果 H_1 中存在一条边 (y,w) 使得 (w,w^i) 是自由边, 由命题 5.2.4 可知在 R_i 和 L_i 中分别存在奇数长从 1 到 $2^3-2f_v^R-1$ 的端点无错的 (y,w)-路和奇数长从 3 到 $2^3-2f_v^L-1$ 的端点无错的 (x,w^i)-路〔注意到长为 1 的端点无错的 (y,w)-路就是自由边 (y,w)〕. 由引理 5.3.3 (1) 的第一部分可得长从 6 到 2^4-2f_v 的 (x,y)-无错偶圈. 因此, 我们可以假定 y 在 H_1 中的每个邻点都关联一条 i-维的非自由边. 因为 $f_v^L+f_e^L+f_e^c\leqslant f_v+f_e-f_v^R=2$, 所以 y 在 H_1 中的度为 2, 且 (z,z^i) 是一条自由边. 如果 z 不是 y 在 H_1 中的邻点, 此时不难选择一个顶点 z 使得 $h(y,z)=2$ 且在 H_1 中存在长为 2, 4 或 6 的 (y,z)-路. 又因为 $h(x,z^i)=2\geqslant 3-1$, 再次根据命题 5.2.4, 在 L_i 中存在偶数长从 2 到 $2^3-2f_v^L-2$ 的端点无错的 (x,z^i)-路, 进而可得长从 6 到 2^4-2f_v 的 (x,y)-无错偶圈.

设 $f_v^R=2$. 则 $f_v^L=f_e^L=f_e^R=0$, $f_e^c=1$. 可假定 $R_i-F_v^R-F_e^R=H_k$, 其中 $k=2$, 3 或 4 (如图 5.6 所示). 注意到 $f_v^L+f_e^L+f_e^c=1$. 对于 H_2 和 H_4 来说, y 位于一个 6-圈中, 因此在 R_i 中存在一个顶点 w 使得 $h(y,w)=2$ 且存在长为 2 和 4 的端点无错的 (y,w)-路. 根据命题 5.2.4 可知, 在 L_i 中存在任意偶数长从 2 到 $2^3-2f_v^L-2$ 的无错 (x,w^i)-路. 所以, Q_4 中存在长从 6 到 2^4-2f_v 的 (x,y)-

无错偶圈. 上述结论对于 y 不在 H_3 的 4-圈中的情形仍然成立. 如果 y 位于 H_3 的一个 4-圈中, 易知 H_3 中存在一个顶点 w 使得 $h(y,w)=1$ 且在 R_i 中存在长为 1 和 3 的端点无错的 (y,w)-路. 同理, 因为在 L_i 中存在奇数长从 1 到 $2^3-2f_v^L-1$ 的无错 (x,w^i)-路, 所以 Q_4 中存在长从 6 到 2^4-2f_v 的 (x,y)-无错偶圈.

下面假定 $f_e=0$ (即 $f_v=3$) 或者存在一条错误边维数为 $j\neq i$. 根据引理 5.3.1 可知, Q_4 中存在一个沿 j 维的划分 $Q_4=L_j\odot R_j$ 使得 $(x,y)\in E(L_j)$, $f_v^L+f_e^c\geqslant 1$, $f_e^L+f_e^R\leqslant 1$ 且 x 和 y 在 L_j 中均关联至少两条自由边. 因此, 我们有 $f_v^R+f_e^R=f_v+f_e-(f_v^L+f_e^c)-f_e^L\leqslant 2$. 根据 L_j 中错误元素的个数, 我们分 3 种情况进行讨论.

情形 1: $f_v^L+f_e^L\leqslant 1$.

根据命题 5.2.5 可知, L_j 中存在长从 6 到 $2^3-2f_v^L$ 的 (x,y)-无错偶圈. 注意到 $f_v^R+f_e^R\leqslant 2$.

设 $f_v^R+f_e^R\leqslant 1$. 因为 $2(f_v^L+f_v^R+f_e^R+f_e^c)\leqslant 6<2^3-1$, 所以有 $2^3-2f_v^L>2(f_v^R+f_e^R+f_e^c)+1$; 又因为在 L_j 中存在一个长为 $2^3-2f_v^L$ 的 (x,y)-无错偶圈, 根据引理 5.3.3 (2) 可知, L_j 中存在一条长为 $2^3-2f_v^L-1$ 的 (x,y)-端点无错的 (a,b)-路, 其中 $h(a,b)=1$, 且存在一个长为 $2^3-2f_v^L+2$ 的 (x,y)-无错圈. 再根据引理 5.3.3 (1) 的第二部分, 可得长从 $2^3-2f_v^L+4$ 到 2^4-2f_v 的 (x,y)-无错偶圈.

设 $f_v^R+f_e^R=2$. 则有 $f_v^L+f_e^L+f_e^c=1$, 进而有 $f_v^L\leqslant 1$. 因为 $f_v^L+f_e^c\geqslant 1$, 所以 $f_e^L=0$ 且 $f_v^L+f_e^c=1$; 又因为 $f_e^L+f_e^R\leqslant 1$, 所以 $f_e^R=1$ 或 0. 如果 $f_e^R=1$, 那么 $f_v^R=1$. 这时, $R_j-F_v^R-F_e^R$ 同构于图 5.5 中的某个图, 而且在 R_j 中存在长为 4 和 $6=2^3-2f_v^R$ 的无错圈. 因为 $4>2(f_v^L+f_e^L+f_e^c)+1$, 所以根据引理 5.3.3 (3) 可知, Q_4 中存在长从 $2^3-2f_v^L+2$ 到 2^4-2f_v 的 (x,y)-无错偶圈. 如果 $f_e^R=0$, 那么 $f_v^R=2$. 这时, $R_j-F_v^R-F_e^R$ 同构于 H_2, H_3 或 H_4 (如图 5.6 所示). 如果 R_j 中存在一个长为 $4=2^3-2f_v^R$ 的无错圈, 类似于上文可得证. 因此, 我们假定 $R_j-F_v^R-F_e^R=H_4$.

注意到在 L_j 中存在一个长为 $2^3-2f_v^L$ 的 (x,y)-无错圈. 因为 $f_v^L+f_e^c=1$, 所以有 $f_v^L=0$ 且 $f_e^c=1$, 或者 $f_v^L=1$ 且 $f_e^c=0$. 因此, 要么 $2^3-2f_v^L=8$, $f_v^R+f_e^R+f_c^c=3$; 要么 $2^3-2f_v^L=6$, $f_v^R+f_e^R+f_c^c=2$. 对于前一种情况, 在 L_j 中存在一条长为 $2^3-2f_v^L-2$ 的 (x,y)-端点无错的 (a,b)-路, 其中 $h(a,b)=2$. 对于后一种情况, 我们可假定 $L_j-F_v^L-F_e^L=H_1$ $(f_v^L=1,\ f_e^L=0)$, 而 H_1 的每条边都位于两个不同的 6-圈中, 所以这时在 L_j 中仍然存在一条 (x,y)-端点无错的 (a,b)-路长为 $2^3-2f_v^L-2$, 其中 $h(a,b)=2$. 因为 $R_j-F_v^R-F_e^R=H_4$ 是一

个 6-圈, 所以 R_j 中存在两条无错的 (a^j,b^j)-路, 其长分别为 2 和 $4=2^3-2f_v^R$. 根据引理 5.3.3 (1) 的一部分, Q_4 中存在长从 $2^3-2f_v^L+2$ 到 2^4-2f_v 的 (x,y)-无错偶圈, 得证.

情形 2: $f_v^L+f_e^L=2$.

这时, $f_v^R+f_e^R+f_e^c=1$. 因为 $f_e^L+f_e^R\leqslant 1$, 所以 $f_e^L=0$ 或 1.

设 $f_e^L=0$. 则 $f_v^L=2$. 这时, $L_j-F_v^L-F_e^L=H_2$, H_3 或 H_4 (如图 5.6 所示). 因为 x, y 在 L_j 中均关联至少两条自由边, 所以从图 5.6 可知 (x,y) 位于 $L_j-F_v^L-F_e^L$ 中的一个 4-圈或 6-圈中; 又因为 $f_v^R+f_e^R+f_e^c=1$, 所以 L_j 中存在长为 2 和 $4=2^3-2f_v^L$ 的 (x,y)-端点无错的 (a,b)-路, 其中 $h(a,b)=2$. 因为 $f_v^R+f_e^R\leqslant 1<h(a,b)$, 根据引理 5.3.3 (1) 的第二部分, Q_4 中存在长从 6 到 2^4-2f_v 的 (x,y)-无错偶圈.

设 $f_e^L=1$. 则 $f_v^L=1$. 此时 $L_j-F_v^L-F_e^L$ 同构于图 5.5 中的一个图. 因为 $f_e^L+f_e^R\leqslant 1$, 所以有 $f_e^R=0$ 和 $f_e^c+f_v^R=1$. 如果在 L_j 中存在一个长为 6 的 (x,y)-无错圈〔即在 $L_j-F_v^L-F_e^L$ 中存在一个长为 6 的 (x,y)-圈〕, 那么 $6=2^3-2f_v^L>2(f_v^R+f_e^R+f_e^c)+1=3$, 根据引理 5.3.3 (2) 可知, L_j 中存在一个长为 8 的 (x,y)-无错圈和一条长为 $5=2^3-2f_v^L-1$ 的 (x,y)-端点无错的 (c,d)-路, 其中 $h(c,d)=1$. 根据引理 5.3.3 (1) 的第二部分, 可得长从 10 到 2^4-2f_v 的 (x,y)-无错偶圈. 因此, 我们可假定在 L_j 中不存在长为 6 的 (x,y)-无错圈. 因为 x 和 y 在 L_j 中均关联至少两条自由边, 所以 $L_j-F_v^L-F_e^L$ 同构于图 5.5 中的第二个图且 (x,y) 位于 L_j 的两个无错 4-圈中. 因为 $4>2(f_v^R+f_e^R+f_e^c)+1=3$, 所以根据引理 5.3.3 (2) 可知, Q_4 中存在一个长为 6 的 (x,y)-无错圈和一条长为 3 的 (x,y)-端点无错的 (a,b)-路, 其中 $h(a,b)=1$. 又因为 $3=2^3-2f_v^L-3$, 所以根据引理 5.3.3 (1) 可知, Q_4 中存在长从 8 到 2^4-2f_v-2 的 (x,y)-无错偶圈. 此外, 因为 $f_v^R+f_e^R+f_e^c=1$, 易知在 L_j 中存在一条长为 $5=2^3-2f_v^L-1$ 的 (x,y)-端点无错的 (a,b)-路 (如图 5.5 中的第二个图所示), 其中 $h(a,b)=3$, 而且根据命题 5.2.4 可知, R_j 中存在一条长为 $2^3-2f_v^R-1$ 的无错 (a^j,b^j)-路. 因此, 我们可得到一个长为 2^4-2f_v 的 (x,y)-无错圈.

情形 3: $f_v^L+f_e^L=3$.

显然, $f_v^R+f_e^R+f_e^c=0$, 边 (x,y) 即一条长为 1 的 (x,y)-端点无错路. 根据引理 5.3.3 (1) 的第二部分可知, Q_4 中存在长为 6, 8 和 10 的 (x,y)-无错圈. 如果 $f_e^L=0$, 那么 $f_v=f_v^L=3$, 从而 $2^4-2f_v=10$, 此时引理得证. 因为 $f_e^L+f_e^R\leqslant 1$, 所以可假定 $f_e^L=1$. 于是, $f_v=f_v^L=2$. 只需证明存在一个长为 $12=2^4-2f_v$ 的 (x,y)-无错圈. 这时, $L_j-F_v^L-F_e^R$ 同构于图 5.6 中的一个图. 因为 x, y 在 L_j 中均关联至

少两条自由边且 $f_v^R+f_e^R+f_e^c=0$, 所以 L_j 中存在长为 $3=2^3-2f_v^L-1$ 的 (x,y)-端点无错的 (a,b)-路, 其中 $h(a,b)=1$ 或 3. 再次根据引理 5.3.3 (1) 的第二部分可得长为 12 的 (x,y)-无错圈. 引理得证. □

最后, 我们考虑两个错误集为 4 个错误顶点 (即 $f_v=4$, $f_e=0$) 的 4-维超立方体网络 Q_4, 如图 5.7 所示. 其中, 黑顶点表示无错顶点, 白顶点表示错误顶点. 分别用 H_5 和 H_6 表示图 5.7 中由黑顶点诱导出的两个子图. 从图中可知, H_5 中不包含长为 6 的无错圈, 而 H_6 中存在长为 4, 6 和 8 的无错圈. 事实上, 图 5.7(a) 说明了当 $f_v+f_e=2n-4$ 时, 引理 5.4.1 的结论不成立.

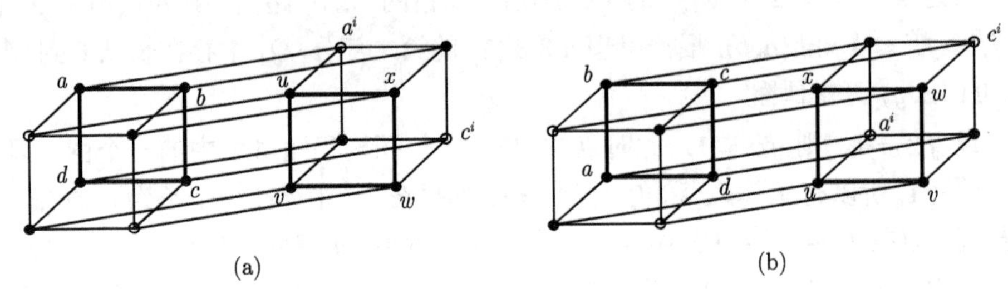

图 5.7　两个错误元为 4 个错误顶点 (即 $f_v=4$, $f_e=0$) 的 4-维超立方网络 Q_4

引理 5.4.2　*设 $F=F_v\cup F_e$ 是 Q_4 的一个错误集, 满足 $f_v+f_e=4$ 和 $f_e\leqslant 2$. 则要么 Q_4 中存在长从 4 到 2^4-2f_v 的无错偶圈, 要么 $Q_4-F\cong H_5$ (如图 5.7 所示). 进一步地, H_5 中的每条边都位于一个无错 4-圈和一个无错 8-圈中.*

证明　因为 $f_e\leqslant 2$, 所以 Q_4 中的每个顶点都关联至少两条无错边. 如果 $f_e\geqslant 1$, 由命题 5.2.7 可知在 Q_4 中存在长从 4 到 2^4-2f_v 的无错偶圈. 因此, 我们可假定 $f_e=0$, 即 $f_v=4$. 设 $Q_4=L_i\odot R_i$ 是 Q_4 的一个划分, 满足有两个错误顶点的第 i-位不同, 即 $f_v^R\geqslant 1$, $f_v^L\geqslant 1$. 不失一般性, 我们可假定 $f_v^R\leqslant f_v^L$. 因此, $f_v^L=3$ 或 2.

设 $f_v^L=3$. 易知此时 $L_i-F_v^L-F_e^L$ 同构于图 5.8 中的一个图. 因为 $f_e=0$, 所以 $f_v^R=f_v^R+f_e^R=1$. 根据命题 5.2.5 可知, 在 R_i 中存在长为 4 和 $6=2^3-2f_v^R$ 的无错圈. 因为 $f_v^R+f_e^R+f_e^c=1$, 所以在 L_i 中存在长为 $2=2^3-2f_v^L$ 的端点无错的 (a,b)-路 (如图 5.8 所示). 根据引理 5.3.3 (1) 的第二部分可得长为 $8=2^4-2f_v$ 的无错圈.

设 $f_v^L=2$. 因为 $f_e=0$, 所以可假定 $L_i-F_v^L-F_e^L=H_k$, 其中 $k=2$, 3 或 4. 注意到 $2^4-2f_v=8$.

对于 $k=2$ 或 4, 在 L_i 中存在一个无错的 6-圈. 因为 $6>2(f_v^R+f_e^R+f_e^c)+1=5$, 根据引理 5.3.3(2), Q_4 中存在长为 $8=2^4-2f_v$ 的无错圈. 因为 $f_e+f_v^R=2$, 显

然 H_2 和 H_4 中存在长为 1 的路 (a,b) 使得 (a^i,b^i) 是自由边, 这时 (a,b,b^i,a^i,a) 便是一个无错 4-圈.

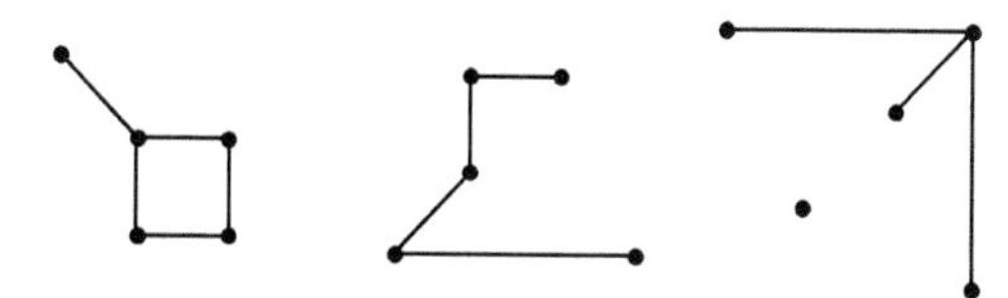

图 5.8　错误集为 3 个错误顶点 (即 $f_v=3$, $f_e=0$) 的 Q_3 的诱导子图

对于 $k=3$, $L_i-F_v^L-F_e^L=H_3$. 这时, Q_4 中存在一个无错 4-圈. 因为 $f_e=0$, 所以 $f_v^R=2$, $R_i-F_v^R-F_e^R\cong H_\ell$, 其中 $\ell=2$, 3 或 4. 对于 $\ell=2$ 或 4, R_i 中有一个无错 6-圈, 记为 C_R. 因为 $f_v^L+f_e=2$, 所以 C_R 中存在一条边 (a,b) 满足 (a,a^i) 和 (b,b^i) 都是自由边. 因此, $C_R-(a,b)+(a,a^i,b^i,b)$ 是一个无错 8-圈. 对于 $\ell=3$, 这时 $R_i-F_v^R-F_e^R\cong H_3$. 设 (a,b,c,d,a) 和 (u,v,w,x,u) 分别是 $L_i-F_v^L-F_e^L$ 和 $R_i-F_v^R-F_e^R$ 中唯一的 4-圈. 如果在 $\{a^i,b^i,c^i,d^i\}$ 中最多有一个错误顶点, 那么在 R_i 中存在一条长为 2 的无错路 (等价于 $R_i-F_v^R-F_e^R$ 中一条长为 2 的路), 记为 (a^i,b^i,c^i). 通过检查 H_3 (如图 5.6 所示) 可知, (a^i,b^i,c^i) 包含 (u,v,w,x,u) 的一条边, 记 $a^i=u$, $b^i=v$. 此时, (a,b,b^i,a^i,a), (a,d,c,b,b^i,a^i,a) 和 $(a,d,c,b,b^i=v,w,x,u=a^i,a)$ 分别为长为 4, 6 和 8 的无错圈. 因此, 假定 $\{a^i,b^i,c^i,d^i\}$ 中恰好有两个错误顶点. 类似地, 也可假定 $\{u^i,\ v^i,\ w^i,\ x^i\}$ 中有两个错误顶点. 注意到 L_i (或 R_i) 中的两个错误顶点距离为 2, 所以我们可进一步假定 a^i 和 c^i 是 R_i 中的两个错误顶点, a^i 是 u 的一个邻点. 那么, 根据 L_i 的错误集是 $\{u^i,\ w^i\}$ 或 $\{v^i,\ x^i\}$ 可知 $Q_4-F_v-F_e\cong H_5$ 或 H_6 (如图 5.7 所示). 易知 H_6 包含长为 4, 6 和 8 的圈, H_5 不包含 6-圈, 而且 H_5 的每条边都位于一个 4-圈和 8-圈中. □

5.5　条件错误模型下超立方体网络的容错边偶泛圈性

本节中, 我们讨论至多存在 $2n-5$ 个错误元素时, n-维超立方体网络 Q_n 的容错边偶泛圈性问题, 其中 $n\geqslant 3$. 这里的错误元素既有可能是错误顶点又有可能是错误边. 在介绍主要结论前, 我们首先证明引理 5.5.1 和 5.5.2.

引理 5.5.1　*设 $F=\{x_1,\ x_2,\ x_3\}$ 是 Q_n $(n\geqslant 3)$ 的一个错误集, 满足 (x_1,x_2,x_3) 是一条路. 那么对于任意的两个不同的距离为偶数的无错顶点 x 和 y, 存在任意偶数长从 $h(x,y)$ 到 2^n-6 的无错 (x,y)-路.*

证明　对 n 进行归纳. 当 $n=3$ 时, Q_3-F 同构于图 5.8 中的第一个图, 这时结论显然成立. 假设结论对于任意的正整数 $k\geqslant 3$ 都成立, 下面我们证明结

论对于 $n=k+1$ 也成立. 因为 (x_1,x_2,x_3) 是一条路, 显然存在一个划分 $Q_n=L_i\odot R_i$ 使得 $F\subseteq V(L_i)$. 那么, $f_v^L=3$, $f_v^R=f_e=0$. 我们考虑下面 3 种情形: $x,\ y\in V(L_i)$; $x,\ y\in V(R_i)$; $x\in V(L_i)$, $y\in V(R_i)$.

情形 1: $x,\ y\in V(L_i)$.

根据归纳假设, 在 L_i 中存在任意偶数长从 $h(x,y)$ 到 2^k-6 的无错 (x,y)-路. 设 P_L 是 L_i 中一条长为 2^k-6 的无错 (x,y)-路. 因为 $2^k-6\geqslant 2$, 所以 P_L 包含一条边 (a,b). 注意到 $f_v^R+f_e^R=0$. 根据命题 5.2.4 可知, 在 R_i 中存在奇数长从 1 到 2^k-1 的无错 (a^i,b^i)-路 P_R. 这时, $P_L-(a,b)+(a,a^i)+(b,b^i)+P_R$ 是一条任意偶数长从 $2^k-4=2^k-6+2$ 到 $2^{k+1}-6$ 的无错 (x,y)-路.

情形 2: $x,\ y\in V(R_i)$.

注意到 $f_v^R=f_e=0$. 根据命题 5.2.4 和 5.2.3 可知, R_i 中存在任意偶数长从 $h(x,y)$ 到 2^k-2 的无错 (x,y)-路. 设 P_R 是 R_i 中一条长为 2^k-2 的 (x,y)-路.

如果 $k\geqslant 4$, 则 $2^k-2\geqslant 14$. 又因为 $f_v^L=3$, 所以 P_R 包含一条长为 2 的 (u,v)-路, 记为 $P_R[u,v]$, 使得 u^i 和 v^i 均是无错顶点. 由归纳假设可知在 L_i 中存在一条长为 ℓ 的无错 (u^i,v^i)-路 P_L, 其中 ℓ 为介于 $2=h(u^i,v^i)$ 到 2^k-6 之间的任意偶数. 那么, $P_R-P_R[u,v]+(u,u^i)+P_L+(v,v^i)$ 便是一条长为 $\ell+2^k-2$ 的无错 (x,y)-路, 其中 $\ell+2^k-2$ 可取遍 2^k 到 $2^{k+1}-8$ 之间的所有偶数.

如果 $k=3$, 则 $2^k-2=6$. 这时, 我们可设 $P_R=(u_1,u_2,u_3,u_4,u_5,u_6,u_7)$, 其中 $u_1=x$, $u_7=y$. 假设 P_R 不包含一条边 (a,b) 使得 a^i 和 b^i 均是无错的. 因为 $f_v^L=3$, 易知 u_2^i, u_4^i 和 u_6^i 是 3 个错误顶点, 即 $\{u_2^i,\ u_4^i,\ u_6^i\}=\{x_1,\ x_2,\ x_3\}$. 显然, $\{u_2^i,\ u_4^i,\ u_6^i\}$ 的诱导子图不是一条路, 这与 (x_1,x_2,x_3) 是路矛盾. 因此, P_R 包含一条边 (a,b) 满足 a^i 和 b^i 均为无错顶点, 进而可得一条长为 $8=2^{k+1}-8$ 的无错 (x,y)-路 $P_R-(a,b)+(a,a^i,b^i,b)$.

下面只需证明 Q_{k+1} 中存在长为 $2^{k+1}-6$ 的无错 (x,y)-路. 注意到 $L_i\cong R_i\cong Q_k$. 设 $X(L_i)$, $Y(L_i)$ 和 $X(R_i)$, $Y(R_i)$ 分别是 L_i 和 R_i 的两个部. 我们不妨假设 $X(L_i)$ 和 $Y(L_i)$ 中的每个顶点分别在 $X(R_i)$ 和 $Y(R_i)$ 中有一个邻点; 而且因为 x 和 y 的距离是偶数, 所以我们可进一步假设 $x,\ y\in X(R_i)$. 因为 $R_i\cong Q_k$ 中任意两个不同的顶点在 R_i 中最多有两个相同的邻点且 $k\geqslant 3$, 所以在 $Y(R_i)$ 中至少有 4 个顶点是 x 或 y 的邻点; 又因为 (x_1,x_2,x_3) 是一条路, 所以 $|\{x_1,x_2,x_3\}\cap Y(L_i)|\leqslant 2$. 因此, 在 $Y(R_i)$ 中存在 x 或 y 的两个邻点 a 和 b 使得 a^i 和 b^i 均为无错顶点. 根据归纳假设, L_i 中存在一条长为 2^k-6 的无错 (a^i,b^i)-路, 记为 P_L, 且根据命题 5.2.2 可知, 存在两条顶点不交的 (x,a)-路 $P[x,a]$ 和 $P(y,b)$-路 $P[y,b]$ 满足 $V(P[x,a])\cup V(P[y,b])=V(R_i)$. 因此, $P[x,a]+(a,a^i)+P_L+(b^i,b)+P[y,b]$ 是

一条长为 $2^k-6+2^k=2^{k+1}-6$ 的无错 (x,y)-路 (如图 5.9 所示).

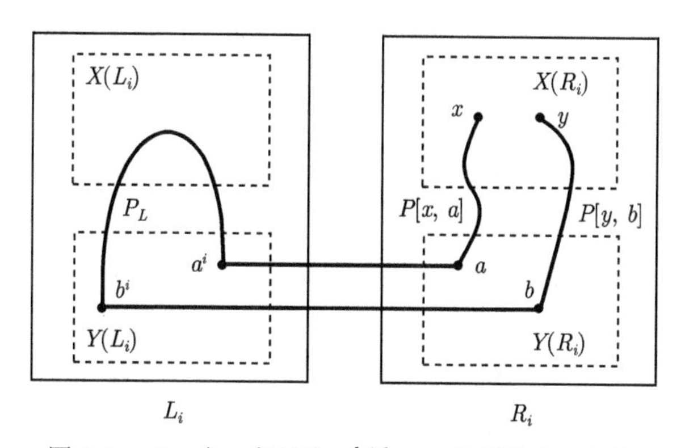

图 5.9　Q_n 中一条长为 $2^{k+1}-6$ 的无错 (x,y)-路

情形 3: $x\in V(L_i)$, $y\in V(R_i)$.

这时, x 和 y 的第 i-位是不同的, 所以 x^i 和 y 的第 i-位相同. 因此, $h(x^i,y)=h(x,y)-1$, 然后根据命题 5.2.4 和 5.2.3 可知, R_i 中存在一条长为 ℓ 的无错 (x^i,y)-路 P_R ($f_v^R=f_e=0$), 其中 ℓ 为介于 $h(x,y)-1$ 到 2^k-1 之间的任意奇数. 那么 $(x,x^i)+P_R$ 便是一条长为 $\ell+1$ 的无错 (x,y)-路, 其中 $\ell+1$ 可取遍 $h(x,y)$ 到 2^k 之间的所有偶数.

因为 (x_1,x_2,x_3) 是 L_i 中的一条路且 $k\geqslant 3$, 在 L_i 中存在一条长为 2 的无错 (x,z)-路满足 $y\neq z^i$. 因为 $h(x,y)$ 是偶数, 所以 $h(y,z^i)$ 是奇数. 根据命题 5.2.4 可知, 在 R_i 中存在一条长为 2^k-1 的无错 (z^i,y)-路 $P[z^i,y]$, 然后根据归纳假设可知, L_i 中存在任意偶数长从 2 到 2^k-6 的无错 (x,z)-路 $P[x,z]$. 那么, 路 $P[x,z]+(z,z^i)+P[z^i,y]$ 是一条任意偶数长从 2^k+2 到 $2^{k+1}-6$ 的无错 (x,y)-路. □

引理 5.5.2　设 (x,y) 是 n-维超立方体网络 Q_n $(n\geqslant 5)$ 的一条 i-维的自由边, 满足顶点 x 和 y 都关联至少两条自由边. 如果 $f_v+f_e\leqslant 2n-5$, $f_e\geqslant n-2$ 且所有错误边的维数均是 i, 那么在 Q_n 中存在长从 6 到 2^n-2f_v 的 (x,y)-无错偶圈.

证明　因为所有的错误边的维数均是 i, 所以存在 Q_n 的一个划分 $Q_n=L_i\odot R_i$, 满足 $x\in V(L_i)$ 和 $y\in V(R_i)$. 则 $f_e^c=f_e\geqslant n-2$, $f_e^L+f_e^R=0$, $f_v^L+f_v^R=f_v\leqslant 2n-5-(n-2)=n-3$. 特别地, $f_v^L+f_e^L\leqslant(n-1)-2$ 和 $f_v^R+f_e^R\leqslant(n-1)-2$.

易知在 L_i 中与 x 距离为 1 或 3 的顶点的个数分别为 $n-1$ 和 $\binom{n-1}{3}=1/6(n-1)(n-2)(n-3)$. 因为当 $n\geqslant 5$ 时有 $n-1+1/6(n-1)(n-2)(n-3)>2n-5$, 所以在 L_i 中存在一个无错顶点 w 满足 $h(x,w)=1$ 或 3 且 (w,w^i) 是自由边. 根

据命题 5.2.4 可知, 在 L_i 和 R_i 中分别存在奇数长从 5 到 $2^n-2f_v^L-1$ 和奇数长从 5 到 $2^n-2f_v^R-1$ 的端点无错的 (x,w)-路和 (y,w^i)-路. 又因为 $y=x^i$, 根据引理 5.3.3 (1) 的第一部分可得长从 12 到 2^n-2f_v 的 (x,y)-无错偶圈, 其中 $2^n-2f_v\geqslant 2^n-2(n-3)>12(n\geqslant 5)$.

下面证明在 Q_n 中存在长为 6, 8 和 10 的 (x,y)-无错圈. 因为 $f_v\leqslant n-3$, 根据命题 5.2.1 可知, 在 Q_n 中存在一条长为 4 的 (x,y)-圈, 其不包含任何错误顶点但有可能包含错误边, 记为 (x,y,y^j,x^j,x). 注意到 (x,y) 和 (x^j,y^j) 的维数为 i, (y,y^j) 和 (x,x^j) 的维数为 $j\neq i$. 因为所有的错误边的维数均是 i, 所以 (x,x^j) 和 (y,y^j) 不是错误边; 又因为 x, x^j, y, y^j 均是无错顶点, 所以两条边 (x,x^j) 和 (y,y^j) 都是自由边. 设 $Q_n=L_j\odot R_j$ 是 Q_n 的一个划分满足 $(x,y)\in E(L_j)$. 则 (x,y) 是 L_j 中一条长为 1 的端点无错路. 如果 $f_v^R+f_e^R\geqslant n-2$, 那么 $f_v^L+f_e^L\leqslant 2n-5-(n-2)=n-3$. 根据命题 5.2.4 可知, 在 L_j 中存在长为 6, 8 和 10 的 (x,y)-无错圈 (注意到当 $n\geqslant 5$ 时有 $2^{n-1}-2f_v^L\geqslant 2^{n-1}-2(n-2)\geqslant 10$). 为了避免记号上的误解, 我们强调此处 f_v^R 和 f_e^R 是针对划分 $Q_n=L_j\odot R_j$ 的, 而上文中同样的记号则是针对划分 $Q_n=L_i\odot R_i$ 的. 如果 $f_v^R+f_e^R\leqslant n-3$, 根据引理 5.3.3 (1) 的第二部分可知, 在 Q_n 中存在长为 6, 8 和 10 的 (x,y)-无错圈 (注意到 $2^{n-1}-2f_v^R+2\geqslant 2^{n-1}-2(n-3)+2\geqslant 10$). □

下文中, 我们将介绍并证明本章的主要结论, 即定理 5.5.1 和 5.5.2.

定理 5.5.1 设 F 是 n-维超立方体网络 Q_n $(n\geqslant 3)$ 的一个错误集, 满足 $f_v+f_e\leqslant 2n-5$ 和 $f_e\leqslant n-2$. 设 (x,y) 是 Q_n 中的一条自由边, 其中 x 和 y 均关联至少两条自由边. 那么在 Q_n 中存在长从 6 到 2^n-2f_v 的 (x,y)-无错偶圈.

证明 如果 $f_v+f_e\leqslant n-2$, 由命题 5.2.5 可知定理成立. 因此, 我们总是假定 $n-1\leqslant f_v+f_e\leqslant 2n-5$. 设 (x,y) 的维数为 i. 对 n 进行归纳. 根据命题 5.2.4 和引理 5.4.1 可知, 定理在 $n=3$ 和 $n=4$ 时成立. 假设定理对于任意的正整数 $k\geqslant 4$ 均成立, 下面证明定理对 $n=k+1$ 也成立.

注意到 $f_e\leqslant k-1$. 如果 $f_e=k-1$ 且所有错误边的维数均是 i, 那么由引理 5.5.2 可知在 Q_n 中存在长从 6 到 2^n-2f_v 的 (x,y)-无错偶圈, 结论成立. 假定 $f_e\leqslant k-2$ 或者存在一条错误边维数为 $j\neq i$. 根据引理 5.3.1 可知, 存在一个划分 $Q_{k+1}=L_j\odot R_j$, 满足 $(x,y)\in E(L_j)$, $f_e^L+f_e^R\leqslant k-2$ 且 x 和 y 在 L_j 中关联至少两条自由边. 如果 $f_v\geqslant 3$, 根据引理 5.3.1 (3) 和 (4), 我们可进一步假设 $f_v^L+f_e^c\geqslant 1$. 因为 $f_v+f_e\leqslant 2k-3$, 所以可根据 L_j 中错误元素的个数分 3 种情形进行讨论.

情形 1: $f_v^L+f_e^L\leqslant 2k-5$.

假设 $f_v^R + f_e^R = 2k-3$. 则 $f_v^L + f_e^L + f_e^c = 0$, $f_v + f_e = 2k-3$. 因为 $f_e = f_e^L + f_e^R + f_e^c = f_e^L + f_e^R \leqslant k-2$, 所以 $f_v \geqslant 2k-3-(k-2) = k-1 \geqslant 3$. 根据证明第二段的假设, 可得 $f_v^L + f_e^c \geqslant 1$, 这与 $f_v^L + f_e^L + f_e^c = 0$ 矛盾. 因此, $f_v^R + f_e^R \leqslant 2k-4$.

情形 1.1: $f_v^R + f_e^R \leqslant 2k-5$.

根据归纳假设, 在 L_j 中存在长从 6 到 $2^k - 2f_v^L$ 的 (x,y)-无错偶圈. 因为 $k \geqslant 4$, 所以 $2(f_v^L + f_v^R + f_e^R + f_e^c) + 4 \leqslant 2[2(k+1)-5]+4 = 4k-2 < 2^k$, 从而 $2^k - 2f_v^L > 2(f_v^R + f_e^R + f_e^c) + 4$. 根据引理 5.3.3 (2) 可知, 在 Q_n 中存在长为 $2^k - 2f_v^L + 2$ 和 $2^k - 2f_v^L + 4$ 的 (x,y)-无错偶圈, 而且在 L_j 中存在长为 $2^k - 2f_v^L - 1$ 的 (x,y)-端点无错的 (a,b)-路和 (c,d)-路, 其中 $\{a,\ b\} \cap \{c,\ d\} = \varnothing$, $h(a,b) = h(c,d) = 1$. 注意到 $R_j \cong Q_k$ 中的任意两个顶点在 R_j 中最多有两个共同的邻点. 如果 $\{a^j,\ b^j\}$ 和 $\{c^j,\ d^j\}$ 中均有一个顶点在 R_j 中关联至多一条自由边, 那么 $f_v^R + f_e^R \geqslant (k-1)+(k-1)-2 = 2k-4$, 矛盾. 因此, 可假定 a^j 和 b^j 在 R_j 中均关联至少两条自由边. 再次根据归纳假设, 在 R_j 中存在奇数长从 5 到 $2^k - 2f_v^R - 1$ 的无错 (a^j, b^j)- 路, 然后根据引理 5.3.3 (1) 的第一部分, 可得长从 $2^k - 2f_v^L + 6$ 到 $2^{k+1} - 2f_v$ 的 (x,y)-无错偶圈.

情形 1.2: $f_v^R + f_e^R = 2k-4$.

显然有 $f_v^L + f_e^L + f_e^c \leqslant 1$, 因此 $f_v^L + f_e^L \leqslant k-2$. 根据命题 5.2.5 可知, 在 L_j 中存在长从 6 到 $2^k - 2f_v^L$ 的 (x,y)-无错偶圈.

假设 $f_e^L = 1$. 那么 $f_v^L = f_e^c = 0$, $f_v + f_e = 2k-3$, $f_e = f_e^L + f_e^R + f_e^c \leqslant k-2$ 且 $f_v \geqslant 2k-3-(k-2) = k-1 \geqslant 3$. 根据证明第二段的假设, 我们有 $f_v^L + f_e^c \geqslant 1$, 矛盾. 因此, $f_e^L = 0$.

如果 $k \geqslant 5$, 那么根据命题 5.2.6 可知, R_j 中存在长从 4 到 $2^k - 2f_v^R$ 的无错偶圈. 因为 $4 > 2(f_v^L + f_e^L + f_e^c) + 1$, 根据引理 5.3.3 (3) 可知, Q_n 中存在长从 $2^k - 2f_v^L + 2$ 到 $2^{k+1} - 2f_v$ 的 (x,y)-无错偶圈. 因此, 令 $k=4$. 则 $f_v^R + f_e^R = 4$, $f_e^R \leqslant f_e^R + f_e^L \leqslant k-2 = 2$. 如果 R_j 中存在长从 4 到 $2^k - 2f_v^R$ 的无错偶圈, 类似于上文的证明可得长从 $2^k - 2f_v^L + 2$ 到 $2^{k+1} - 2f_v$ 的 (x,y)-无错偶圈. 根据引理 5.4.2, 我们不妨假设 $f_v^R = 4$, $f_e^R = 0$ 且 $R_j - F_v^R - F_e^R = H_5$ (如图 5.7 所示). 特别地, H_5 中的每条边都位于 H_5 的一个 4-圈和一个 8-圈中.

注意到 L_j 中存在长为 $2^4 - 2f_v^L - 2$ 和 $2^4 - 2f_v^L$ 的 (x,y)-无错圈. 因为 $2^4 - 2f_v^L - 2 \geqslant 2^4 - 2 - 2 = 12 > 2(f_e^c + f_v^R + f_e^R) + 1$, 根据引理 5.3.3 (2) 可知, 在 L_j 中存在长为 $2^4 - 2f_v^L - 3$ 和 $2^4 - 2f_v^L - 1$ 的 (x,y)-端点无错的 (a,b)-路, 其中 $h(a,b) = 1$. 因为 $f_e^R = 0$, 所以 (a^j, b^j) 是 H_5 中的一条边. 根据引理 5.4.2 可知, (a^j, b^j) 位

于 H_5 的一个 8-圈和一个 4-圈中, 即在 R_j 中存在长为 3 和 7 的无错 (a^j, b^j)-路. 由引理 5.3.3 (1) 的第一部分可知, 存在 (x, y)-无错圈长为 $2^4-2f_v^L+2$, $2^4-2f_v^L+6$, $2^4-2f_v^L+4$ 和 $2^4-2f_v^L+8=2^4-2f_v^L+2^4-2f_v^R=2^5-2f_v$.

情形 2: $f_v^L+f_e^L=2k-4$.

这时, 我们有 $f_v^R+f_e^R+f_e^c\leqslant 1$ 和 $f_v^L=2k-4-f_e^L\geqslant 2k-4-(k-1)\geqslant 1$.

因为 x 和 y 在 L_j 中均关联至少两条自由边且 $f_v^R+f_e^R+f_e^c\leqslant 1$, 所以 L_j 包含一条 (x, y)-端点无错的 (a, b)-路, 其长为 1 且 $h(a, b)=1$, 或其长为 2 且 $h(a, b)=2$. 因为 $f_v^R+f_e^R\leqslant 1<k-2$, 所以根据引理 5.3.3 (1) 的第二部分可知, R_j 中存在长从 6 到 $2^k-2f_v^R+2$ 的 (x, y)-无错偶圈〔注意到当 $h(a, b)=2$ 时, $f_v^R+f_e^R<h(a, b)$〕. 因为 $f_v^L\geqslant 1\geqslant f_v^R$, 所以只需要证明存在长从 $2^k-2f_v^L+4$ 到 $2^{k+1}-2f_v$ 的 (x, y)-无错偶圈.

首先, 假定 (x, x^j) 和 (y, y^j) 均是自由边. 因为 $f_v^L\geqslant 1$, 所以 L_j 中存在一个错误顶点 u. 又因为 $(f_v^L-1)+f_e^L=2k-5$, 所以由归纳假设可知在 L_j 中存在一个长为 $2^k-2(f_v^L-1)$ 的 (x, y)-圈, 记为 C_L, 满足 C_L 是无错的或者 u 是 C_L 上唯一的一个错误元素. 因为 $f_v^R+f_e^R+f_e^c\leqslant 1$ 以及 $2^k-2(f_v^L-1)\geqslant 2^k-2(2k-5)\geqslant 10$, 易知 C_L 包含一条 (x, y)-端点无错的 (c, d)-路长为 $2^k-2f_v^L$ 且 $h(c, d)=2$〔如图 5.10 (a) 和 5.10 (b) 所示〕, 或者长为 $2^k-2f_v^L-1$ 且 $h(c, d)=1$ 或 3〔如图 5.10 (c) 和 5.10 (d) 所示〕. 根据引理 5.3.3 (1) 的第二部分可知, Q_n 中存在长从 $2^k-2f_v^L+4$ 到 $2^{k+1}-2f_v$ 的 (x, y)-无错偶圈〔注意到当 $h(c, d)=2$ 或 3 时, $f_v^R+f_e^R<h(c, d)$〕.

其次, 假定 (x, x^j) 和 (y, y^j) 至少有一条边不是自由边. 不失一般性, 设 (x, x^j) 不是自由边. 因为 $f_v^R+f_e^R+f_e^c\leqslant 1$, 所以 (y, y^j) 是自由边. 如果 L_j 中有一个错误顶点 u 不是 x 的邻点, 那么根据上一段的证明可知, C_L 中包含一条 (x, y)-端点无错的 (c, d)-路长为 $2^k-2f_v^L$, 其中 $h(c, d)=2$〔如图 5.10 (a) 或 5.10 (b) 所示〕, 进而可得长从 $2^k-2f_v^L+4$ 到 $2^{k+1}-2f_v$ 的 (x, y)-无错偶圈. 因此, 不妨假设 L_j 的每一个错误顶点都是 x 的邻点. 因为 x 在 L_j 中关联至少两条自由边, 所以 $f_v^L\leqslant k-2$; 又因为 $f_v^L+f_e^L=2k-4$ 且 $f_e^L\leqslant k-2$, 所以 $f_v^L=f_e^L=k-2$. 这说明 L_j 中与 x 关联的每条错误边一定关联 L_j 中的一个错误顶点.

设 (u, v) 是 L_j 的一条错误边. 因为 $f_v^L+(f_e^L-1)=2k-5$, 由归纳假设可知 L_j 中存在一个长为 $2^k-2f_v^L$ 的 (x, y)-圈 C_L, 满足 C_L 是无错的或者 (u, v) 是 C_L 上唯一的一个错误元. 对于后者, 唯一性说明 (u, v) 不能与 x 相关联, 因此 (u, u^j) 和 (v, v^j) 均是自由边. 这就说明了对于上述两种情况, C_L 中总是包含一条长为 $2^k-2f_v^L-1$ 的 (x, y)-端点无错的 (c, d)-路, 其中 $h(c, d)=1$〔如

图 5.10 (e) 所示）. 再次根据引理 5.3.3 (1) 的第二部分可知, 存在长从 $2^k-2f_v^L+4$ 到 $2^{k+1}-2f_v$ 的 (x,y)-无错偶圈.

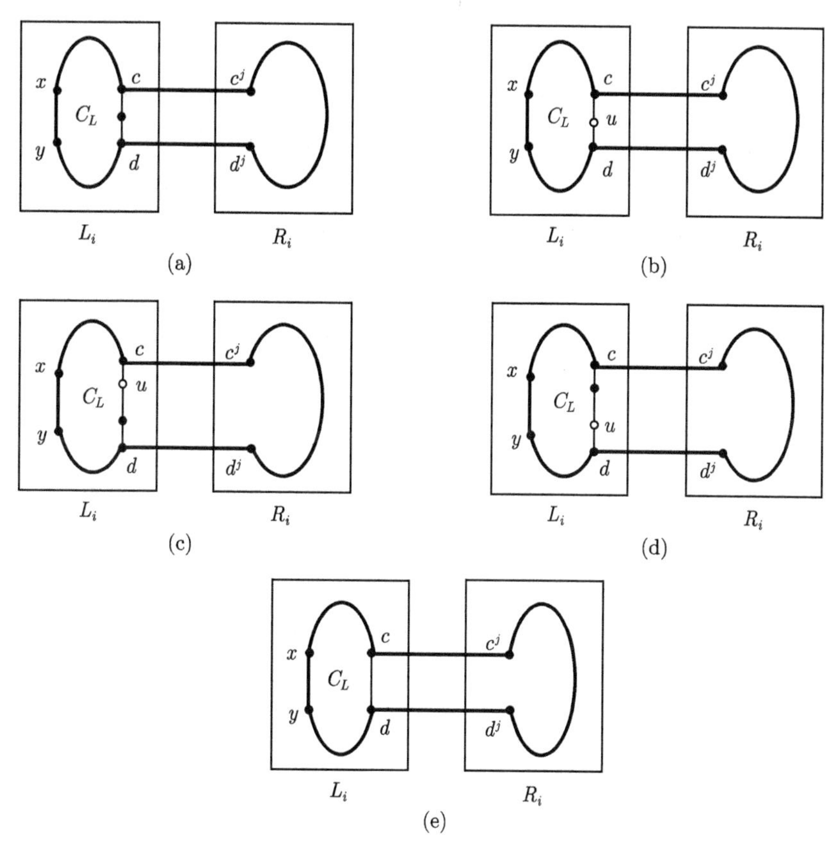

图 5.10　长从 $2^k-2f_v^L+4$ 到 $2^{k+1}-2f_v$ 的 (x,y)-无错偶圈的构造

情形 3: $f_v^L+f_e^L=2k-3$.

这时, 我们有 $f_v^R+f_e^R+f_e^c=0$ 以及 $f_v^L=2k-3-f_e^L\geqslant 2k-3-(k-1)=k-2\geqslant 2$.

因为 $f_v^R+f_e^R+f_e^c=0$, 所以 L_j 中的每条无错路均是端点无错的. 特别地, (x,y) 是一条长为 1 的 (x,y)-端点无错路. 根据引理 5.3.3 (1) 的第二部分可知, 存在长从 6 到 2^k+2 的 (x,y)-无错偶圈.

因为 $f_v^L\geqslant 2$, 不妨设 b 和 v 为 L_j 中的两个错误顶点. 根据归纳假设可知, 在 L_j 中存在一个长为 $2^k-2(f_v^L-2)$ 的 (x,y)-圈 C_L, 满足下述结论之一成立: ① C_L 是无错的; ② C_L 中有唯一一个错误元, 要么是 b, 要么是 v; ③ C_L 中仅

有两个错误元, 它们是 b 和 v, 而且 b 和 v 在 C_L 上的距离至多是 2; ④ C_L 中仅有两个错误元, 它们是 b 和 v, 而且 b 和 v 在 C_L 上的距离至少是 3. 注意到 $|C_L| = 2^k - 2(f_v^L - 2) \geqslant 2^k - 2(2k-3-2) = 2^k - 4k + 10 \geqslant 10$.

对于 ①~③, C_L 中包含一条长为 $2^k - 2(f_v^L - 2) - 4 = 2^k - 2f_v^L$ 的 (x, y)-端点无错的 (e, f)-路, 其中 $h(e, f) = 2$ 或 4〔如图 5.11 (a) 所示〕. 因为 $f_v^R + f_e^R < h(e, f)$, 所以根据引理 5.3.3 (1) 的第二部分可知, Q_n 中存在长从 $2^k - 2f_v^L + 6$ 到 $2^{k+1} - 2f_v$ 的 (x, y)-无错偶圈. 又因为 $f_v^L \geqslant 2$, 所以 $2^k - 2f_v^L + 6 \leqslant 2^k + 2$. 于是, 在 Q_n 中存在长从 $2^k + 4$ 到 $2^{k+1} - 2f_v$ 的 (x, y)-无错偶圈.

对于④, 设 a 和 c, u 和 w 分别是 b 和 v 在 C_L 上的邻点. 那么, $h(a, c) = h(u, w) = 2$. 我们把顶点 a^j, b^j 和 c^j 看作 R_j 中的 3 个错误顶点, 则根据引理 5.5.1 可知, 在 R_j 中存在一条任意偶数长从 2 到 $2^k - 6$ 的 (u^j, w^j)-路, 记为 P_R, 其中 P_R 不包含 $\{a^j,\ b^j,\ c^j\}$ 中的顶点. 因为 $f_v = f_v^L \geqslant 2$, 所以圈 $C_L - (a, b, c) - (u, v, w) + (a, a^j, b^j, c^j, c) + (u, u^j) + P_R + (w^j, w)$ 是一个长为 ℓ 的 (x, y)-无错偶圈, 其中 ℓ 可取遍介于 $2^k + 4$ 到 $2^{k+1} - 2f_v$ 之间的任意偶数〔如图 5.11 (b) 所示〕. □

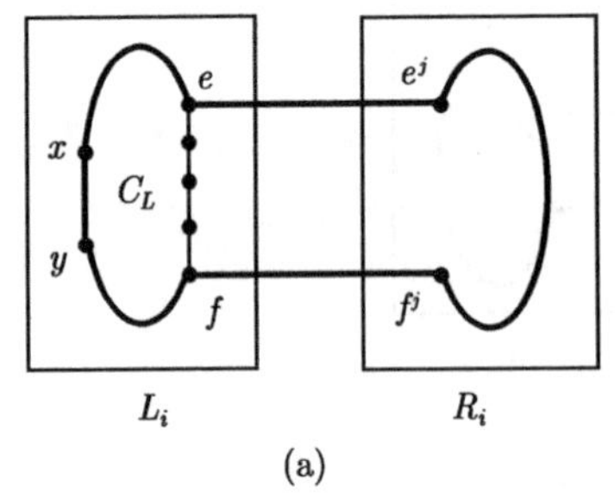

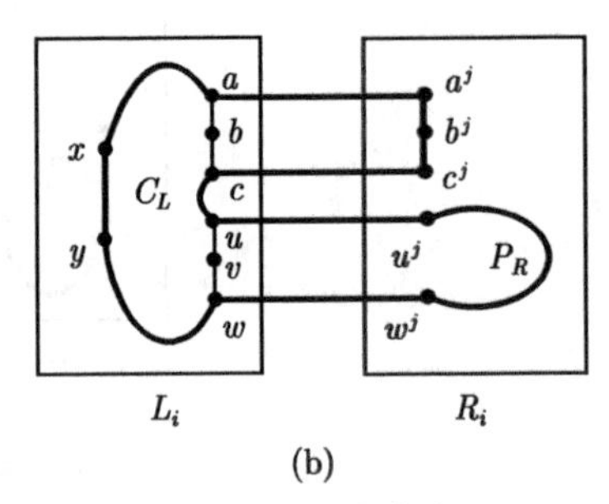

图 5.11　长从 $2^k + 4$ 到 $2^{k+1} - 2f_v$ 的 (x, y)-无错偶圈的构造

定理 5.5.2　设 F 是 n-维超立方体网络 Q_n $(n \geqslant 4)$ 的一个错误集, 满足 $f_v + f_e \leqslant 2n - 5$, $f_e \geqslant n - 1$, 且每个无错顶点都关联至少两条自由边. 设 (x, y) 是 Q_n 中的一条自由边. 那么, 在 Q_n 中存在长从 6 到 $2^n - 2f_v$ 的 (x, y)-无错偶圈.

证明　对 n 进行归纳. 如果 $n = 4$, 那么 $f_e + f_v \leqslant 2 \times 4 - 5 = 3$, 且 $f_e \geqslant n - 1 = 3$, 这迫使 $f_e = 3$ 和 $f_v = 0$. 根据命题 5.2.8 可知, 在 Q_4 中存在长从 6 到 $2^n - 2f_v$ 的 (x, y)-无错偶圈. 因此, 当 $n = 4$ 时结论成立. 假设结论对于正整数 $k \geqslant 4$ 成立. 下面令 $n = k + 1$, 我们证明结论此时也成立. 现在, $f_v + f_e \leqslant 2(k+1) - 5 = 2k - 3$, $f_e \geqslant (k+1) - 1 = k$. 设 (x, y) 的维数为 i.

如果所有错误边的维数均是 i, 那么由引理 5.5.2 可知在 Q_n 中存在长从 6 到

2^n-2f_v 的 (x,y)-无错偶圈, 结论成立. 余下假设存在一条错误边维数为 $\ell\neq i$. 此外, 根据命题 5.2.8, 我们不妨进一步假设 $f_v\geqslant 1$. 根据引理 5.3.2 可知, 存在一个划分 $Q_{k+1}=L_j\odot R_j$, 满足 $f_e^c\geqslant 1$, L_j 或 R_j 中的每个无错顶点在 L_j 或 R_j 中关联至少两条自由边, 其中 $L_j\cong R_j\cong Q_k$. 此外, 要么

(1) $(x,y)\in E(L_j)\cup E(R_j)$; 要么

(2) (x,y) 是交叉边, $f_v^L+f_e^L=f_v^R+f_e^R=(k+1)-3=k-2$ 且 $f_e^c=1$. 进一步地, 存在两个无错顶点 $u\in V(L_j)$ 及 $v\in V(R_j)$, 使得 (u,v) 是唯一的错误交叉边, 且 L_j (或 R_j) 中的每条非自由边都与 u (或 v) 关联.

下面分两种情况讨论.

情形 1: (x,y) 是交叉边.

不失一般性, 假定 $x\in V(L_j)$, $y\in V(R_j)$. 此时, $f_e^c=1$, 以及 $f_v^L+f_e^L=f_v^R+f_e^R=k-2$. 另外, 存在两个无错顶点 $u\in V(L_j)$ 和 $v\in V(R_j)$ 使得 (u,v) 是唯一的错误交叉边, 且 L_j (或 R_j) 中的每条非自由边与 u (或 v) 关联. 因为 (u,v) 和 (x,y) 的维数都为 j, 且一条为错误边, 另一条为无错边, 所以 $\{u,v\}\cap\{x,y\}=\varnothing$.

注意到任意两个不同的顶点最多有两个公共的邻点, 且 $k\geqslant 4$. 设 w 是 x 在 L_j 中的一个邻点, 使得 $h(w,u)\geqslant 2$. 因为 L_j 中的每条非自由边都关联 u 以及 $x\neq u$, 所以 (x,w) 是自由边. 注意到 $y=x^j$, $v=u^j$ 以及 $h(v,w^j)=h(u,w)\geqslant 2$. 类似地, 因为 R_j 中的每条自由边都关联 v 以及 $y\neq v$, 所以 (y,w^j) 也是自由边. 此外, 因为 (u,v) 是唯一的 j-维的错误边, 所以 $(u,v)\neq(w,w^j)$, (w,w^j) 也是自由边. 回忆上文, $f_v^L+f_e^L=f_v^R+f_e^R=k-2$. 由命题 5.2.4 可知, L_j 中存在任意奇数长从 1 到 $2^k-2f_v^L-1$ 的 (x,w)-无错路 $P[x,w]$〔注意到长为 1 的无错 (x,w)-路即自由边 (x,w)〕, R_j 中存在任意奇数长从 3 到 $2^k-2f_v^R-1$ 的 (y,w^j)-无错路 $P[y,w^j]$. 因此, $P_L+(x,y)+P_R+(w^j,w)$ 是长为 ℓ 的 (x,y)-无错圈, 其中 ℓ 可取遍介于 6 到 $2^{k+1}-2f_v$ 之间的任意偶数 (如图 5.12 所示), 情形 1 得证.

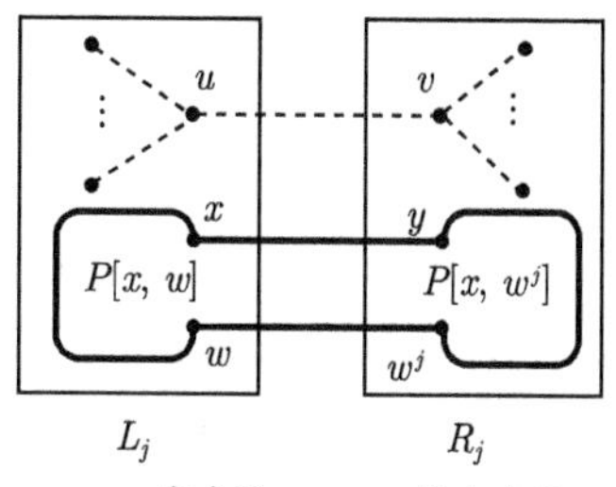

图 5.12　长从 6 到 $2^{k+1}-2f_v$ 的 (x,y)-无错偶圈的构造

情形 2: $(x,y)\in E(L_j)\cup E(R_j)$.

不失一般性, 假定 $(x,y)\in E(L_j)$〔与当 $(x,y)\in E(R_j)$ 时的证明类似〕. 因为 $f_e^c\geqslant 1$ 和 $f_v+f_e\leqslant 2k-3$, 所以 $f_v^L+f_e^L\leqslant 2k-4$ 以及 $f_v^R+f_e^R\leqslant 2k-4$. 根据 $f_v^L+f_e^L$ 的大小, 可分两种情况讨论.

情形 2.1: $f_v^L+f_e^L\leqslant 2k-5$.

因为 L_j 中的每个无错顶点在 L_j 中关联至少两条自由边, 所以由归纳假设可知, 在 L_j 中存在长从 6 到 $2^k-2f_v^L$ 的 (x,y)-无错偶圈. 令 C_L 是 L_j 中一个长为 $2^k-2f_v^L$ 的 (x,y)-无错偶圈. 因为 $k\geqslant 4$, 所以 $2^k>2(2k-3)+4\geqslant 2(f_v^L+f_v^R+f_e^R+f_e^c)+4$, 进而 $|C_L|=2^k-2f_v^L>2(f_v^R+f_e^R+f_e^c)+4$. 由引理 5.3.3 (1) 可知, 存在长为 $2^k-2f_v^L+2$ 和 $2^k-2f_v^L+4$ 的 (x,y)-无错圈, 且 C_L 中有一条长为 $|C_L|-1$ 的 (x,y)-端点无错 (a,b)-路 $P[a,b]$. 下面证明存在长从 $2^k-2f_v^L+6$ 到 $2^{k+1}-2f_v$ 的 (x,y)-无错偶圈. 回忆到 $f_v^R+f_e^R\leqslant 2k-4$.

假定 $f_v^R+f_e^R\leqslant 2k-5$. 注意到路 $P[a,b]$ 是端点无错路说明 a^j 和 b^j 是 R_j 中的无错顶点. 再次根据归纳假设可知, R_j 中存在长从 6 到 $2^k-2f_v^R$ 的 (a^j,b^j)-圈, 要么 (a^j,b^j)-圈是无错圈, 要么 (a^j,b^j) 是圈中唯一的错误元. 这说明 R_j 中存在任意奇数长从 5 到 $2^k-2f_v^R-1$ 的无错 (a^j,b^j)-路, 记为 $P[a^j,b^j]$. 那么, $P[a,b]+(a,a^j)+P[a^j,b^j]+(b,b^j)$ 是长为 ℓ 的 (x,y)-无错圈, 其中 ℓ 可取遍介于 $2^k-2f_v^L+6$ 到 $2^{k+1}-2f_v$ 之间的任意偶数 (如图 5.13 所示).

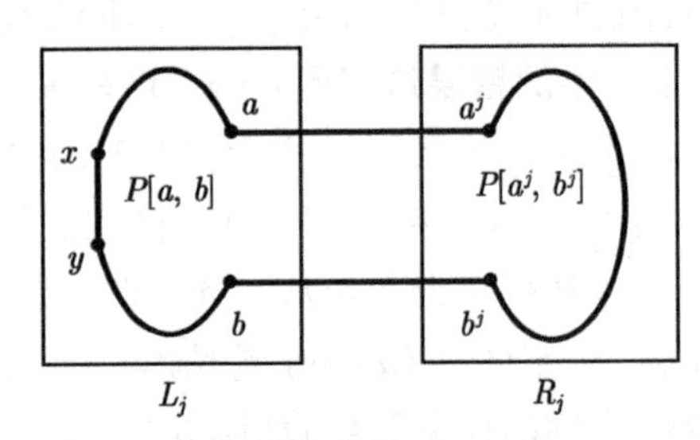

图 5.13　长从 $2^k-2f_v^L+6$ 到 $2^{k+1}-2f_v$ 的 (x,y)-无错偶圈的构造

假定 $f_v^R+f_e^R=2k-4$. 因为 $f_v+f_e\leqslant 2(k+1)-5=2k-3$ 和 $f_e^c\geqslant 1$, 所以 $f_e^c=1$ 以及 $f_v^L+f_e^L=0$. 于是, $f_e^R=f_e-f_e^c-f_e^L\geqslant k-1\geqslant 3$ 且 $f_v^R=f_v\geqslant 1$, 这说明 $3\leqslant f_e^R\leqslant 2k-5$. 回忆到 R_j 中的每个无错顶点都关联至少两条自由边. 根据命题 5.2.7 可知, R_j 中存在任意长从 4 到 $2^k-2f_v^R$ 的无错偶圈 C_R. 因为 $|C_R|\geqslant 4>2(f_v^L+f_e^L+f_e^c)+1$, 所以根据引理 5.3.3 (2) 可知, 存在任意长从 $2^k-2f_v^L+2$ 到 $2^{k+1}-2f_v$ 的 (x,y)-无错偶圈.

情形 2.2: $f_v^L+f_e^L=2k-4$.

因为 $f_e^c \geqslant 1$ 和 $f_v + f_e \leqslant 2k-3$, 所以 $f_v^R + f_e^R = 0$ 及 $f_e^c = 1$, 说明要么 (x, x^j) 和 (y, y^j) 都是自由边, 要么其中一条为错误边, 另一条为自由边. 注意到 $f_v^L = f_v \geqslant 1$ 以及 $f_e^L = f_e - f_e^c - f_e^R \geqslant k-1$.

假定 (x, x^j) 和 (y, y^j) 都是自由边. 那么, (x, y) 是 L_j 中的一条长为 1 的 (x, y)-端点无错路, 又因为 $f_v^R + f_e^R = 0$, 所以根据命题 5.2.4, R_j 中存在任意奇数长从 3 到 $2^k - 1$ 的无错 (x^j, y^j)-路 $P[x^j, y^j]$. 因此, $(x, y) + (x, x^j) + P[x^j, y^j] + (y^j, y)$ 是长为 ℓ 的 (x, y)-无错圈, 其中 ℓ 可取遍介于 6 到 $2^k + 2 (= 2^k - 2f_v^R + 2)$ 之间的任意偶数〔如图 5.14 (a) 所示〕.

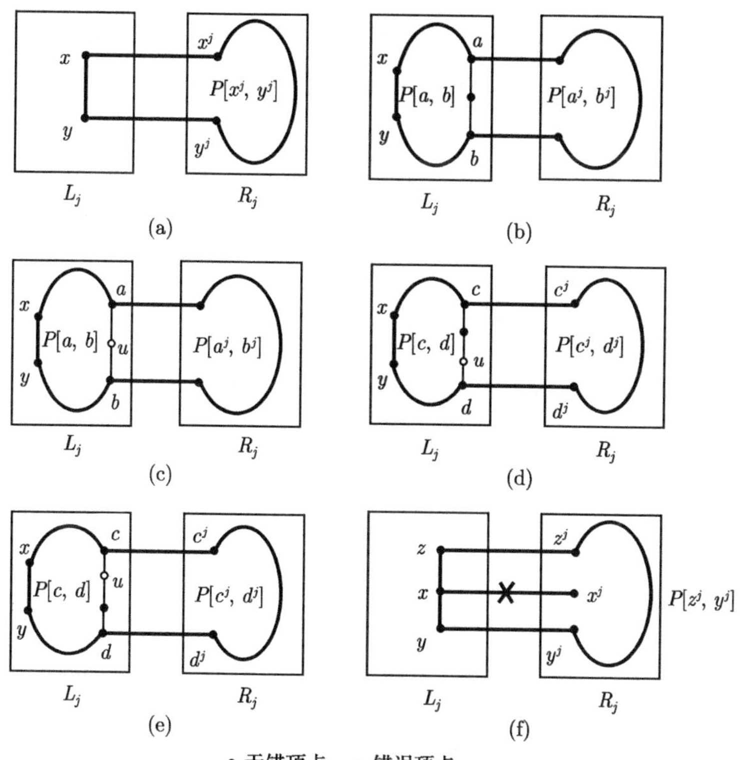

图 5.14　长从 6 到 $2^{k+1} - 2f_v$ 的 (x, y)-无错偶圈的构造

由于 $f_v^L \geqslant 1$, 可设 u 是 L_j 中的一个错误顶点. 因为 $(f_v^L - 1) + f_e^L = 2k-5$, 根据归纳假设 (暂时把 u 看作无错顶点), L_j 中存在一条长为 $2^k - 2(f_v^L - 1)$ 的 (x, y)-圈 C_L, 要么 C_L 是无错圈, 要么 u 是 C_L 中唯一的错误元. 注意到 (x, x^j) 和 (y, y^j) 都是自由边. 因为 $f_v^R + f_e^R + f_e^c = 1$ 且 $|C_L| = 2^k - 2(f_v^L - 1) \geqslant 2^k - 2(2k-4-1) \geqslant 10$ $(k \geqslant 4)$, 所以要么 C_L 包含一条长为 $|C_L| - 2 =$

$2^k-2f_v^L$ 的 (x,y)-端点无错 (a,b)-路 $P[a,b]$, 其中 $h(a,b)=2$〔如图 5.14 (b) 和 5.14 (c) 所示〕, 要么 C_L 包含一条长为 $|C_L|-3=2^k-2f_v^L-1$ 的 (x,y)-端点无错 (c,d)-路 $P[c,d]$, 其中 $h(c,d)=1$ 或 3〔如图 5.14 (d) 和 5.14 (e) 所示〕. 对于前一种情况, 因为 $f_v^R+f_e^R=0$, 所以由命题 5.2.4 可知在 R_j 中存在任意偶数长从 2 到 $2^k-2f_v^R-2$ 的无错 (a^j,b^j)-路 $P[a^j,b^j]$ (注意 $h(a,b)=2>f_v^R+f_e^R$=0). 于是, $P[a,b]+(a,a^j)+P[a^j,b^j]+(b^j,b)$ 是一条长为 ℓ 的 (x,y)-无错圈, 其中 ℓ 可取遍介于 $2^k-2f_v^L+4$ 到 $2^{k+1}-2f_v$ 之间的任意偶数. 由于 $f_e^L\geqslant 1$, 所以 $2^k-2f_v^L+4\leqslant 2^k+2$, 得证. 对于后一种情况, 再次根据命题 5.2.4 可知, 存在奇数长从 3 到 $2^k-2f_v^R-1$ 的无错 (c^j,d^j)-路 $P[c^j,d^j]$, 从而 $P[c,d]+(c,c^j)+P[c^j,d^j]+(d^j,d)$ 是一条长为 ℓ 的 (x,y)-无错圈, 其中 ℓ 可取遍介于 $2^k-2f_v^L+4$ 到 $2^{k+1}-2f_v$ 之间的任意偶数, 亦得证.

假定 (x,x^j) 和 (y,y^j) 中一条边是错误边, 另一条是自由边. 不失一般性, 可假定 (x,x^j) 是错误边, (y,y^j) 是自由边. 回忆到在 L_j 中, 每个无错顶点都关联至少两条自由边. 因为 x 在 L_j 中关联至少两条自由边, 所以 x 在 L_j 中存在一个无错邻点, 记为 z, 使得 $z\neq y$ 且 (z,x) 是一条自由边. 因为 $f_e^c=1$ 且 (x,x^j) 是错误的交叉边, 所以 (z,z^j) 是无错边; 又因为 $f_v^R+f_e^R=0$, 所以 z^j 是无错顶点, 这说明 (z,z^j) 是自由边. 显然, $h(z^j,y^j)=h(z,y)=2$. 根据命题 5.2.4 可知, 在 R_j 中存在任意偶数长从 2 到 2^k-2 的无错 (z^j,y^j)-路 $P[z^j,y^j]$ (注意到 $h(z^j,y^j)>f_v^R+f_e^R$). 因此, $(y,x,z)+(z,z^j)+P[z^j,y^j]+(y^j,y)$ 是一条长为 ℓ 的 (x,y)-无错圈, 其中 ℓ 可取遍介于 6 到 2^k+2 之间的任意偶数〔如图 5.14 (f) 所示〕.

因为 x 在 L_j 中关联至少两条自由边且 $f_e^L\geqslant k-1$, 所以 L_j 中存在一条错误边 (u,v) 不关联 x. 因为 $f_e^c=1$ 且 (x,x^j) 是错误交叉边, 所以 (u,u^j) 和 (v,v^j) 都是无错边. 因为 $f_v^L+(f_e^L-1)=2k-5$, 所以根据归纳假设可知, 存在一条长为 $2^k-2f_v^L$ 的 (x,y)-圈 C_L, 要么 C_L 是无错圈, 要么 (u,v) 是 C_L 中仅有的错误元. 注意到 $|C_L|=2^k-2f_v^L\geqslant 2^k-2(2k-4)\geqslant 8$ $(k\geqslant 4)$. 若 C_L 是无错圈, 则容易看出 C_L 中存在一条长为 $2^k-2f_v^L-1$ 的 (x,y)-端点无错路. 若 (u,v) 是 C_L 中仅有的错误元, 则这里的唯一性说明 u 和 v 都是无错顶点, 又因为 $u^j,v^j,(u,u^j)$ 和 (v,v^j) 都是无错元 (注意 $f_v^R+f_e^R=0$), 所以 (u,u^j) 和 (v,v^j) 都是自由边. 此时, $C_L-(u,v)$ 是长为 $2^k-2f_v^L-1$ 的 (x,y)-端点无错路. 因此, C_L 总是包含一条长为 $2^k-2f_v^L-1$ 的 (x,y)-端点无错 (c,d)-路 $P[c,d]$, 其中 $h(c,d)=1$. 由命题 5.2.4 可知, R_j 中存在任意奇数长从 3 到 $2^k-2f_v^R-1$ 的无错 (c^j,d^j)-路 $P[c^j,d^j]$, 从而 $P[c,d]+(c,c^j)+P[c^j,d^j]+(d^j,d)$ 是一条长为 ℓ 的 (x,y)-

无错圈, 其中 ℓ 可取遍介于 $2^k - 2f_v^L + 4$ 到 $2^{k+1} - 2f_v$ 之间的任意偶数, 其中 $2^k - 2f_v^L + 4 \leqslant 2^k + 2$. □

5.6 本章小结

本章中, 我们介绍了在网络中有重要应用的一类 Haar 图, 即超立方体网络, 以及它的容错边偶泛圈性问题. 本章的主要结论如下: 在 Q_n $(n \geqslant 3)$ 中, 每条自由边都位于任意偶数长从 6 到 $2^n - 2f_v$ 的无错偶圈中, 如果满足如下两个条件:

(1) $f_v + f_e \leqslant 2n - 5$;

(2) 每个无错顶点都关联至少两条自由边.

与文献 [180]~[182]、[184]、[197] 中的结论相比, 这个结果增加了可容许发生的错误元素个数. 显然, 假设 "每个无错顶点都关联至少两条自由边" 是必须的. 对于假设 "$f_v + f_e \leqslant 2n - 5$", 根据引理 5.4.2 可知, 当 $f_v = 2 \times 4 - 4 = 4$ 且 $f_e = 0$ 时, Q_4 中有可能不存在一个无错 6-圈, 所以在主要结论中 $f_v + f_e \leqslant 2n - 5$ 的假设也是必要的.

2007 年, Tsai[180] 猜想: 当 $n \geqslant 4$ 时, 如果 $f_v + f_e \leqslant n - 1$ 且每个无错顶点都关联至少两条自由边, 那么 Q_n 中的每条自由边都位于任意偶数长从 6 到 $2^n - 2f_v$ 的无错圈中. 当 $f_e = n - 1$ 时, 因为 $n \geqslant 4$, 所以 $n - 1 \leqslant 2n - 5$. 根据命题 5.2.8 可知, 此时 Tsai 的猜想成立. 当 $f_e \leqslant n - 2$ 时, 根据定理 5.5.1 可知, 此时 Tsai 的猜想也成立.

此外, 定理 5.5.1 和 5.5.2 还可以描述为: 设 F 是 n-维超立方体网络 Q_n $(n \geqslant 3)$ 的一个错误集, 满足 $f_v + f_e \leqslant 2n - 5$ 且每个无错顶点都关联至少两条自由边. 那么, 对于 Q_n 中的任意两个距离为 1 的无错顶点 x 和 y, 存在一条长为 ℓ 的无错 (x, y)-路, 其中 ℓ 可取遍 $h(x, y) + 4$ 到 $2^n - 2f_v - 1$ 之间的任意奇数. 根据这一描述, 自然地, 我们有问题 5.6.1.

问题 5.6.1　设 F 是 n-维超立方体网络 Q_n $(n \geqslant 3)$ 的一个错误集, 满足 $f_v + f_e \leqslant 2n - 5$ 且每个无错顶点都关联至少两条自由边. 那么, 对于 Q_n 中的任意两个无错顶点 x 和 y, 是否存在一条长为 ℓ 的无错 (x, y)-路? 其中 $h(x, y) + 4 \leqslant \ell \leqslant 2^n - 2f_v - 1$ 且 $(\ell - h(x, y)) = 0 \pmod 2$.

根据命题 5.2.4 可知, 当 $n = 3$ 时, 即 $f_v + f_e \leqslant 1$, 对于 Q_3 中任意两个无错顶点 x 和 y, 存在一条长为 ℓ 的无错 (x, y)-路, 其中 $h(x, y) + 4 \leqslant \ell \leqslant 2^3 - 2f_v - 1$ 且 $(\ell - h(x, y)) \equiv 0 \pmod 2$, 即当 $n = 3$ 时问题 5.6.1 的答案是肯定的. 2009 年, Wang 等人[198] 证明了当 $f_e \leqslant 2n - 5$ 且 $f_v = 0$ 时, 问题 5.6.1 的答案也是肯定

的. 据我们了解, 这是到目前为止关于问题 5.6.1 的仅有的结论. 因此, 这是一个值得继续研究的问题.

事实上, 问题 5.6.1 是关于所谓的超立方体网络的容错偶泛连通性问题. 称一个二部图 Γ 是**偶泛连通**的, 如果对于任意两个距离为 $d \geqslant 1$ 的顶点 u 和 v, 在 Γ 中总是存在一条长为 ℓ 的 (u,v)-路, 其中 ℓ 为满足 $d \leqslant \ell \leqslant |V(\Gamma)|-1$ 和 $(\ell-d) \equiv 0 \pmod 2$ 的任意正整数. 称一个具有错误集 F 的二部图 Γ 是**容错偶泛连通**的, 如果诱导子图 $\Gamma-F$ 是偶泛连通图. 2003 年, Li 等人 [167] 证明了当 $n \geqslant 2$ 时 Q_n 是偶泛连通图. 关于超立方体网络的容错偶泛连通性的其他结论可见文献 [165]、[195].

参考文献

[1] FRUCHT R. Herstellung von graphen mit vorgegebener abstrakten gruppe[J]. Compositio Mathematica, 1938, 6: 239-250.

[2] TUTTE W T. A family of cubical graphs[J]. Mathematical Proceedings of the Cambridge Philosophical Society, 1947, 43: 621-624.

[3] MCLAUGHLIN J. A simple group of order 89,128,000[C]//BRAUER R, SAH C H. Theory of Finite Groups. New York: W A Benjamin Inc., 1969: 109-112.

[4] XU J M. Topological structure and analysis of interconnection networks[M]. Boston: Kluwer Academic Publishers, 2001.

[5] STEWART I A. Interconnection networks of degree three obtained by pruning two-dimensional tori[J]. IEEE Transactions on Computers, 2014, 63: 2473-2486.

[6] GODSIL C, ROYLE G. Algebraic graph theory[M]. New York: Springer-Verlag, 2001.

[7] GODSIL C. On the full automorphism group of a graph[J]. Combinatorica, 1981, 1: 243-256.

[8] XU M Y. Automorphism groups and isomorphisms of Cayley digraphs[J]. Discrete Mathematics, 1988, 182: 309-319.

[9] LI C H, SIM H S. Automorphisms of Cayley graphs of metacyclic groups of prime-power order[J]. Journal of the Australian Mathematical Society, 2001, 71: 223-231.

[10] DU S F, MALNIČ A, MARUŠIČ D. Classification of 2-arc-transitive dihedrants[J]. Journal of Combinatorial Theory. Series B, 2008, 98: 1349-1372.

[11] HUJDUROVIC A, KUTNAR K, MARUŠIČ D. On prime-valent symmetric bicirculants and Cayley snarks[J]. GSI, 2013: 196-203.

[12] ZHOU J X, FENG Y Q. The automorphisms of bi-Cayley graphs[J]. Journal of Combinatorial Theory. Series B, 2016, 116: 504-532.

[13] DU S F, MARUŠIČ D. An infinite family of biprimitive semisymmetric graphs[J]. Journal of Graph Theory, 1999, 32: 217-228.

[14] LU Z P, WANG C Q, XU M Y. Semisymmetric cubic graphs constructed from bi-Cayley graphs of A_n[J]. Ars Combinatoria, 2006, 80: 177-187.

[15] ZHOU J X, ZHANG M M. On weakly symmetric graphs of order twice a prime square[J]. Journal of Combinatorial Theory. Series A, 2018, 155: 458-475.

[16] QIAO H, MENG J X. On the Hamilton laceability of double generalized Petersen graphs[J]. Discrete Mathematics, 2021, 344: 112478.

[17] WANG X, XU S J, LI X. Independent perfect dominating sets in semi-Cayley

graphs[J]. Theoretical Computer Science, 2021, 864: 50-57.

[18] CHANG X N, MA J, YANG D W. Symmetric property and reliability of locally twisted cubes[J]. Discrete Applied Mathematics, 2021, 288: 257-269.

[19] CONDER M, ZHOU J X, FENG Y Q, et al. Edge-transitive bi-Cayley graphs[J]. Journal of Combinatorial Theory. Series B, 2020, 145: 264-306.

[20] SPIGA P, XIA B. Constructing infinitely many half-arc-transitive covers of tetravalent graphs[J]. Journal of Combinatorial Theory. Series A, 2021, 180: 105406.

[21] ANTONČIČ I, HUJDUROVIĆ A, KUTNAR K. A classification of pentavalent arc-transitive bicirculants[J]. Journal of Algebraic Combinatorics, 2015, 41: 643-668.

[22] ARALUZE A, KOVÁCS I, KUTNAR K, et al. Partial sum quadruples and bi-abelian digraphs[J]. Journal of Combinatorial Theory. Series A, 2012, 119: 1811-1831.

[23] CONDER M, ESTÉLYI I, PISANSKI P. Vertex-transitive Haar graphs that are not Cayley graphs[C]//CONDER M, DEZA A, WEISS A. Discrete geometry and symmetry. GSC: 2015. Cham: Springer Proceedings in Mathematics & Statistics, 2018, 234: 61-70.

[24] ESTÉLYI I, PISANSKI P. Which Haar graphs are Cayley graphs[J]. Electronic Journal of Combinatorics, 2016, 23: #P3.10.

[25] KOIKE H, KOVÁCS I. Isomorphic tetravalent cyclic Haar graphs[J]. Ars Mathematica Contemporanea, 2014, 7: 215-235.

[26] LU Z P, WANG C Q, XU M Y. On semisymmetric cubic graphs of order $6p^2$[J]. Science China. Series A, 2004, 47: 1-17.

[27] ZHOU J X, FENG Y Q. Cubic bi-Cayley graphs over abelian groups[J]. European Journal of Combinatorics, 2014, 36: 679-693.

[28] BONDY J A. MURTY U S R. Graph theory[M]. New York: Springer, 2007.

[29] BIGGS N L. Algebraic graph theory, second edition[M]. Cambridge: Cambridge University Press, 1993.

[30] 徐明曜. 有限群初步 [M]. 北京: 科学出版社, 2014.

[31] GORENSTEIN D. Finite groups, second edition[M]. New York: Chelsea Publishing Company, 2007.

[32] DIXON J D, MORTIMER B. Permutation groups, graduate texts in mathematics 163[M]. New York: Sringer-Verlag, 1996.

[33] ASCHBACHER M. Finite group theory[M]. Cambridge: Cambridge University Press, 1986.

[34] MALNIČ A, MARUŠIČ D, POTOČNIK P. Elementary abelian covers of graphs[J]. Journal of Algebraic Combinatorics, 2004, 20: 71-97.

[35] MALNIČ A. Group actions, coverings and lifts of automorphisms[J]. Discrete Mathematics, 1998, 182: 203-218.

[36] MALNIČ A, MARUŠIČ D, POTOČNIK P. On cubic graphs admitting an edge-

transitive solvable group[J]. Journal of Algebraic Combinatorics, 2004, 20: 99-113.

[37] HLADNIK M, MARUŠIČ D, PISANSKI T. Cyclic Haar graphs[J]. Discrete Mathematics, 2002, 244: 137-153.

[38] FENG Y Q, KOVÁCS I, YANG D W. On groups all of whose Haar graphs are Cayley graphs[J]. Journal of Algebraic Combinatorics 2020, 52: 59–76.

[39] FENG Y Q, KOVÁCS I, WANG J, et al. Existence of non-Cayley Haar graphs[J]. European Journal of Combinatorics, 2020, 89: 103146.

[40] SABIDUSSI G. The composition of graphs[J]. Duke Mathematical Journal, 1959, 26: 693-696.

[41] WIELANDT H. Finite permutation groups[M]. New York: Academic Press, 1964.

[42] SCHUR I. Zur Theorie der einfach transitiven Permutationgruppen[J]. S.-B.-Preuss Akad. Wiss. Phys. Math. Kl., 1933: 598-623.

[43] MUZYCHUK M, PONOMARENKO I. Schur rings[J]. European Journal of Combinatorics, 2009, 30: 1526-1539.

[44] RÉDEI L. Das schiefe product in der gruppentheorie[J]. Commentarii Mathematici Helvetici, 1947, 20: 225-267.

[45] BOSMA W, CANNON C, PLAYOUST C. The MAGMA algebra system I: The user language[J]. Journal of Symbolic Computation, 1997, 24: 235-265.

[46] MILLER G A, MORENO H C. Non-abelian groups in which every subgroup is abelian[J]. Transactions of the American Mathematical Society, 1903, 4: 389-404.

[47] HUPPERT B, LEMPKEN W. Simple groups of order devisible by at most four primes[J]. Proceedings of the Scorina Gemel State University, 2000, 16: 64-75.

[48] CONWAY J H, CURTIS R T, NORTON S P, et al. Atlas of finite group[M]. Oxford: Clarendon Press, 1985.

[49] HALL M, SENIOR J K. The groups of order 2^n $(n \leqslant 6)$[M]. New York: Macmillan, 1964.

[50] MARUŠIČ D. Cayley properties of vertex symmetric graphs[J]. Ars Combinatoria, 1983, 16: 297-302.

[51] DOBSON T, SPIGA P. Cayley numbers with arbitrarily many distinct prime factors[J]. Journal of Combinatorial Theory. Series B, 2017, 122: 301-310.

[52] LI C H, SERESS Á. On vertex-transitive non-Cayley graphs of square-free order[J]. Designs, Codes and Cryptography, 2005, 34: 265-281.

[53] ZHOU J X. Tetravalent vertex-transitive graphs of order $4p$[J]. Journal of Graph Theory, 2012, 71: 402-415.

[54] BABAI L. On a conjecture of M. E. Watkins on graphical regular representations of finite groups[J]. Compositio Mathematica, 1978, 37: 291-296.

[55] HETZEL D. Über reguläre graphische Darstellung von auflösbaren Gruppen (Diplomarbeit)[M]. Berlin: Technische Universität, 1976.

[56] IMRICH W. Graphs with transitive abelian automorphism group[C]//ERDHOS P, et al. Combinatorial theory and its applications, Balatonfüred: 1969. North-Holland: Coll. Math. Soc. János Bolyai 4, 1969.

[57] IMRICH W. Graphical regular representations of groups of odd order[C]//HAJNAL A, SÓS V T. Combinatorics: 1976. North-Holland: Coll. Math. Soc. János Bolyai 18, 1976.

[58] IMRICH W, WATKINS M E. On graphical regular representation of cyclic extension of groups[J]. Pacific Journal of Mathematics, 1974, 55: 461-477.

[59] NOWITZ L A, WATKINS M E. On graphical regular representations of non-abelian groups I[J]. Canadian Journal of Mathematics, 1972, 24: 993-1008.

[60] NOWITZ L A, WATKINS M E. On graphical regular representations of non-abelian groups II[J]. Canadian Journal of Mathematics, 1972, 24: 1009-1018.

[61] WATKINS M E. On the action of non-abelian groups on graphs[J]. Journal of Combinatorial Theory, 1971, 11: 95-104.

[62] WATKINS M E. Graphical regular representations of alternating, symmetric and miscellaneous small groups[J]. Aequationes Mathematicae, 1974, 11: 40–50.

[63] ZHOU J X. Every finite group has a normal bi-Cayley graph[J]. Ars Mathematica Contemporanea, 2018, 14: 177-186.

[64] HUJDUROVIĆ A, KUTNAR K, MARUŠIČ D. On normality of n-Cayley graphs[J]. Applied Mathematics and Computation, 2018, 332: 469-476.

[65] DU J L, FENG Y Q, SPIGA P. A Classification of the m-graphical regular representation of finite groups[J]. Journal of Combinatorial Theory. Series A, 2020, 171: 105174.

[66] DU J L, FENG Y Q, SPIGA P. On Haar digraphical representations of groups[J]. Discrete Mathematics, 2020, 343: 112032.

[67] DU J L, FENG Y Q, SPIGA P. On n-partite digraphical representations of finite groups[J]. Journal of Combinatorial Theory. Series A, 2022, 189: 105606.

[68] MORRIS J, SPIGA P. Every finite non-solvable group admits an oriented regular representation[J]. Journal of Combinatorial Theory. Series B, 2017, 126: 198-234.

[69] MORRIS J, SPIGA P. Classification of finite groups that admit an oriented regular representation[J]. Bulletin of the London Mathematical Society, 2018, 50: 811-831.

[70] SPIGA P. Finite groups admitting an oriented regular representation[J]. Journal of Combinatorial Theory. Series A, 2018, 153: 76-97.

[71] SPIGA P. Cubic graphical regular representations of finite non-abelian simple groups[J]. Communications in Algebra, 2018, 46: 2440-2450.

[72] VERRET G, XIA B. Oriented regular representations of out-valency two for finite simple groups[J]. Ars Mathematica Contemporanea, 2022, 22: #P1.07.

[73] XIA B. Cubic graphical regular representations of $\mathrm{PSL}_3(q)$[J]. Discrete Mathematics,

2020, 343: 111646.

[74] XIA B. On cubic graphical regular representations of finite simple groups[J]. Journal of Combinatorial Theory. Series B, 2020, 141: 1-30.

[75] XIA B, FANG T. Cubic graphical regular representations of $PSL_2(q)$[J]. Discrete Mathematics, 2016, 339: 2051-2055.

[76] DU J L, MIAO L Y, YANG D W. On n-partite graphical semiregular representations of finite non-abelian simple groups[J]. Submitted.

[77] CHAO C Y. On the classification of symmetric graphs with a prime number of vertices[J]. Transactions of the American Mathematical Society, 1971, 158: 247-256.

[78] CHENG Y, OXLEY J. On weakly symmetric graphs of order twice a prime[J]. Journal of Combinatorial Theory. Series B, 1987, 42: 196-211.

[79] WANG R J, XU M Y. A classification of symmetric graphs of order $3p$[J]. Journal of Combinatorial Theory. Series B, 1993, 58: 197-216.

[80] PRAEGER C E, WANG R J, XU M Y. Symmetric graphs of order a product of two distinct primes[J]. Journal of Combinatorial Theory. Series B, 1993, 58: 299-318.

[81] ZHOU J X, ZHANG M M. On weakly symmetric graphs of order twice a prime square[J]. Journal of Combinatorial Theory. Series A, 2018, 155: 458-475.

[82] LI C H. Finite s-arc transitive graphs of prime-power order[J]. Bulletin of the London Mathematical Society, 2001, 33: 129-137.

[83] LI C H. On finite s-transitive graphs of odd order[J]. Journal of Combinatorial Theory. Series B, 2001 81: 307-317.

[84] CONDER M D E, DOBCSÁNYI P. Trivalent symmetric graphs on up to 768 vertices[J]. Journal of Combinatorial Mathematics & Combinatorial Computing, 2002, 40: 41-63.

[85] CONDER M D E. Trivalent symmetric graphs on up to 10,000 vertices[EB/OL].(2011-01-01)[2023-01-05]. https://www.math.auckland.ac.nz/~conder/symmcubic10000list.txt.

[86] DJOKOVIĆ D Ž, MILLER G L. Regular groups of automorphisms of cubic graphs[J]. Journal of Combinatorial Theory. Series B, 1980, 29: 195-30.

[87] FENG Y Q, KWAK J H. Cubic symmetric graphs of order twice an odd prime-power[J]. Journal of the Australian Mathematical Society, 2006, 81: 153-164.

[88] FENG Y Q, KWAK J H. Cubic symmetric graphs of order a small number times a prime or a prime square[J]. Journal of Combinatorial Theory. Series B, 2007, 97: 627-646.

[89] OH J M. Arc-transitive elementary abelian covers of the Pappus graph[J]. Discrete Mathematics, 2009, 309: 6590-611.

[90] OH J M. A classification of cubic s-regular graphs of order $14p$[J]. Discrete Mathematics, 2009, 309: 2721-2726.

[91] OH J M. A classification of cubic s-regular graphs of order $16p$[J]. Discrete Mathematics, 2009, 309: 3150-3155.

[92] LI C H, LU Z P, WANG G X. Vertex-transitive cubic graphs of square-free order[J]. Journal of Graph Theory, 2014, 75: 1-19.

[93] ZHOU J X, FENG Y Q. Cubic vertex-transitive graphs of order $2pq$[J]. Journal of Graph Theory, 2010, 65: 285-302.

[94] POTOČNIK P, SPIGA P, VERRET G. Bounding the order of the vertex-stabiliser in 3-valent vertex-transitive and 4-valent arc-transitive graphs[J]. Journal of Combinatorial Theory. Series B, 2015, 111: 148-180.

[95] POTOČNIK P. Pentavalent arc-transitive graphs on up to 500 vertices admitting an arc-transitive group G with faithful and solvable vertex stabiliser[EB/OL].(2015-12-30)[2023-01-05]. http://www.fmf.uni-lj.si/ potocnik/work.htm.

[96] POTOČNIK P. A list of 4-valent 2-arc-transitive graphs and finite faithful amalgams of index $(4,2)$[J]. European Journal of Combinatorics, 2009, 30: 1323-1336.

[97] DJOKOVIĆ D Ž. A class of finite group-amalgams[J]. Proceedings of the American Mathematical Society, 1980, 80: 22-26.

[98] WEISS R. Presentation for (G,s)-transitive graphs of small valency[J]. Mathematical Proceedings of the Cambridge Philosophical Society, 1987, 101: 7-20.

[99] ZHOU J X, FENG Y Q. Tetravalent s-transitive graphs of order twice a prime power[J]. Journal of the Australian Mathematical Society, 2010, 88: 277-288.

[100] PAN J M, LIU Y, HUANG Z H, et al. Tetravalent edge-transitive graphs of order p^2q[J]. Science China Mathematics, 2014, 57: 293-302.

[101] PAN J M, HUANG Z H, XU F H et al. On cyclic regular covers of complete graphs of small order[J]. Discrete Mathematics, 2014, 331: 36-42.

[102] ZHOU J X. Tetravalent s-transitive graphs of order $4p$[J]. Discrete Mathematics, 2009, 309: 6081-6086.

[103] LI C H, LU Z P, WANG G X. The vertex-transitive and edge-transitive tetravalent graphs of square-free order[J]. Journal of Algebraic Combinatorics, 2015, 42: 25-50.

[104] GUO S T, FENG Y Q. A note on pentavalent s-transitive graphs[J]. Discrete Mathematics, 2012, 312: 2214-2216.

[105] MORGAN L. On symmetric and locally finite actions of groups on the quintic tree[J]. Discrete Mathematics, 2013, 313: 2486-2492.

[106] HUA X H, FENG Y Q, LEE J. Pentavalent symmetric graphs of order $2pq$[J]. Discrete Mathematics, 2011, 311: 2259-2267.

[107] PAN J M, LOU B G, LIU C F. Arc-transitive pentavalent graphs of order $4pq$[J]. Electronic Journal of Combinatorics, 2013, 20: #P36.

[108] FENG Y Q, ZHOU J X, LI Y T. Pentavalent symmetric graphs of order twice a prime power[J]. Discrete Mathematics, 2016, 339: 2640-2651.

[109] PAN J M, LIU Z, YU X F. Pentavalent symmetric graphs of order twice a prime square[J]. Algebra Colloquium, 2015, 22: 383-394.

[110] YANG D W, FENG Y Q. Pentavalent symmetric graphs of order $2p^3$[J], Science China Mathematics, 2016, 59: 1851-1868.

[111] LI C H, LU Z P, WANG G X. Arc-transitive graphs of square-free order and small valency[J]. Discrete Mathematics, 2016, 339: 2907-2918.

[112] YANG D W, FENG Y Q, DU J L. Pentavalent symmetric graphs of order $2pqr$[J]. Discrete Mathematics, 2016, 339: 522-532.

[113] 杨大伟. 图的对称性和容错性分析 [D]. 北京：北京交通大学, 2016.

[114] GUO S T, ZHOU J X, FENG Y Q. Pentavalent symmetric graphs of order $12p$[J]. Electronic Journal of Combinatorics, 2011, 18: #P233.

[115] HUA X H, FENG Y Q. Pentavalent symmetric graphs of order $8p$[J]. Journal of Beijing Jiaotong University, 2011, 35: 132-135, 141.

[116] LING B, WU C X, LOU B G. Pentavalent symmetric graphs of order $30p$[J]. Bulletin of the Australian Mathematical Society, 2014, 90: 353-362.

[117] DJOKOVIĆ D Ž. Automorphisms of graphs and coverings[J]. Journal of Combinatorial Theory. Series B, 1974, 16: 243-247.

[118] BIGGS N L. Constructing 5-arc-transitive cubic graphs[J]. Journal of the London Mathematical Society, 1982, 26: 193-200.

[119] GROSS J L, TUCKER T W. Topologial Graph Theory[M]. New York: Wiley-Interscience, 1987.

[120] DU S F, KWAK J H, XU M Y. Linear criteria for lifting of automorphisms of elementary abelian regular coverings[J]. Linear Algebra and Its Applications, 2003, 373: 101-119.

[121] FENG Y Q, KWAK J H. S-regular cubic graphs as coverings of the complete bipartite graph $K_{3,3}$[J]. Journal of Graph Theory, 2002, 45: 101-112.

[122] MALNIČ A, MARUŠIČ D, MIKLAVIČ S, POTOČNIK P. Semisymmetric elementary abelian covers of the Möbius-Kantor graph[J]. Discrete Mathematics, 2007, 307: 2156-2175.

[123] MALNIČ A, POTOČNIK P. Invariant subspaces, duality, and covers of the Petersen graph[J]. European Journal of Combinatorics, 2006, 27: 971-989.

[124] WANG C Q, HAO Y. Edge-transitive regular $\mathbb{Z}_n$-covers of the Heawood graph[J]. Discrete Mathematics, 2010, 310: 1752-1758.

[125] CONDER M D E, MA J. Arc-transitive abelian regular covers of cubic graphs[J]. Journal of Algebra, 2013, 387: 215-242.

[126] CONDER M D E, MA J. Arc-transitive abelian regular covers of the Heawood graph[J]. Journal of Algebra, 2013, 387: 243-267.

[127] MA J. Arc-transitive dihedral regular covers of cubic graphs[J]. Electronic Journal of

Combinatorics, 2014, 21: #P3.5.

[128] DU S F, KWAK J H, XU M Y. 2-Arc-transitive regular covers of complete graphs having the covering transformation group $\mathbb{Z}_p^3$[J]. Journal of Combinatorial Theory. Series B, 2005 (93): 73-93.

[129] DU S F, MARUŠIČ D, WALLER A O. On 2-arc-transitive covers of complete graphs[J]. Journal of Combinatorial Theory. Series B, 1998, 74: 376-390.

[130] XU W Q, DU S F. 2-Arc-transitive cyclic covers of $K_{n,n} - nK_2$[J]. Journal of Algebraic Combinatorics, 2014, 39: 883-902.

[131] XU W Q, DU S F, KWAK J H, et al. 2-Arc-transitive metacyclic covers of complete graphs[J]. Journal of Combinatorial Theory. Series B, 2015, 111: 54-74.

[132] PAN J M, HUANG Z H, LIU Z. Arc-transitive regular cyclic covers of the complete bipartite graph $K_{p,p}$[J]. Journal of Algebraic Combinatorics, 2015, 42: 619-633.

[133] ZHOU J X, FENG Y Q. Edge-transitive dihedral or cyclic covers of cubic symmetric graphs of order $2p$[J]. Combinatorica, 2014, 34: 115-128.

[134] WANG X, ZHOU J X. A note on two generator 2-group covers of cubic symmetric graphs of order $2p$[J]. Algebra Colloquium, 2022, 29(4): 713-720.

[135] WANG X, ZHOU J X. On edge-transitive metacyclic covers of cubic symmetric graphs of order twice a prime[J]. Submitted.

[136] FENG Y Q, YANG D W, ZHOU J X. Arc-transitive cyclic and dihedral covers of pentavalent symmetric graphs of order twice a prime[J]. Ars Mathematica Contemporanea, 2018, 15: 499-522.

[137] LORIMER P. Vertex-transitive graphs: symmetric graphs of prime valency[J]. Journal of Graph Theory, 1984, 8: 55-68.

[138] SCHUR J. Über die Darstellung der endlichen Gruppen durch gebrochene lineare Substitutionen[J]. Journal für die reine und angewandte Mathematik, 1904, 127: 20-50.

[139] HUPPERT B. Eudiche Gruppen I[M]. Berlin: Springer-Verlag, 1967.

[140] MCJAY B D. Transitive graphs with fewer than twenty vertices[J]. Mathematics of Computation, 1979, 33: 1101-1121.

[141] FENG Y Q, LI Y T. One-regular graphs of square-free order of prime valency[J]. European Journal of Combinatorics, 2011, 32: 265-275.

[142] KWAK J H, KWON Y S, OH J M. Infinitely many one-regular Cayley graphs on dihedral groups of any prescribed valency[J]. Journal of Combinatorial Theory. Series B, 2008, 98: 585-598.

[143] BABAI L. Isomorphism problem for a class of point-symmetric structures[J]. Acta Mathematica Hungarica, 1977, 29: 329-336.

[144] BURTON D M. Elementary number theory[M]. Sixth edition. New York: McGraw-Hill College, 2007.

[145] PAN J M. Locally primitive Cayley graphs of dihedral groups[J]. European Journal of Combinatorics, 2014, 36: 39-52.

[146] KUTNAR K, MARUŠIČ D. A complete classification of cubic symmetric graphs of girth 6[J]. Journal of Combinatorial Theory. Series B, 2009, 99: 162-184.

[147] CONDER M D E, NEDELA R. A refined classification of symmetric cubic graphs[J]. Journal of Algebra, 2009, 322: 722-740.

[148] MILLER A A, PRAEGER C E. Non-Cayley vertex-transitive graphs of order twice the product of two odd primes[J]. Journal of Algebraic Combinatorics, 1994, 3: 77-111.

[149] MCKAY B D, PRAEGER C E. Vertex-transitive graphs which are not Cayley graphs I[J]. Journal of the Australian Mathematical Society, 1994, 56: 53-63.

[150] MCKAY B D, PRAEGER C E, Vertex-transitive graphs which are not Cayley graphs II[J]. Journal of Graph Theory, 1996, 22: 321-334.

[151] SERESS A. On vertex-transitive non-Cayley graphs of order pqr[J]. Discrete Mathematics, 1998, 182: 279-292.

[152] BONDY J A, MURTY U S R. Graphs theory with applications[M]. New York: Elsevier Science Publishing Co., Inc., 1976.

[153] FENG Y Q, LI C H, ZHOU J X. Symmetric cubic graphs with solvable automorphism groups[J]. European Journal of Combinatorics, 2015, 45: 1-11.

[154] FENG Y Q, KUTNAR K. MARUŠIČ, et al. On cubic symmetric non-Cayley graphs with solvable automorphism groups[J]. Discrete Mathematics, 2020, 343: 111720.

[155] KUZMAN B. On graphs of prime valency admitting a solvable arc-transitive group[J]. Bulletin of the Australian Mathematical Society, 2015, 92(02): 214-227.

[156] 徐俊明. 组合网络理论 [M]. 北京：科学出版社, 2007.

[157] LEIGHTON F T. Introduction to parallel algorithms and architectures: arrays, trees, hypercubes[M]. San Francisco: Morgan Kaufmann Publishers, 1992.

[158] CHANG N W, HSIEH S Y. Fault-tolerant bipancyclicity of faulty hypercubes under the generalized conditional-fault model[J]. IEEE Transactions on Communications, 2011, 59: 3400-3409.

[159] FU J S. Fault-tolerant cycle embedding in the hypercube[J]. Parallel Computing, 2003, 29: 821-832.

[160] HSIEH S Y, SHEN T H. Edge-bipancyclicity of a hypercube with faulty vertices and edges[J]. Discrete Applied Mathematics, 2008, 156: 1802-1808.

[161] BHUYAN L N, AGRAWAL D P. Generalized hypercube and hyperbus structures for a computer network[J]. IEEE Transactions on Computers, 1984, 33: 323-333.

[162] HSIEH S Y, CHANG N W. Extended fault-tolerant cycle embedding in faulty hypercubes[J]. IEEE Transactions on Reliability, 2009, 58: 702-710.

[163] SAAD Y, SCHULTZ M H. Topological properties of hypercubes[J]. IEEE Transactions on Computers, 1988, 37: 867-872.

[164] HAYES J P, MUDGE T, STOUT Q F, et al. A microprocessor-based hypercube supercomputer[J]. IEEE Micro, 1986, 6(5): 6-17.

[165] XU J M, MA M J. Survey on path and cycle embedding in some networks[J]. Frontiers of Mathematics in China, 2009, 4: 217-252.

[166] AKL S G. Parallel computation: models and methods[M]. Upper Saddle River: Prentice Hall, 1997.

[167] LI T K, TSAI C H, TAN J J M, et al. Bipanconnectivity and edge-fault-tolerant bipancyclicity of hypercubes[J]. Information Processing Letters, 2003, 87: 107-110.

[168] UCAR B, AYKANAT C, KAYA K, et al. Task assignment in heterogeneous computing systems[J]. Journal of Parallel and Distributed Computing, 2006, 66: 32-46.

[169] FAN J, JIA X, LIN X. Complete path embeddings in crossed cubes[J]. Information Sciences, 2006, 176: 3332-3346.

[170] FANG J F. The bipancycle-connectivity of the hypercube[J]. Information Sciences, 2008, 178: 4679-4687.

[171] XU M, XU J M. Edge-pancyclicity of Möbius cubes[J]. Information Processing Letters, 2005, 96: 136-140.

[172] FINK J, GREGOR P. Long paths and cycles in hypercubes with faulty vertices[J]. Information Sciences, 2009, 179: 3634-3644.

[173] HUNG H S, FU J S, CHEN G H. Fault-free Hamiltonian cycles in crossed cubes with conditional link faults[J]. Information Sciences, 2007, 177: 5664-5674.

[174] PARK J H, LIM H S, KIM H C. Panconnectivity and pancyclicity of hypercube-like interconnection networks with faulty elements[J]. Theoretical Computer Science, 2007, 377: 170-180.

[175] ROWLEY R A, BOSE B. Fault-tolerant ring embedding in de Bruijn networks[J]. IEEE Transactions on Computers, 1993, 42: 1480-1486.

[176] SHIH L M, TAN J J M, HSU L H. Edge-bipancyclicity of conditional faulty hypercubes[J]. Information Processing Letters, 2007, 105: 20-25.

[177] SZEPIETOWSKI A. Hamiltonian cycles in hypercubes with $2n-4$ faulty edges[J]. Information Sciences, 2012, 215: 75-82.

[178] SZEPIETOWSKI A. Fault tolerance of edge pancyclicity in alternating group graphs[J]. Applied Mathematics and Computation, 2012, 218: 9875-9881.

[179] SZEPIETOWSKI A. Fault tolerance of vertex pancyclicity in alternating group graphs[J]. Applied Mathematics and Computation, 2011, 217: 6785-6791.

[180] TSAI C H. Cycles embedding in hypercubes with node failures[J]. Information Processing Letters, 2007, 102: 242-246.

[181] TSAI C H. Embedding various even cycles in a hypercube with node failures[J]. Proceedings of the 24th Workshop on Combinatorial Mathematics and Computation Theory, 2007: 229-234.

[182] TSAI C H. Fault-tolerant cycles embedded in hypercubes with mixed link and node failures[J]. Applied Mathematics Letters, 2008, 21: 855-860.

[183] TSAI C H. Linear arrays and rings embedding in conditional faulty hypercubes[J]. Theoretical Computer Science, 2004, 314: 431-443.

[184] TSAI C H, LAI Y C. Conditional edge-fault-tolerant edge-bipancyclicity of hypercubes[J]. Information Sciences, 2007, 177: 5590-5597.

[185] TSENG Y C, CHANG S H, SHEU J P. Fault-tolerant ring embedding in a star graph with both link and node failures[J]. IEEE Transactions on Parallel and Distributed Systems, 1997, 8: 1185-1195.

[186] XU J M, DU Z Z, XU M. Edge-fault-tolerant edge-bipancyclicity of hypercubes[J]. Information Processing Letters, 2005, 96: 146-150.

[187] YANG P J, TIEN S B, RAGHAVENDRA C S. Embedding of rings and meshes onto faulty hypercubes using free dimensions[J]. IEEE Transactions on Computers, 1994, 43: 608-613.

[188] YANG M C, TAN J J M, HSU L H. Highly fault-tolerant cycle embeddings of hypercubes[J]. Journal of Systems Architecture, 2007, 53: 227-232.

[189] LI J, LIU D, GAO X. Hamiltonian cycles in hypercubes with more faulty edges[J]. International Journal of Computer Mathematics, 2016, 94(6): 1155-1171.

[190] YANG D W, FENG Y Q, KWAK J H, et al. Fault-tolerant edge-bipancyclicity of faulty hypercubes under the conditional-fault model[J]. Information Sciences, 2016, 329: 317-328.

[191] YANG D W, GU M. Conditional fault-tolerant edge-bipancyclicity of hypercubes with faulty vertices and edges[J]. Theoretical Computer Science, 2016, 627: 82-89.

[192] CHENG D Q, HAO R X. Various cycles embedding in faulty balanced hypercubes[J]. Information Sciences, 2015, 297: 140-153.

[193] CHENG D Q, HAO R X, FENG Y Q. Vertex-fault-tolerant cycles embedding in balanced hypercubes[J]. Information Sciences, 2014, 288: 449-461.

[194] XU M, HU X D, XU J M. Edge-pancyclicity and Hamiltonian laceability of the balanced hypercubes[J]. Applied Mathematics and Computation, 2007, 189: 1393-1401.

[195] MA M J, LIU G Z, PAN X F. Path embedding in faulty hypercubes[J]. Applied Mathematics and Computation, 2007, 192: 233-238.

[196] HEIEH S Y. Fault-tolerant cycle embedding in the hypercube with more both faulty vertices and faulty edges[J]. Parallel Computing, 2005, 32: 84-91.

[197] CHENG D Q, GUO D C. Fault-tolerant cycle embedding in the faulty hypercubes[J]. Information Sciences, 2013, 253: 157-162.

[198] WANG H L, WANG J W, XU J M. Edge-fault-tolerance bipanconnectivity of hypercubes[J]. Information Sciences, 2009, 179: 404-409.